国家自然科学基金项目(51764013)
中国博士后科学基金面上项目(2019M631321)
江西省自然科学基金青年重点项目(20192ACBL21014)
江西理工大学清江学术文库资助

金属矿山覆岩移动机理及防治技术

Mechanism and Prevention Technology of Overburden Movement in Metal Mines

赵 康 著

U0389260

科 学 出 版 社

北 京

内 容 简 介

本书主要介绍了金属矿山覆岩移动机理及防治技术。内容包括人工矿柱支护下覆岩失稳突变的空间模型、构造应力和自重应力作用下的覆岩沉降动态力学预测、覆岩冒落高度预测、人工矿柱和原生矿柱支护下的覆岩强度安全判据、人工矿柱稳定性的判别等。

本书可供从事金属与非金属矿采矿工程专业的科研技术人员、高等院校相关专业师生参考使用。

图书在版编目（CIP）数据

金属矿山覆岩移动机理及防治技术＝Mechanism and Prevention Technology
of Overburden Movement in Metal Mines / 赵康著. —北京：科学出版社，
2019.12

ISBN 978-7-03-063882-3

Ⅰ.①金… Ⅱ.①赵… Ⅲ.①金属矿-岩层移动-研究 Ⅳ.①TD325

中国版本图书馆CIP数据核字(2019)第295267号

责任编辑：李 雪 崔元春 / 责任校对：王萌萌
责任印制：吴兆东 / 封面设计：无极书装

科学出版社出版
北京东黄城根北街 16 号
邮政编码：100717
http://www.sciencep.com

北京厚诚则铭印刷科技有限公司 印刷
科学出版社发行 各地新华书店经销
*
2019 年 12 月第 一 版 开本：720×1000 1/16
2019 年 12 月第一次印刷 印张：15 1/2
字数：312 000

定价：128.00 元
（如有印装质量问题，我社负责调换）

前　　言

矿产资源的开发与利用，是人类从事生产生活的古老劳动领域之一，为人类文明进步与社会发展做出了巨大贡献。我们的祖先与世界上其他民族一样，从他们诞生之日起，就开始对矿产资源的开发与利用进行探索。据资料记载，中国金属矿产资源的开发与利用历史是从石器时代开始的，经历了夏代晚期、商代青铜器时代的极盛时期。从铜绿山的古铜矿遗址和冶铜遗址的考古发掘可知，我国在春秋时代的采矿技术和冶铸工艺就已经达到相当发达的水平。随着人类文明的进步和科学技术水平的发展，金属矿产资源的开采和利用技术水平已经有了长足的进步和提高，与此同时地下矿石的采出留下了大量采空区，应力环境失衡致使采空区围岩失稳，由此造成地质灾害、带来安全隐患，如何采取科学方法进行防治一直伴随着人类的采矿历史。

地下矿石在未被开采之前处于稳定的力学状态，矿石被采出之后遗留大量的采空区。这些采空区如未及时充填或不充填，在采矿扰动的影响下，常会导致采空区围岩的应力环境发生改变，造成围岩应力平衡被打破，使采空区围岩片帮、底鼓、冒落。围岩的失稳对矿山的井下人员、设施安全造成严重威胁，同时地下生产空间破坏会影响生产施工的正常进行。围岩失稳使采空区覆岩移动，甚至波及地表，使地表变形、沉降、塌陷，给地表水土、植被、建(构)筑物等造成毁灭性破坏，尤其是严重破坏潜水环境和人类居住的地表环境，这种破坏是不可逆的，无法修复的。

我国的经济经历了高速发展阶段，现已转入高质发展阶段。金属矿产资源的开采技术取得了重大突破，为新中国的发展做出了突出贡献。现阶段国家高度重视生态环境的保护和资源协同开发利用。习主席多次强调"绿水青山就是金山银山"。金属矿产的开采也正向环境友好、协同开采方向发展。目前最需要面对和解决的是地表的变形、沉降、塌陷的问题，究其根源就是要从金属矿山采空区覆岩运移的机理方面找到以上问题的本质，进而提出合理的防治方案。

金属矿山岩石地质条件复杂，岩石本身属于非均质、非线性材料，同时岩体内有大量节理、裂隙及大的断裂构造带，这些都给金属矿山覆岩移动的机理研究和采取合理的防治技术带来了难题。目前国内外关于煤矿中岩层移动机理及防治技术方面的成果较多，这些成果在煤矿中得到了广泛的应用和推广，获得了良好的经济效益和社会效益。一些学者尝试将煤矿中成熟的岩层移动机理及防治方法应用到金属矿山中，取得了一定成效，但是金属矿山和煤矿在成矿机理、矿体赋存条件、矿体形态及采矿方法存在的差异，导致一些研究成果的科学性和合理性值得商榷。

从金属矿山地表沉陷外表特征发现，金属矿山的地表塌陷多呈台阶状、阶梯状、桶状、漏斗状，地表变形多不连续；而煤矿地表沉陷外表特征多具渐变性，沉降轮廓多为盘子状、碗状。从地表沉陷的发生时间来看，金属矿山地表沉陷的发生时间具有突变性和周期性。产生这些差异的原因主要是金属矿山矿体形态多属于块状岩体，呈脉状、透镜状、蜂窝状，同时金属矿山采矿方法多采用空场法、留矿法、充填法等，这样导致金属矿山覆岩移动机理及防治方法和措施有别于煤矿。因此，金属矿山的覆岩移动及地表沉陷预测难度较大，这些都给如何采取有效措施控制围岩稳定带来了难题。

　　本书主要开展了以下内容的研究：基于突变理论研究人工矿柱支护下覆岩失稳突变模型，构建采空区覆岩空间应力模型，得到突变理论判据；通过数值模拟的方法，结合金属矿山特点，研究覆岩破坏机理，并对金属矿山覆岩破坏区域的定义和划分进行探讨；构建覆岩薄板、厚板在人工矿柱支护下的沉降力学模型，并在此基础上建立考虑构造应力和自重应力影响的覆岩沉降动态预测模型，结合工程案例对模型的正确性进行验证；基于量纲分析理论构建金属矿山覆岩冒落高度预测模型，根据强度折减法得到人工矿柱和原生矿柱支护下的覆岩强度安全判据；系统地对不同尺寸人工矿柱、原生矿柱支护下的覆岩移动机理及防治覆岩移动的效果进行研究，得到不同支护条件下的覆岩移动机理及防治效果差异；从能量法的角度对人工矿柱尺寸设计的稳定性进行判别，并结合现场试验验证模型的正确性；研究不同充填方法对覆岩移动的影响和控制效果，得到充填关键中段能达到最佳防治覆岩移动效果的结论。

　　在此，特别要感谢我的两位博士研究生导师北京科技大学的王金安教授和江西理工大学的赵奎教授在本书撰写期间给予的指导和帮助，尤其是要感谢赵奎教授在本书涉及的工程实践部分给予的关心和帮助。本书主要由本人撰写而成，其中 7.2 节大部分内容由王晓军教授完成；同时，本书在部分理论研究中得到了鄢化彪副教授，赵晓东、张少杰博士的帮助；在室内实验和现场试验过程中，得到了胡慧明、刘明荣、曾鹏、熊雪强、石亮、谢良等的帮助，在此对上述人员表示衷心的感谢！感谢严雅静、王庆、于祥、周昀、宋宇锋、何志伟等在资料搜集、绘图方面的辛苦付出！感谢本书撰写过程中参阅的所有相关文献的作者！感谢给予我关心和帮助的所有人员！

　　本书的研究工作获得了国家自然科学基金项目(51764013)、中国博士后科学基金面上项目(2019M631321)、江西省自然科学基金青年重点项目(20192ACBL21014)和江西理工大学清江学术文库的资助，在此表示感谢！

　　由于作者水平有限，本书不足之处，恳请读者批评指正！

赵　康

2019 年 10 月于江西理工大学

目　　录

1 绪 论

1.1 金属矿山覆岩移动机理及防治技术研究意义

地下矿物的大量开采会留下大面积的采空区。应力平衡因素遭破坏，以及采空区体积的增大和时间的推移，最终导致采空区覆岩移动及地表沉陷。仅因开采导致覆岩移动及地表沉陷这种地质灾害，常造成人员伤亡、财产损失、农田无法耕种、一些建(构)筑物无法正常使用，以及改变潜水环境和人类居住的地表环境[1-4]，给工业、农业生产造成巨大影响，从而导致一系列严重的经济、环境、社会问题。更重要的后果是它不但给人类生命、经济财产带来近期危害，而且会导致地貌改造及地质变化，将长期影响环境。因此，矿山地下开采导致地表灾变问题不仅是矿山岩体力学与岩层控制学科的难题，也已成为环境工程地质学和环境岩土工程学研究的重要难题和热点课题。

矿山大量开采矿石，导致覆岩移动和地表沉陷，对周边生态环境造成了影响，给国家和政府造成了非常大的经济损失。据资料统计，在中国每年均有一定数量的矿山因开采导致覆岩移动灾害，其损失或赔偿达数千万元，有的甚至超过上亿元。我国因采矿破坏的各类土地超过 400 万 hm^2，每年正以 1.3 万 hm^2 的速度增长，为补偿因覆岩移动导致的安全事故造成的损失，给国家造成了沉重的经济负担，如治理安徽淮南的大片采矿沉陷区国家耗资就达 12 亿元之多[5]。覆岩移动导致的采场垮塌、巷道冒顶事故时有发生。地表沉陷尤其是对良田破坏较为严重，在地势较高的干旱山区，地下开采经常会使矿区地表发生大量非连续变形(如台阶、裂缝、圆筒状塌陷坑、漏斗状塌陷坑、滑坡等)，地表水大量流失导致溪流干涸，土壤微气象变得干燥而无法适应农作物生长，土地可利用价值大大降低；在地势平坦的矿区，矿山地下采矿导致地表形成低洼的大面积积水区域而无法耕种。

导致覆岩移动与地表沉陷的形式和剧烈程度常常受多种复杂因素的影响。矿山岩体地质条件、矿体埋藏深度、围岩物理力学性质、矿体赋存条件及采矿方法等都是非常重要的影响因素[6-8]。特别是地质结构面的影响，如剪切错动带、大的断裂构造带等对上覆岩体的稳定和移动起着决定性的作用。采矿方法的选择是人为因素中防治覆岩移动最重要的因素。

目前在煤矿中取得的关于覆岩移动机理及防治技术的研究成果较多，而针对金属矿山方面的研究成果相对较少。其主要原因是金属矿山多为裂隙发育的块状岩体，具有不连续性、不规则性，同时矿体形态、地质结构条件、赋存条件及开采方法与煤矿有着很大的差异,导致金属矿山覆岩移动的影响因素极其复杂多变。金属矿山与煤矿覆岩移动的显著区别主要有:金属矿山构造应力的影响;金属矿山多属硬岩,采空区节理裂隙对覆岩的移动具有主控性;金属矿山覆岩移动在空间上具有不规则性、不连续性,在时间上具有突发性和周期性。这些原因使覆岩移动规律及地表沉陷机理不同于层状地层的煤矿,覆岩移动的防治技术和方法也较复杂。那些传统的、成熟的针对煤矿开采、地下水过量开采造成岩层移动的理论和方法用于金属矿山覆岩移动破坏研究是不合适的。金属矿山的覆岩移动沉陷具有突发性,多为不连续下沉,如形成塌陷坑、筒状、管状或漏斗状陷落,不像煤矿沉陷那样具有缓变性,所以金属矿山的覆岩移动及地表沉陷预测往往缺乏客观性,同时也难以把握,这些都给金属矿山的覆岩移动与地表沉陷的防治带来了很大的困难。

金属矿山覆岩移动是地下空间受开采反复扰动而引起的应力再平衡的过程,应从力学角度来研究地表移动或沉陷的机理,其影响因素较复杂。因此,目前科研人员在做金属矿山沉陷预测时,往往将预测的规模以最大化为原则。这样就导致地表移动带的划分范围过大,使得地表工业场地和建(构)筑物远离地下采矿点,进而增加了运输功和经济成本;另外,为了保护地表的工业场地和建(构)筑物,往往增大地下保安矿柱的留设或增多采空区充填量,这样势必导致矿产资源的浪费和投入成本的提高。

综上所述,金属矿区覆岩移动及防治技术的研究,无论是在国外还是在国内,都对人类的生存环境起着重要作用。我国作为矿产大国,该领域的研究势必会对我国国民经济发展、社会稳定、生态环境的保护具有重大的现实意义和深远的历史意义。

1.2　金属矿山覆岩移动机理及规律研究进展

1.2.1　国外研究进展

在国外,覆岩移动研究开展得较早,采取了丰富的研究手段和方法,并取得了一系列研究成果。根据研究成果和研究时间可将其分为 3 个不同阶段。

第一阶段是假说、推理阶段(20 世纪以前)。这个阶段研究人员对覆岩移动与地表沉陷机理和规律提出了不少理论。例如,1858 年,比利时的 Gonot 提出了"法线理论";1871 年,比利时研究人员 Dumont 通过大量研究将地表沉陷定量表示为 $W = m\cos\alpha$(其中, m 为矿体厚度, α 为矿体倾角);1876~1884 年,德国学者 Jlcinsky 针对覆岩移动和地表沉降提出了"二等分线理论";1882 年,著名学者 Oesterr 提出了"自然斜面理论",对覆岩移动进行了研究;1895~1897 年 Haussess 通过系列研究提出了"Hausses 理论",将采空区覆岩分为 3 个带(即常说的冒落带、裂隙带和弯曲带)的覆岩移动及地表沉陷模式。这些成果的取得在一定程度上奠定了该领域研究的基础，但是这些理论方面的研究具有一定的局限性，缺乏现场大量的实测资料验证，很多成果较难满足矿山现场的实际需要，一些理论非常粗糙，但为后来的研究人员提了重要的研究基础[8-12]。

第二阶段是现场实测和规律认识阶段(20 世纪初至第二次世界大战)。该阶段，研究人员总结了前期的研究成果并意识到只有通过大量实际现场观测资料和数据统计分析才能有效掌握覆岩移动机理及规律，仅靠理论推导和计算无法解决地质条件异常复杂的矿山开采覆岩移动与地表沉陷问题。因此，很多研究人员进行了大量的现场观测和试验，并取得了一系列有实际意义的监测数据，建立了符合矿山实际的一些覆岩移动理论模型和预测方法。20 世纪初期，Halbaum 首次提出了将采空区覆岩视为悬臂梁来研究，得出地表应变和曲率半径之间呈一定的反比例关系[13]。1907 年，Korten 根据自己多年的观测成果，初次得到了地表水平移动及水平变形之间的分布规律。苏联专家也认识到了老采空区"活化"的问题，以 Schultz 和伊米茨为代表的许多学者通过对覆岩移动的时间进行大量的研究，得到了许多成果。自从 Puschmann 于 1910 年在其专著中第一次公开其在覆岩移动方面的研究成果之后，各国学者进行了大量岩层移动的观测工作，取得了一系列成果[14]。例如，Bals 在 1932 年将地球上所有采空区相对于地面上各点之间的相互作用比作两个相互吸引物体的相互作用。根据这个假定，Bals 给出了与下沉积分格网相类似的各带影响权系数[15]。1934 年，Glükauf 在其著作中提出了 Glükauf 计算方法[14]。

从 20 世纪 20 年代开始，大量的地表实际观测在现场得以应用，使得覆岩移动及地表沉陷方面的研究取得了快速进步。很多研究人员发现将非连续介质理论应用到覆岩移动研究上来与实际情况更相符。边界法、弹塑性有限元法等这些应用较多的理论方法均是以连续介质理论为基础，将地质条件和覆岩作为弹性介质、连续介质来研究，而非连续介质理论将覆岩和地质体视为非连续的材料来研究，更符合研究对象的本质特性。

这一时期人们对于开采移动及沉陷机理和规律的研究以现场观测为主，在现场观测的基础上获得了许多新的认识和规律。因此，该阶段是资料准备和收集阶段。

第三阶段是预测方法和理论的建立及矿山现场实际应用阶段(第二次世界大战以后)。该阶段是覆岩移动及地表沉陷学科在实测、应用和理论研究之间相互促进、相互验证的重要时期。这一时期提出了很多预测方法、预测理论模型并进行了大量的现场实测，而且在不同采矿条件下[如建筑物下、铁路下和水体下(简称"三下")采矿]建立了不同的理论和方法，取得了大量有实用价值的研究成果，是覆岩移动研究趋于成熟的重要阶段。

苏联著名研究人员阿维尔辛(Авершин)[16]基于塑性理论通过对采空区覆岩移动特征和规律进行了研究，同时结合经验方法首次建立了能够对覆岩移动和地表下沉盆形进行定量描述的公式，得出了地表水平方向移动与地表斜率呈正比例关系的重要结论。20 世纪中期，波兰研究员 Budryk 和 Konthe 初次提出了地表移动连续分布影响曲线的概念，同时提出了防治覆岩移动及对建筑物保护的措施与建议[17]。1954 年，波兰著名学者 Litwiniszyn 提出了覆岩移动和地表沉陷的随机介质理论，为该领域的研究开启了新的时代[18]。随后通过很多学者的努力和大量的实践应用，开采沉陷学的理论体系逐渐成形并被广泛应用。60 年代初期，英国研究人员 Berry 和 Sales[19, 20]将覆岩分为横观各向同性、平面各向同性与空间各向同性的均质弹性体来研究，最终得出了覆岩下沉的计算公式。南非的 Salamon[21, 22]开创了边界单元法的理论，他基于弹性理论提出了面元原理，得出了覆岩移动的边界元法雏形。Brauner [23]得出了计算地表水平移动的圆形积分网格法。1979 年，契尔那耶夫和约菲斯利用高斯积分函数计算覆岩移动的剖面方程[24]。1983 年，Conroy 和 Gyarmaty 两位学者，通过现场实测覆岩内部的水平和竖向位移，重点研究了覆岩水平位移的变化与分布规律，并首次现场观测到了覆岩离层现象[25]。

这一阶段是理论迅速发展的时期，不同学者从不同角度和不同研究方法出发，对矿山地下开采覆岩的移动规律进行了系统深入的研究。特别是对地表移动的空间和时间之间的关系研究得最为深入，研究成果也较丰富，如以阿维尔申为代表的连续介质力学派、布德雷克-克诺特代表的几何学派和以李特维申代表的随机介质学派等。

用解析公式定量地求解复杂的岩土材料问题是非常困难的，因此，边界元、有限元、离散元等这些算法和应用程序被研究人员充分发挥了它们各自的优点，极大地促进了这些岩土工程软件科学的迅速发展。目前较为成熟和比较有效的有限元计算方法被广泛应用，边界元法和离散元法也越来越受研究人员的青睐，同时一些新的算法和程序也不断地被开发利用，如刚性有限元法、广义有限元法、界面元法、块体理论、有限差分法、离散单元法、无网格法等。目前有限元法的应用最为广泛，由于它具有高效率的模拟计算能力，在岩土工程中得到了飞速发展，在覆岩移动和地表沉陷研究等方面取得了丰富的研究成果。随着科学技术的快速发展，交叉学科相互促进和渗透，促使覆岩移动发展成为一门多学科交叉融合的综合学科，在理论、方法和手段上均有较大发展。

上述研究成果很多都是在煤矿中取得的，尽管金属矿山与煤矿在很多方面有很大差异，但二者的开采同为地下矿山的开采，很多研究人员一直将这些理论和研究方法直接应用到金属矿山覆岩移动、失稳的研究中去，因此这些理论和方法为金属矿山覆岩移动研究奠定了基础、提供了依据。

金属矿山采空区覆岩稳定性与煤矿有明显的几点区别[26-29]：金属矿山多属于硬岩，较发育的节理裂隙对覆岩的移动有主控作用；构造应力对金属矿覆岩移动规律影响较大；成矿机理与采矿方法(空场法、充填法、留矿法)的不同使金属矿山覆岩移动时间和过程与煤矿不同，金属矿山覆岩移动的时间较长、地表变形具有不连续性、发生时间具有突发性和周期性。

近年来，国外学者 Johnson 和 York[30]研究了通过充填技术对采空区稳定性的影响，分析了局部充填对控制地压的效果。Ryder[31, 32]对深部矿山矿柱承受的超剪应力进行深入研究，将充填体充分包裹着矿柱，可有效降低矿柱内部的超剪应力，抑制岩爆的发生。Kun[33]研究了土耳其某矿房柱法开采的矿柱尺寸设计及稳定性，从实测角度研究了矿房和矿柱系统变形特点。Aglyukov[34]通过现场实测人工矿柱支护强度达到设计的 95%，满足控制覆岩变形的安全要求。Monjezi 等[35]及 Tawadrous 和 Katsabanis[36]利用神经网络对人工矿柱支护下覆岩的稳定性进行了预测，表明能达到控制覆岩移动的目的。Dehghan 等[37]采用 3DEC 程序对某铬铁矿在人工矿柱支护下，矿柱 W/H 不同时对岩爆产生的影响，并在现场取得良好效果。

1.2.2　国内研究进展

我国对覆岩移动的研究工作起步较晚，1953 年，《岩层与地表移动》课程首次在北京矿业学院由苏联学者哥尔地克为我国学者讲授，随后我国才开始开采沉陷的教学与科研的准备工作。1955 年，我国将《岩层与地表移动》作为一门专业课程为大学生开设。

20 世纪 50 年代，对覆岩移动、失稳的研究主要是针对煤矿方面的，如 1954 年，我国第一个地表移动观测站设在开滦矿务局林西矿。50 年代后期，我国各主要矿区陆续建立了地表移动观测站，开展相关的监测工作。通过大量监测及对相关数据的处理和分析，初步提出了移动与变形的计算公式，并选定了有关参数的方法，从而改变了过去那种引用外国数据解决我国实际问题的局面。60 年代，由于锡矿山南矿东部大面积出现覆岩移动现象，长沙矿山研究院与锡矿山矿务局合作，进行了大量的覆岩移动、地表沉陷观测工作，同时进行了现场试验测试工作。通过多年研究建立了与锡矿山南矿采空区顶板实际冒落较吻合的预测定量方程式。1965 年，刘宝琛和廖国华[38]两位学者提出了针对煤矿覆岩及地表移动的概率积分法。该方法是以随机介质理论为理论基础，在我国被广泛应用。1981 年，刘天泉等首次提出了导水裂隙带概念，并推导出了垮落带和导水裂隙带之间的计算公式[39]，该方法可应用于矿山开采导致的覆岩破坏和地表移动规律的研究。杜维吾和刘宝琛[39]首次根据利用充填法采矿，得出了地表移动的计算公式；张玉卓等[40]采取边界元法研究了地下覆岩断层对地表移动规律的影响，并提出了覆岩移动的错位理论，并将该研究成果应用到了阜新矿区清河门矿的覆岩移动分析。1990 年，中国科学院武汉岩土力学研究所等单位开展了程潮铁矿西区岩层移动规律的研究，并得出了一些有价值的研究成果[41]。1998 年，中国科学院武汉岩土力学研究所等单位，专门设立了"程潮铁矿东区地表开裂成因分析及东主井系统岩基稳定性评价"课题，就程潮铁矿东区的开采条件，对矿山开采后出现的地表陷落、错动及东主井系统建筑物稳定性进行了研究。

2001 年，武汉科技大学等针对"地表岩层移动导致程潮铁矿东主井工业场地的地表开裂、下沉，并波及主井安全"等问题开展了一系列研究[42]。2003 年，北铭河铁矿、程潮铁矿等金属矿山都出现了地表沉陷情况，导致一些主要井巷出现变形移动，给矿山的生产带来了很大的不安全因素，通过现场大量布设地表移动观测点及覆岩内部观测点，在分析覆岩移动及地表沉陷规律特性的基础上采取有效措施，确保了生产的安全开展[43]。2014 年，马凤山等[44]对金川二矿区多个中段开采引起的地表变形进行了研究，研究结果表明小步距开采和充填更有利于避免覆岩大幅度移动。2016 年，夏开宗等[45]在程潮铁矿西区开展了地表变形监测，将采空区覆岩移动分为 2 个阶段，该成果可为类似金属矿山提供参考。

李文秀等一直致力于采用模糊数学理论来研究覆岩移动与地表沉陷方面的难题，并取得了一系列的研究成果[46-48]。近些年来，程峰[49]、莫时雄等[50]将模糊数学理论与有限元理论相结合建立了金属矿山矿区的地面沉陷 M-Y 危险性综合评估预测模型系统，对金属矿山开采所引起的地面沉陷进行了有效的预测和防治。赵康等[51, 52]利用物理定律的量纲齐次原则，提出了一种基于量纲分析的采场顶板冒落高度预测方法，确定了覆岩冒落高度与开采深度、采场尺寸、矿体厚度、构造应力和覆岩岩性各物理量的关系。克服了因矿山地质条件复杂、影响顶板稳定性因素多、定量关系不明确的行业难题。顶板冒落高度的预测结果，可为矿山采取有效支护措施、控制采场顶板移动及冒落提供有效参数。

由于地表沉陷与时间关系密切，一些学者研究了二者的对应关系。赵康等[53]基于时间和空间关系对采场顶板沉降动态特征进行了预测，针对现有的地表沉降预测模型适用性较单一的缺点，提出了同时适用于 4 种不同沉降类型的顶板沉降发生的时间、区域及高度等精准参数的沉降预测模型。刘玉成和庄艳华[54]在Knothe 时间函数的基础上增加了一个幂指数，利用改进后的时间函数模型对某矿沉陷主断面下沉实测资料进行了拟合，吻合度较好。张巨伟等[55]、朱广轶等[56]、Cui[57]、彭小沾等[58]、黄乐亭和王金庄[59]、邓英尔和谢和平[60]、徐洪钟和李雪红[61]建立了地表沉陷与时间关系的动态时间模型。贺勇等[62]、唐名富等[63]建立了地表沉陷预测的灰色模型。任松等[64]建立了复杂开采沉陷分层传递预测模型，用实例证实了传递预测模型较传统预测方法具有更高的预测精度。

由于构造应力对金属矿山覆岩与地表移动和变形的影响较大，因此，赵康[65]、李克蓬[66]、丁阔[67]、贺跃光[68]、黄平路[69]、李腾等[70]、方建勤等[71]、曹阳和颜荣贵[72]、宋志敏等[73]、慕青松和马崇武[74]深入地研究了构造应力对覆岩与地表移动的影响规律。赵兵朝和余学义认为地表不规则变形主要是由地表下沉系数不同导致，得出了开采地表下沉系数为分段函数的结论，为地表非连续变形和出现塌陷的现象提供了解释依据[75]。针对金属矿山地表移动范围的圈定与实际情况有较大差别，因此一些学者研究了移动角和移动范围，得出了一些有益的结论[76-78]。蔡美峰等对金属矿山地表沉陷规律与机理进行了系统深入的研究，并在金属矿山应用中取得了较好的效果[79-85]。

研究金属矿山覆岩移动及地表沉陷是为了寻求一种定量化的表达方法或相关的规律，但是就目前的研究水平，仅依赖于一种研究分析方法很难给出地表移动范围的精确数值。由于工程岩体的复杂性，随着计算机技术的高速发展，数值方法显示了其独特的优越性。研究人员广泛应用数值计算方法，如利用弹塑性有限单元法、离散单元法、损伤非线性大变形有限单元法及有限差分法等进行开采应力场、位移场及其矿柱稳定性的分析并取得了一定的成果[86-89]。同时还应在经验工程类比和现场实际测量数据有机结合的基础上，充分利用高科技的计算机技术和反分析方法，综合利用各种有效研究手段，不断更新获取最新信息，采取动态的对比分析、相互验证，逐步逼近正确的预测结果，进而建立有效实用的动态预测预报专家系统[90, 91]。

目前覆岩移动与地表沉陷问题几乎存在于每一个地下开采金属矿山。同时由于金属矿山覆岩移动机理与规律研究都是针对某一具体矿山开展的，其研究结果很难具有借鉴和参考价值。因此，为了对金属矿山岩层移动与地表沉陷的机理和规律进行深入的研究，我国投入了大量的时间、技术、装备和资金，期望能在该领域的有突破性研究进展。

1.3 金属矿山覆岩移动防治技术研究进展及现状

1.3.1 覆岩移动防治技术的研究进展

为了防治因采矿引起的岩层移动及地表沉陷变形，有时需要采取人为力学环境再造的方法来达到此目的。常采用"等价原理"的方法，利用充填材料对开采后形成的采空区进行充填，以控制上覆岩层的移动；或通过制作胶结充填矿柱代替原生矿柱。矿山开采主要有采空区充填开采法、垮落带注充法、覆岩离层注浆充填开采法、房柱法等[92-95]。其中采空区充填开采法在矿山较早获得普遍成功应用，且技术较成熟，其他方法近些年来也陆续在一些矿山获得了成功应用。下面对力学环境再造防治覆岩灾变的技术方法做简单介绍。

1. 房柱开采法

房柱开采法是在矿层内开掘一定宽度的矿房，矿房之间用联络巷连接，形成近似于长条形的矿柱，矿柱的宽度一般从数米到数十米不等。矿石的回采在矿房中进行，矿房开采完毕后，再将由矿石组成的矿柱按设计采出。为了防治矿柱采出后影响采空区顶板的稳定性，常采取用混凝土假柱来取代原生矿柱，确保顶板的稳定性。由于房柱开采法属于部分回采，它所引起的地表移动与变形值大体上仅相当于长壁工作面采矿的 1/6～1/4，地表移动持续的时间也缩短了一半左右，因此用人工矿柱代替原生矿柱的房柱开采法能够有效地防治开采导致的覆岩移动及地表沉陷，大大降低了覆岩移动规模，缩小了地表移动范围和变形量，特别适合于不能搬迁重要建(构)筑物(如乡村、古迹遗址)、铁路等重要建筑物下采矿，美国通常采用房柱开采法来保护地面建筑物[96-98]。

矿山开采导致覆岩移动及地表沉陷问题在我国表现得较为严重，尤其是在地下水位高的地区，常导致开采后地表形成大面积坑洼水域，严重影响了当地居民的生活环境和居住条件，引发了严重的经济、社会及环境问题。其与我国当前提倡的可持续发展理念相违背，同时也阻碍了矿山自身的生产与发展。因此，如何有效防治矿山开采导致的覆岩移动等已成为采矿学科领域一项重要的技术工作。在这种情况下，用人工混凝土矿柱代替原生矿柱的房柱式[99-101]开采的优越性越来越被采矿行业认同，尤其是在硬岩环境的金属矿山，更被广泛推广使用，已成为防治覆岩移动及地表沉陷、保护地面建筑物的重要支护措施之一。

2. 覆岩离层注浆充填法

覆岩离层注浆充填法是最近 30 年来发展起来的人工力学环境再造新技术。该方法的主要操作过程是：首先要对采空区覆岩的移动及破坏规律进行彻底的研究，找出覆岩中的破坏"空源"传播过程中的离层空间位置；其次通过地面向覆岩内打钻孔至离层带内，利用高压手段向"空源"中注入有效的充填材料，防治充填材料上覆岩层继续发生破坏，进而达到有效控制覆岩移动及地表沉陷的最终目的。覆岩破坏时的离层空间形成的动态变化规律是该方法的主要技术关键所在，"离层注浆的控制理论"是该方法中目前应用较广泛的理论技术。该技术防治覆岩移动及地表沉降的效果是备受关注的问题，波兰的 J.P alaski、苏联的 Ж.М.К.аыбева 等学者在 1985 年之前就对开采而导致覆岩内部的离层现象及离层带形成机理进行了深入研究[102]。

在借鉴国外主要研究论点的基础上，我国于 1985 年由抚顺矿务局和阜新矿业学院联合开展了"减缓采煤区地表下沉的方法及其实施设备"课题的研究，这是我国首次进行用离层注浆来防治地表沉陷的试验并取得了满意的效果，之后新汶矿业集团有限责任公司华丰矿、兖州煤业股份有限公司东滩矿、开滦集团唐山矿等都开展了该方面的试验研究，均达到了一定效果。近几年，对覆岩注浆减沉机理、地表沉陷预计理论等理论方面的研究取得了较大进展[103, 104]。

该方法优点为[105-107]：在注浆充填过程中，井下的一些开拓布置与回采工艺等均不受影响；既不影响生产的进行，也不影响矿石的回采率；注浆充填在地面操作，工作环境好，设备操作方便等。其缺点为：最大离层位置的准确定位非常困难，选取注浆的最佳时机很难准确有效地掌控；沉降效果受注浆空间体积大小的变化影响非常大。

3. 采空区充填法

采空区充填法是采用充填物回填空区人为改变充填环境的方法，其可以管理顶板，有效控制、减少顶板下沉及覆岩的移动，从而最终控制或减少地表移动盆地的下沉值和变形量。澳大利亚的塔斯马尼亚芒特莱尔矿和北莱尔矿是最早（1915年）有计划地采用废石对采空区进行充填的[108]。随后加拿大、德国、波兰广泛应用该方法，充填材料通常是河砂、煤矸石、碎石和电厂粉煤灰。

地下矿石开采充填采矿法按充填方式不同可分为：机械充填、水力充填、风力充填、矸石自溜充填等。按充填料浆是否胶结又可分为：胶结充填、非胶结充填。按充填部位不同可分为：采空区充填、垮落带充填、离层区充填。按充填量和充填范围占采出矿量的比例可分为：全部充填与部分充填。

近60年以来采空区充填技术在国外发展迅速，我国在近40年内也取得了突飞猛进的成果，但比国外仍有不小的差距，近几年由于引进吸收国外先进经验，差距逐渐缩小。国内外矿山采空区充填技术大致经历了4个发展阶段。

第一阶段：国外在20世纪40年代以前，充填技术主要以处理废弃物为目的，将矿山开采出的矸石等送入采空区内。例如，澳大利亚北莱尔矿在20世纪初采用废石充填，加拿大诺兰达公司霍恩矿在20世纪30年代用细粒状炉渣加磁黄铁矿充填采空[109]。

我国在20世纪50年代以前也是以处理矿山废弃物为目的进行废石干式充填。50年代初期废石干式充填法在我国矿山中广泛采用。据统计，1955年在有色金属矿山采用该采矿方法的比例达38.2%，在黑色金属矿山井下开采中该方法占比高达到54.8%。

第二阶段：20世纪40~50年代，加拿大和澳大利亚等国的一些矿山研发出水砂充填新技术[110]。从此真正将充填技术纳入了重要的采矿开采方法中，并对充填材料及充填工艺进行了深入研究。澳大利亚的布罗肯希尔矿和加拿大的一些矿山在当时广泛应用水砂充填工艺，并取得了良好的效果。用水砂充填法管理顶板的方法在充填法中应用得较多，由于它可以大大地降低地表的移动与变形，更有利于保护地表建(构)筑物免遭破坏。

20世纪60年代，我国新汶、抚顺等矿山广泛采用水砂充填法进行建筑物下与河流下采矿。1965年锡矿山南矿为了控制该采空区的大面积地压活动，首次采用了尾矿水力充填采空区工艺，有效地降低了地表下沉量。湘潭锰矿也采用碎石水力充填采空区，并取得了预期成果。70年代在招远金矿、凡口铅锌矿和铜绿山铜铁矿等矿山应用了尾矿水力充填工艺进行试验研究。至 80 年代我国已超过 60 座有色金属矿山、黑色金属矿山等开采中广泛应用了水砂充填技术。

第三阶段：20 世纪 60～80 年代，为克服水砂充填存在的泌水问题，国外率先研发和应用尾矿胶结充填技术。膏体充填技术在金属矿山也得到了较快的发展。最具有代表性的矿山有澳大利亚的芒特艾萨矿，其在 60 年代采用尾矿胶结充填工艺对井下底柱进行回收。随着该充填技术被广泛地应用到金属矿山中，大量研究人员已开始对充填材料的性质、充填材料与围岩的相互作用力学机理、充填体的稳定性和充填胶凝材料等问题进行系统的研究。

传统的混凝土料充填在我国胶结充填使用初期被广泛采用。1964 年在凡口铅锌矿采用压气缸风力输送混凝土料胶结充填；1965 年金川龙首镍矿开始应用戈壁集料作为集料的胶结充填工艺。细砂胶结充填于 20 世纪 70 年代开始在焦家金矿、凡口铅锌矿和招远金矿等矿山获得成功应用。矿山常以尾矿、棒磨砂和天然砂等材料作为细砂胶结充填材料，以水泥作为胶结剂。细砂胶结充填料不仅适合管道水力输送，又有胶结体强度的优点，所以 80 年代在很多大型矿山得到广泛推广应用[111-115]。目前，以天然砂、棒磨砂和分级尾矿等材料作为集料的细砂胶结充填工艺与技术已趋于完善。

第四阶段：20 世纪 80 年代～21 世纪初期，随着人们对矿产能源的大量需求，采矿工业的发展也较为迅速，原有的充填工艺远不能满足回采工艺的要求和绿色采矿、经济采矿及环保的需要，因而发展起了全尾矿胶结充填、膏体充填、似膏体充填、高浓度充填技术和块石砂浆胶结充填等新技术。国外一些矿山如德国的格隆德矿，加拿大的基德克里克矿、金巨人矿和奇莫太矿，澳大利亚的坎宁顿矿[116, 117]，以及南非、俄罗斯和美国的一些地下矿山都采用了充填方法。我国的湘西金矿、凡口铅锌矿、武山铜矿、济南张马屯矿等矿山也相继采用此工艺与技术[118]。近 10 年来，充填工艺及技术获得了很大进步[119-123]。目前，正处于探索研究的充填绿色开采技术主要有矸石不出井置换开采、综采支架后方矸石溜子自放充填、采空区膏体充填等。

充填开采技术的研究应结合矿山开采覆岩移动机理与规律。一些学者提出的关键层理论为矿山局部充填开采法提供了重要的理论依据，经大量研究发现，在矿山动态开采过程中对覆岩移动的防治起关键作用的是主关键层，若主关键层遭受破坏，地表移动将加剧。因此，确保主关键层不被破坏是矿山安全设计的基本原则。为了保证建筑物下采矿取得良好的经济效益，同时又确保地表建筑物不受到沉降损害，关键在于根据覆岩地质结构条件与主关键层特性联合起来确定合理有效的减沉开采技术及参数。

总之，采用充填法人为因素改变采空区力学环境，有效转移和吸收应力能量，使覆岩的破坏程度减小，可有效减少覆岩移动范围及地表下沉。其中充填材料、充填方法、充填体程度等决定了其防治覆岩沉降效果。充填法在现场实际操作中生产工艺复杂，需要配置专门的设备及充足廉价的充填材料，因此充填法的开采成本相对较大。

1.3.2 覆岩移动防治技术研究内容及现状

覆岩移动和地表沉陷如何防治是金属矿山开采设计及采矿过程中比较关心的问题，因此必须采取切实可行的方法和手段确保矿山开采系统的稳定性。目前主要从以下几个方面对覆岩移动和地表沉陷防治技术进行研究。

1. 岩石力学基本性质的研究

岩体材料的各向异性性、非连续性和随时间变化等这些复杂特性问题必须通过对岩石材料本身性质的研究才能解决。岩石的力学参数、岩体的应力-应变关系及变形-破坏机理等这些特性都必须通过岩石力学试验得到。例如，为了研究岩石的强度特性及其应力-应变全过程需要利用各向不等压或各向等压的高精度伺服控制的刚性试验机通过大量的三轴试验才能获得。若在野外试验，可利用承压板变形试验、水压法变形试验等对岩石强度特性进行研究。岩体的几何特性的影响因素较多，需利用统计学的方法进行大量的试验研究。很多学者开展了反复加卸载条件下的岩石强度和变形性质、围压条件下的岩石强度和破坏特征、大尺寸岩体和岩石的尺寸效应、岩石几何特性与本构方程等方面的研究工作[124-128]。

随着金属矿山开采逐渐进入深部区域，如目前开采深度最深的 Western Deep Level 金矿已达到 4700m[129]，深部区域的地应力更加复杂，其构造应力和覆岩自重应力致使围岩力学性质更加复杂。谢和平等[130]指出，当开采进入超深部时，三轴等压应力状态将使深部围岩发生大范围塑性流动，高强度应力水平将诱发大规模的动力失稳；他还提出了基于工程扰动应力空间路径上的采动岩体力学。蔡美峰等[131]指出深部高地应力场是岩爆、塌方、冒顶等开采动力灾害的主因，高应力改变深部围岩的力学性质。

2. 地下岩体工程数值模拟的研究

20 世纪 60～70 年代，很多学者开始采用数值模拟方法对岩石开挖工程进行计算分析，有限单元法和边界元法最早地被研究人员广泛应用。随着人们对岩土材料非连续性和非均质性认识的深入，又提出了拉格朗日元法、离散单元法、非连续变形分析及流形元法等数值模拟分析方法[124]。

Turner[132]于 1956 年首次提出有限元法。1965 年，Zienkiewicz 和 Cheung[133]将该方法用于解决以变分原理为基础的问题，从此给有限元法赋予了坚实的数学基础。20 世纪中后期，高精密电子计算机迅猛发展，促使该方法迅速发展和完善。

有限差分法显式算法的快速拉格朗日分析程序 FLAC[134] (fast Lagrangian analysis of continua) 近几十年广泛应用到岩土工程领域，得到了大量工程人员的青睐。边界元法也是连续介质的分析方法，它是基于连续介质积分法发展起来的，与有限单元法及有限差分法均有差异。离散单元法是由 Cundall[135]于 1971 年首先提出来的，属于散体单元法的一个分支，是不连续介质的分析方法。此外数值分析方法还有无界元法、不连续变形分析方法、刚体节理元法等。

我国在数值计算方面起步较晚，刘怀恒首次将有限元方法用于采矿问题 (1979 年)，并研发出了考虑弹塑性、弹性、开挖、断层等多种条件下的二维有限元程序 NCAP[2D]；后来北京大学的王仁等学者自主开发了可以用于岩土工程的 NOLM83 软件；孙钧院士也提出了考虑流变性态的有限元方法。近年来，我国相继开发出了三维有限元程序，如西安矿业学院的刘怀恒开发了三维有限元程序 NCAP[3D]，中国科学院武汉岩土力学研究所以葛修润为代表开发了三维非线性有限元程序。周维垣[136]指出超载法及降强法运用有限元迭代及地质模型试验可求出结构的极限承载力，即失稳状态下的极限荷载。近来，东北大学的唐春安等也开发了覆岩破裂过程分析程序 (RFPA[3D]) [137-139]。

3. 地下岩体工程相似材料模拟的研究

相似材料模拟是基于相似理论、以量纲分析为理论依据的实验室研究方法，目前已经被广泛应用于采矿、水利、地质、铁道等部门的研究中。

相似材料模拟试验方法在国外被广泛应用到生产、科研中，澳大利亚、德国、苏联、波兰等国在矿山覆岩移动现象的研究中大量采用该方法，不但取得了大量研究成果，还促进了该方法自身的发展。例如，德国埃森岩石力学研究中心在尺寸为 2m×2m 的巷道模型及长达 10m 的采场平面应变模型试验台上，对研究对象施加千余吨的载荷，得出了围岩与支架之间的相互作用情况。苏联全苏矿山测量科学研究院采用相似模拟方法得出了与现场极为吻合的采动覆岩移动情况；另外意大利利用该方法对拱坝进行了实验研究，也得到了理想效果[140, 141]。

近几十年，我国一些工科类高校，如中国矿业大学、江西理工大学、辽宁工程技术大学、山东科技大学、重庆大学、中国地质科学院地质研究所等根据自身研究需要相继研发或引进了不同的矿山压力模拟研究；根据研究的侧重点不同，建立了各种平面、立体的模拟试验台；另外相关实验数据的处理仪器都有长足的发展。例如，中国矿业大学建立了平面和三维相似材料模型试验台，平面模型尺寸为 3.2m×0.4m×1.6m，采用液压加载系统加载，采用 7V14 数据巡回检测仪采集和记录试验相关数据，根据研究需要可分别进行平面应变实验和平面应力实验。

1956 年我国开始开展相似材料模拟试验。近年来，相似材料模拟试验在矿山地压研究中取得了丰硕的研究成果。例如，王金安等[142]通过相似模拟和数值模拟结合的方法对不整合地层下开采覆岩运动与破坏特征进行了深入研究，发现了不整合面附近地层存在"应力屏蔽"现象；赵康[65]采用相似模拟研究了不同人工矿柱支护下的覆岩移动规律；马其华等[143]采用相似模拟试验，观测了采动初期的覆岩结构演变，认为采动初期直接顶和老顶的厚度范围是动态变化的；李飞等[144]将相似模拟与现场测试相结合，得到了地下矿山顺坡推动式开采与逆坡牵引式开采对覆岩的移动和破坏形式的差异；柴敬等[145]利用光纤光栅传感技术构建了相似材料物理模型实验，可以定量化描述覆岩离层变化量的大小。另外，我国对长江三峡船闸高边坡、长江三峡链子崖高陡边坡、二滩水电站、三山岛金矿等都进行过大型相材料模拟试验。

尽管我国开展了大量的相似模拟实验，也取得了一定可喜的研究成果，但也存在不少亟须解决的问题：在平面应变模型实验台中，位移的测量存在很多困难，同时在模拟矿山开挖和充填作业时均存在一定的困难；在三维相似材料模拟实验时，模型内部开挖的问题同样是个令人头疼的问题；由于模型实验是缩小一定比例尺寸的，需要传感器等一些数据采集设备的精度较高，目前这个方面也亟须更大程度的提高。相似材料模型实验今后的发展趋势之一是在大型三维相似材料模型实验中采取探地雷达等测试手段来进行相关监测；光纤传感技术在数据采集接收方面可大大提高数据的精确性。但毋庸置疑的是，相似材料模型实验在覆岩移动研究中的重要地位是其他实验手段无法替代的。

4. 非线性分析方法

因岩石材料自身的巨复杂性，其非线性、模糊性和不确定性使传统的力学方法很难较好地应用。因此，针对岩石力学与工程如此高度非线性的复杂系统，要对它的力学行为进行控制和预测，必须采用现代非线性科学建立适合于岩石力学与工程特点的岩石非线性动力系统理论。目前，耗散结构理论、突变理论、协同学、分形理论、混沌理论等是非线性科学体系中发展比较成熟的学科[124,146]。下面就应用比较多的突变理论作简要介绍。

突变理论是揭示事物的质变方式如何依据条件变化的。该理论的精髓是将各种不同现象归纳到不同类别的拓扑结构中，通过对其各类临界点附近的非连续性态的特征进行讨论，从而比较有效地解决光滑系统中可能出现的突变问题。对内部相互作用未知系统进行研究是突变理论的特点。突变理论已在许多学科中广泛应用并取得了不错的效果。例如，Chuitt 将突变理论用于定性解释地层沉积的过程，达到了满意的效果[147]；Potier[148]利用突变理论对一些线弹性断裂力学和塑性力学中的失稳现象进行了系列研究，最后得出了保守系统中仅有几种失稳的方式；Henley[149]研究地壳断层运动的问题，得出了定性的突变模型；Carpinteri[150]用突变理论研究断裂力学的问题，并取得了一定成果。我国学者唐春安[151]利用该理论得到了岩石在加载条件下破裂过程突变前后岩样的变形突跳量和能量释放量的表达式。刘军等[152]建立了某巨型水电站地下厂房顶拱岩体的安全埋高尖点突变模型。李江腾和曹平[153]应用能量原理及突变理论推导出了矿柱失稳的临界载荷及临界应力，提出了矿柱发生失稳的屈曲模型，研究结果表明：矿柱发生失稳与分裂岩层的屈曲破坏有关。赵康[65]提出了人工矿柱失稳的突变模型。

突变理论在岩土工程应用中有一定的缺陷，如它仅适用于研究具有突变性质的岩石力学问题；另外，突变理论虽能从理论上解释一些复杂的岩石力学非线性现象，但目前仅用于处理一些比较简单的岩石力学模型，对于较复杂的岩石力学模型，尚需深入探讨[154]。另外，用该理论对岩体工程问题进行定量计算还需做大量的研究工作。

5. 专家系统及人工智能

专家系统是指拥有领域权威专家的知识和经验，常通过一定的推理方法解决一些需要专家才能解决的科学技术问题，并试图达到专家的水平。该系统将专家的工程经验、理论研究分析和现场实测资料有机融合起来，解决了一些利用常规的数学模型方法无法解决的问题。目前用于解决特定岩体工程问题的专家系统主要有围岩稳定与巷道支护选型优化、顶板稳定性控制、围岩分类、采矿方法选择等[155-158]。人工智能是研究机器智能和智能机器的新兴学科，它主要是利用计算机技术来完成类似人类大脑才能完成的(如思考、推理、预测和学习等)各种高级思维活动。

参 考 文 献

[1] 邹喜正. 矿山压力与岩层控制[M]. 徐州: 中国矿业大学出版社, 2005.

[2] 李莉. 固体矿产合理勘查开发与矿山可持续发展[D]. 北京: 中国地质科学院, 2008.

[3] 李春意, 崔希民, 郭增长, 等. 矿山开采沉陷对土地的影响[J]. 矿业安全与环保, 2009, 36(4): 65-68.

[4] 徐嘉兴, 李钢, 陈国良, 等. 矿区土地生态质量评价及动态变化[J]. 煤炭学报, 2013, 38(增1): 180-185.

[5] 唐春安, 张永彬. 岩体间隔破裂机制及演化规律初探[J]. 岩石力学与工程学报, 2008, 27(7): 1362-1369.

[6] 黄明利, 冯夏庭, 王水林. 多裂纹在不同岩石介质中的扩展贯通机制分析[J]. 岩土力学, 2002, 23(2): 142-146.

[7] 陈庆发. 隐患资源开采与采空区治理协同研究[D]. 长沙: 中南大学, 2009.

[8] 童立元, 刘松玉, 邱钰. 高速公路下伏采空区问题国内外研究现状及进展[J]. 岩石力学与工程学报, 2004, 23(7): 1198-2002.

[9] 邹友峰, 邓喀中, 马伟民. 矿山开采沉陷工程[M]. 徐州: 中国矿业大学出版社, 2003.

[10] 何国清, 杨伦, 凌赓娣, 等. 矿山开采沉陷学[M]. 徐州: 中国矿业大学出版社, 1991.

[11] 克拉茨·H. 采矿损坏及其防护[M]. 马伟民, 王金庄, 王绍林, 译. 北京: 煤炭工业出版社, 1982.

[12] Litwinszyn J. Fundamental principles of the mechanics of stochastic medium[C]// Proceedings of the 3rd Conference On Theoretical Applied Mechanics, Bangalore, 1957: 50-61.

[13] 张玉卓. 煤矿地表沉陷的预测与控制-世纪之交的回顾与展望[C]//中国煤炭学会青年工作委员会. 煤炭学会第五届青年科技学术研讨会论文集. 北京: 煤炭工业出版社, 1998: 1-7.

[14] 王金庄, 刑安仕, 吴立新. 矿山开采沉陷及其损害防治[M]. 北京: 煤炭工业出版社, 1995.

[15] Waltham A C. Ground Subsidence[M]. New York: Chapman and Hall, 1989.

[16] 阿威尔辛. 煤矿地下开采的岩层移动[M]. 北京: 煤炭工业出版社, 1959.

[17] Niemezyk O. Bergschadenkunde[M]. ESSEN: Gluekuf, 1949.

[18] 鲍莱茨基, 胡戴克. 矿山岩体力学[M]. 于振海, 刘天泉, 译. 北京: 煤炭工业出版社, 1985.

[19] Berry D S, Sales T W. An elastic treatment of ground movement due to mining[J]. Journal of the Mechanics and Physics of Solids, 1961, 9: 52-62.

[20] Berry D S. Ground movement considered as an elastic phenomenon[J]. The Mining Engineer, 1963, 123(37): 28-39.

[21] Salamon M D G. Elastic analysis of displacements and stresses induced by the mining of seam or roof deposits[J]. Journal of the Southern African Institute of Mining and Metallurgy, 1964, 64(10): 468-500.

[22] Salamon M D G. Rock Mechanics of Underground Excavations[C]// Proceedings of 3rd Congress of the International Society for Rock Mechanics National Academy of Sciences, Washington, 1974: 951-1099.

[23] Brauner G. 1973. Subsidence due to underground mining(in two parts), 2. Ground movements and mining damage[J].

[24] 沙拉蒙. 地下工程的岩石力学[M]. 田良灿, 译. 北京: 冶金工业出版社, 1982.

[25] Kratzsch H. Mining Subsidence Engineering[M]. Berlin: Springer, 1983.

[26] 赵国彦. 金属矿隐覆采空区探测及其稳定性预测理论研究[D]. 长沙: 中南大学, 2010.

[27] 戚冉, 黄建华, 郭春颖. 矿山地面塌陷预测方法研究[J]. 中国矿业, 2008, 17(6): 39-41.

[28] 陈陆望, 白世伟, 李一帆. 开采倾斜近地表矿体地表及围岩变形陷落的模型试验研究[J]. 岩土力学, 2006, 27(6): 885-889.

[29] 黄平路, 陈从新. 露天和地下联合开采引起矿山岩层移动规律的数值模拟研究[J]. 岩石力学与工程学报, 2007, 26(增2): 4037-4043.

[30] Johnson R A, York G. Backfill alternatives for regional support in ultra-depth South African gold mines[C]// Bloss D M. MINEFILL'98. Brisbane: Australasian Institute of Mining and Metallurgy Publication, 1998: 239-244.

[31] Ryder J A. Application of numerical stress analyses to the design of deep mine[C]//South African Inst of Mining & Metallurgy. GOLD 100, Johannesburg: South African Inst of Mining and Metallurgy Publisher, 1986: 245-253.

[32] Ryder J A. Excess shear stress in the assessment of geologically hazardous situations[J]. Journal of The South African Institute of Mining and Metallurgy, 1988, 88(1): 27-39.

[33] Kun M. Evaluation and applications of empirical approaches and numerical modeling of an underground limestone quarry with room and pillar design[J]. Journal of Mining Science, 2014, 50(1): 126-136.

[34] Aglyukov K I. Mining of the protective pillars using a packed fill[J]. Journal of Mining Science, 2004, 40(3): 292-297.

[35] Monjezi M, Seyed M H, Khandelwal M. Superiority of neural networks for pillar stress prediction in bord and pillar method[J]. Arabian Journal of Geosciences, 2011, 4(5): 845-853.

[36] Tawadrous A S, Katsabanis P D. Prediction of surface crown pillar stability using artificial neural networks[J]. International Journal for Numerical and Analytical Methods in Geomechanics, 2007, 31(7): 917-931.

[37] Dehghan S, Shahriar K, Maarefvand P, et al. 3-D modeling of rock burst in pillar No. 19 of Fetr6 chromite mine[J]. International Journal of Mining Science and Technology, 2013, 23(2): 231-236.

[38] 刘宝琛, 廖国华. 地表移动的基本规律[M]. 北京: 中国工业出版社, 1965.

[39] 杜维吾, 刘宝琛. 金属矿山地表移动与变形规律[C]// 第五届全国矿山岩体力学学术会议, 包头, 1992.

[40] 张玉卓, 姚建国, 仲惟林. 断层影响下地表移动规律的统计和数值模拟研究[J]. 煤炭学报, 1989, 1: 23-31.

[41] 王剑, 王永清, 何峰, 等. 程潮铁矿东区地表移动及东主井错动机理研究[J]. 岩土力学, 2006, 27(S2): 1255-1260.

[42] 伍佑伦, 许梦国, 王元汉. 程潮铁矿矿岩工程质量评价与支护方式的选择[J]. 岩石力学与工程学报, 2002, 21(7): 1059-1063.

[43] 郭廖武. 程潮铁矿围岩错动机理及工程控制措施[D]. 北京: 北京科技大学. 2004.

[44] 马凤山, 赵海军, 郭捷, 等. 金川二矿区多中段开采对地表岩移的影响研究[J]. 工程地质学报, 2014, (4): 757-764.

[45] 夏开宗, 陈从新, 付华, 等. 金属矿山崩落采矿法引起的岩层移动规律分析[J]. 岩土力学, 2016, 37(5): 1434-1440.

[46] 李文秀, 梅松华. 河谷下开采岩体移动失稳预测的 Fuzzy 数学方法[J]. 岩石力学与工程学报, 2003, 22(增 1): 2289-2293.

[47] Li W X. Fuzzy models for estimation of surface ground subsidence[J]. Systems Science and Mathematical Sciences, 1990, 3(3): 231-242.

[48] 李文秀, 梅松华, 翟淑花. 大型金属矿体开采地应力场变化及其对采区岩体移动范围的影响分析[J]. 岩石力学与工程学报, 2004, 23(23): 4047-4051.

[49] 程峰. 金属矿山开采地面沉陷预测模型研究[D]. 桂林: 桂林工学院, 2007.

[50] 莫时雄, 程峰, 滕冲, 等. 开采沉陷模糊预测模型在金属矿山中的应用[J]. 有色金属(矿山部分), 2008, 60(6): 5-9.

[51] 赵康, 石亮, 赵奎, 等. 基于量纲原理的金属矿山采空区覆岩垮落高度预测方法: 中国, 201410088576.8[P]. 2018-04-24.

[52] 赵康, 张俊萍, 严雅静. 一种采空区顶板稳定性判别方法: 中国, 201510166676.2[P]. 2017-10-13.

[53] 赵康, 赵晓东, 赵奎, 等. 基于时空关系的矿山采空区覆岩沉降动态预测方法: 中国, 201310647965.5[P]. 2016-09-28.

[54] 刘玉成, 庄艳华. 地下采矿引起的地表下沉的动态过程模型[J]. 岩土力学, 2009, 30(11): 3406-3416.

[55] 张巨伟, 高谦, 王福玉. 金属矿山岩移与工程稳定性研究及动态预测[J]. 地质与勘探, 2006, 42(5): 98-102.

[56] 朱广轶, 朱乐君, 郭影. 地表沉陷动态时间函数研究[J]. 西安科技大学学报, 2009, 29(3): 329-332.

[57] Cui X M. Prediction of progressive surface subsidence above Longwall Coal Mining using a time function[J]. International Journal of Rock Mechanics and Mining Sciences, 2001, 38(7): 1057-1063.

[58] 彭小沾, 崔希民, 臧永强, 等. 时间函数与地表动态移动变形规律[J]. 北京科技大学学报, 2004, 26(4): 341-344.

[59] 黄乐亭, 王金庄. 地表动态沉陷变形的 3 个阶段与变形速度的研究[J]. 煤炭学报, 2006, 31(4): 420-424.

[60] 邓英尔, 谢和平. 全过程沉降的新模型与方法[J]. 岩土力学, 2005, 26(1): 1-4.

[61] 徐洪钟, 李雪红. 基于 Logistic 增长模型的地表下沉时间函数[J]. 岩土力学, 2005, 26(增): 151-152.

[62] 贺勇, 姜晨光, 刘波, 等. 平原地区采矿地面沉陷预测的灰色模型[J]. 应用基础与工程科学学报, 2006, 14(增): 347-351.

[63] 唐名富, 周明芳, 李赋屏, 等. 广西大新铅锌矿地面沉陷机理及预测[J]. 金属矿山, 2009, (2): 151-153.

[64] 任松, 姜德义, 杨春和. 复杂开采沉陷分层传递预测模型[J]. 重庆大学学报, 2009, 32(7): 823-828.

[65] 赵康. 焦冲金矿覆岩移动机理及防治研究[D]. 北京: 北京科技大学, 2012.

[66] 李克蓬. 海底金矿充填开采岩移规律与灾变预测[D]. 北京: 中国科学院大学, 2017.

[67] 丁阔. 金属矿山开采诱发覆岩变形失稳机理研究[D]. 北京: 中国科学院大学, 2017.

[68] 贺跃光. 工程开挖引起的地表移动与变形模型及监测技术研究[D]. 长沙: 中南大学, 2003.

[69] 黄平路. 构造应力型矿山地下开采引起岩层移动规律的研究[D]. 武汉: 中国科学院武汉岩土力学研究所, 2008.

[70] 李腾, 付建新, 宋卫东. 厚大铁矿体崩落法开采围岩移动规律研究[J]. 采矿与安全工程学报, 2018, 35(5): 978-983.

[71] 方建勤, 彭振斌, 颜荣贵. 构造应力型开采地表沉陷规律及其工程处理方法[J]. 中南大学学报(自然科学版), 2004, 35(3): 506-510.

[72] 曹阳, 颜荣贵. 构造应力型矿山地表移动宏观破坏特征与对策[J]. 矿冶工程, 2002, 22(2): 31-33.

[73] 宋志敏, 程增庆, 张生华. 构造应力区软岩巷道围岩变形与控制[J]. 矿山压力与顶板管理, 2005, 22(4): 48-50.

[74] 慕青松, 马崇武. 金川构造应力场对巷道工程稳定性的影响[J]. 金属矿山, 2007, (7): 18-22.

[75] 赵兵朝, 余学义. 金属矿层开采地表下沉系数研究[J]. 金属矿山, 2010, (3): 126-130.

[76] 袁义. 地下金属矿山岩层移动角与移动范围的确定方法研究[D]. 长沙: 中南大学, 2008.

[77] 武玉霞. 基于 BP 神经网络的金属矿开采地表移动角预测研究[D]. 长沙: 中南大学, 2008.

[78] 林庆元. 望儿山金矿地表变形资料分析与沉降预测[D]. 泰安: 山东科技大学, 2009.

[79] 蔡美峰, 李春雷, 谢谟文, 等. 北洺河铁矿开采沉陷预计及地表变形监测与分析[J]. 北京科技大学学报, 2008, 30(2): 109-114.

[80] 蔡嗣经, 陈清运, 明世祥. 金山店铁矿平行矿体地下开采地表沉降物理模拟预测研究[J]. 中国安全生产科学技术, 2006, 2(5): 13-19.

[81] 李春雷, 谢谟文, 李晓璐. 基于 GIS 和概率积分法的北洺河铁矿开采沉陷预测及应用[J]. 岩石力学与工程学报, 2007, 26(6): 1243-1250.

[82] 欧阳振华, 蔡美峰, 李长洪, 等. 北洺河铁矿地表塌陷机理研究[J]. 矿业研究与开发, 2005, 25(1): 21-23.

[83] 欧阳振华, 李长洪, 陈国利, 等. 北洺河铁矿地表及岩层移动观测系统研究[J]. 金属矿山, 2005, (2): 42-44.

[84] 王艳辉, 蔡嗣经, 宋卫东. 基于人工神经网络的地下矿山岩层移动研究[J]. 北京科技大学学报, 2003, 25(2): 106-109.

[85] 吴永博, 高谦, 张周平. 金川矿区岩移与工程稳定性研究及动态预测[J]. 工业安全与环保, 2007, 32(10): 42-44.

[86] 吴静. 金属矿山三带分布数值模拟研究[D]. 南宁: 广西大学, 2012.

[87] 郭春颖, 李云龙, 刘军柱. UDEC 在急倾斜特厚煤层开采沉陷数值模拟中的应用[J]. 中国矿业, 2010, 19(4): 71-74.

[88] 麻凤海, 王永嘉. 地层沉降控制的可变形离散单元模拟[J]. 岩石力学与工程学报, 1999, 18(2): 176-179.

[89] 谢和平, 周宏伟, 王金安, 等. FLAC 在煤矿开采沉陷预测中的应用及对比分析[J]. 岩石力学与工程学报, 1999, 18(4): 397-401.

[90] 于广明, 孙洪泉, 赵建锋. 采矿引起地表点动态下沉的分形增长规律研究[J]. 岩石力学与工程学报, 2001, 20(1): 34-37.

[91] 赵国彦, 张海云, 刘建, 等. 基于 GSO-GPR 算法的岩层移动角预测模型及其应用[J]. 黄金科学技术, 2019, 27(1): 63-71.

[92] 陈国山, 翁春林. 金属矿地下开采[M]. 北京: 冶金工业出版社, 2008.

[93] 杜计平, 孟宪锐. 采矿学[M]. 徐州: 中国矿业大学出版社, 2009.

[94] Zhao K, Li Q, Yan Y J, et al. Numerical calculation analysis of structural stability of cemented fill in different lime-sand ratio and concentration conditions[J]. Advances in Civil Engineering, 2018: 1-9.

[95] 赵康, 鄢化彪, 冯萧, 等. 基于能量法的矿柱稳定性分析[J]. 力学学报, 2016, 48(4): 976-983.

[96] 于润沧. 采矿工程师手册(下)[M]. 北京: 冶金工业出版社, 2009.

[97] 刘彩平, 王金安, 侯志鹰. 房柱式开采煤柱系统失效的模糊理论研究[J]. 矿业研究与开发, 2008, 28(1): 8-12.

[98] 王金安, 冯锦艳, 蔡美峰. 急倾斜煤层开采覆岩裂隙演化与渗流的分形研究[J]. 煤炭学报, 2008, 33(2): 162-165.

[99] 王晓军, 冯萧, 杨涛波, 等. 深部回采人工矿柱合理宽度计算及关键影响因素分析[J]. 采矿与安全工程学报, 2012, 29(1): 54-59.

[100] 付建新, 宋卫东, 谭玉叶. 双层采空区重叠率对隔离顶柱稳定性影响分析及其力学模型[J]. 采矿与安全工程学报, 2018, 35(1): 58-63.

[101] Zhao K, Wang Q, Gu S J, et al. Mining scheme optimization and stope structural mechanic characteristics for the deep and large ore body [J]. Journal of the Minerals Metals & Materials Society, 2019, 71(11): 4180-4190.

[102] 崔有祯. 开采沉陷与建筑物变形观测[M]. 北京: 机械出版社, 2009.

[103] 隋惠权, 赵德深. 覆岩采动的动态模拟与离层带充填技术研究[J]. 辽宁工程技术大学学报, 2002, 21(5): 557-559.

[104] 郭增长, 王金庄. 离层注浆减沉效果的评价方法及误差分析[J]. 中国矿业大学学报, 2002, 31(4): 384-387.

[105] Gray R E. Coal mine subsidence and structures[J]. Mine Induced Subsidence, 1998(5): 69-86.

[106] Bell F G, Stacey T R, Genske D D. Mining subsidence and its effect on the environment: some differing examples[J]. Environmental Geology, 2000, 40(1/2): 135-152.

[107] Wu L X, Wang J Z, Zhao X S. Strata and surface subsidence control in trip-partial mining under buildings[J]. Journal of China University of Mining and Technology, 1994, 4(2): 74-85.

[108] Cowling R. Twenty-five years of mine filling: Development and directions[C]// Proceedings of the 6th International Symposium on Mining with Backfill, Brisbane, 1998: 3-10.

[109] Nantel J. Recent Developments and Trends in Backfill Practices in Canada[C]// Proceedings of the 6th International Symposium on Mining with Backfill, Brisbane, 1998: 11-14.

[110] 潘键. 国外嗣后胶结充填空场采矿法的发展[J]. 工程设计与研究(长沙), 1989, (1): 7-14.

[111] 张海波, 宋卫东. 评述国内外充填采矿技术发展现状[J]. 中国矿业, 2009, (12): 59-62.

[112] 赵传卿, 胡乃联. 胶结充填对采场稳定性的影响[J]. 辽宁工程技术大学学报(自然科学版), 2008, 27(1): 13-16.

[113] 张吉雄. 矸石直接充填综采岩层移动控制及其应用研究[D]. 徐州: 中国矿业大学, 2008.

[114] 郭爱国, 张华兴. 我国充填采矿现状及发展[J]. 矿山测量, 2005, 1: 60-61.

[115] Skeeles B E J. Design of paste backfill plant and distribution for the Cannington project[C]// Proceedings of the 6th International Symposium on Mining with Backfill, Brisbane, 1998: 59-64.

[116] 潘文元. 胶结充填技术在澳大利业的应用[J]. 山东冶金, 1991, 13(2): 17-21.

[117] 谢和平, 刘夕才, 王金安. 关于 21 世纪岩石力学发展战略的思考[J]. 岩土工程学报, 1996, 18(4): 98-102.

[118] 赵奎, 王晓军, 刘洪兴, 等. 布筋尾砂胶结充填体顶板力学性状试验研究[J]. 岩土力学, 2011, 32(1): 9-15.

[119] 韦华南, 古德生. 某矿分段凿岩阶段矿房嗣后联合充填采矿法试验研究[J]. 黄金, 2010, 31(6): 23-28.

[120] 田明华. 缓倾斜中厚矿体机械化上向水平分层充填采矿法关键技术研究[D]. 长沙: 中南大学, 2009.

[121] 马凤山, 刘锋, 郭捷, 等. 陡倾矿体充填法采矿充填体稳定性研究[J]. 工程地质学报, 2018, 26(5): 1351-1359.

[122] 彭府华, 李庶林, 李小强, 等. 金川二矿区大体积充填体变形机制与变形监测研究[J]. 岩石力学与工程学报, 2015, 34(1): 104-113.

[123] 江飞飞, 周辉, 盛佳, 等. 完全充填开采下地表变形特征分析及现状评价[J]. 岩石力学与工程学报, 2018, 37(10): 2344-2358.

[124] 蔡美峰. 金属矿山采矿设计优化与地压控制-理论与实践[M]. 北京: 科学出版社, 2001.

[125] 于学馥. 现代工程岩石力学基础[M]. 北京: 科学出版社, 1995.

[126] 王悦汉, 邓喀中, 吴侃, 等. 采动岩体动态力学模型[J]. 岩石力学与工程学报, 2003, 22(3): 352-357.

[127] 王金安, 尚新春, 刘红. 采空区坚硬顶板破断机理与灾变塌陷研究[J]. 煤炭学报, 2008, 33(8): 850-855.

[128] 赵奎, 周永涛, 曾鹏, 等. 三点弯曲作用下不同粒径组成的类岩石材料声发射特性试验研究[J]. 煤炭学报, 2018, 43(11): 3107-3114.

[129] Diering D H. Ultra-deep level mining: Future requirements[J]. Journal of the South African Institute of Mining and Metallurgy, 1997, 97(6): 249-255.

[130] 谢和平, 高峰, 鞠杨. 深部岩体力学研究与探索[J]. 岩石力学与工程学报, 2015, 34(11): 2161-2178.

[131] 蔡美峰, 薛鼎龙, 任奋华. 金属矿深部开采现状与发展战略[J]. 工程科学学报, 2019, 41(4): 417-426.

[132] Turner M J. Stintfness and deflection analysis of complex structures[J]. Journal of Aeronautical Science, 1956, 23: 805-824.

[133] Zienkiewicz O C, Cheung Y K. Finite elements in the solution of field problems[J]. Engineer, 1965, 220(6): 507-510.

[134] Itasca Consulting Group. FLAC: Fast Lagrangian Analysis of Continua, Version 3. 3, User Manual[M]. Minnesota: Incorporation Minneapolis, 1995.

[135] Cundall P A. A computer model for simulating progressive, large scale movements in blocky rock system[C]// Proceedings of Symposium of the International Society for Rock Mechanics. Salzburg: International Society for Rock Mechanics, 1971: 129-136.

[136] 周维垣. 岩体工程结构的稳定性[J]. 岩石力学与工程学报, 2010, 29(9): 1729-1753.

[137] 赵康, 王金安, 赵奎. 岩石高径比效应对其声发射影响的数值模拟研究[J]. 矿业研究与开发, 2010, 30(1): 15-18.

[138] 刘红元, 唐春安, 芮勇勤. 多煤层开采时岩层垮落过程的数值模拟[J]. 岩石力学与工程学报, 2001, 20(2): 190-196.

[139] 于保华, 朱卫兵, 许家林. 深部开采地表沉陷特征的数值模拟[J]. 采矿与安全工程学报, 2007, 24(4): 422-426.

[140] 李鸿昌. 矿山压力的相似模拟试验[M]. 徐州: 中国矿业大学出版社, 1989.

[141] 徐挺. 相似理论与模型试验[M]. 北京: 中国农业机械出版社, 1982.

[142] 王金安, 纪洪广, 张燕. 不整合地层下开采覆岩移动变异性研究[J]. 煤炭学报, 2010, 35(8): 1235-1241.

[143] 马其华, 姜福兴, 成云海. 采动初期覆岩结构演化与分析[J]. 矿山压力与顶板管理, 2004, 21(2): 13-14.

[144] 李飞, 王金安, 李鹏飞, 等. 山区下开采覆岩移动规律及破断机制研究[J]. 岩土学, 2016, 37(4): 1089-1095.

[145] 柴敬, 王帅, 袁强, 等. 采场覆岩离层演化的光纤光栅检测实验研究[J]. 西安科技大学学报, 2015, 35(2): 144-151.

[146] 桑博德. 突变理论入门[M]. 凌复华, 译. 上海: 上海科学技术出版社, 1989.

[147] Cubitt S B. The geological implication of steady state mechanisms in catastrophe theory[J]. Math Geology, 1976, 8(6): 57-61.

[148] Potier F M. Towards a catastrophe theory for mechanics of plasticity and Fracture[J]. International Journal of Engineering Science, 1985, 23(8): 821-837.

[149] Henley S. Catastrophe theory models in geology[J]. Math Geology, 1976, 8(6): 649-655.

[150] Carpinteri A. A catastrophe theory approach to fracture mechanics[J]. International Journal of Fracture, 1990, 44(1): 57-69.

[151] 唐春安. 岩石破裂过程的灾变[M]. 北京: 煤炭工业出版社, 1993.

[152] 刘军, 谢晔, 张悼元, 等. 突变理论在安全埋高研究中的应用[J]. 岩石力学与工程学报, 2002, 21(6): 879-886.

[153] 李江腾, 曹平. 硬岩矿柱纵向劈裂失稳突变理论分析[J]. 中南大学学报(自然科学版), 2006, 37(2): 371-375.

[154] 冯夏庭. 智能岩石力学导论[M]. 北京: 科学出版社, 2000.

[155] 蔡美峰, 孔广亚, 贾立宏. 岩体工程系统失稳的能量突变判断准则及其应用[J]. 北京科技大学学报, 1997, 19(4): 326-329.

[156] 来兴平. 基于非线性动力学采空区稳定性集成监测分析与预报系统研究及应用[D]. 北京: 北京科技大学, 2002.

[157] 李英龙. 采矿工业系统综合建模方法研究[M]. 昆明: 云南大学出版社, 2001.

[158] 陈清作. 地下矿山岩体工程系统分析与应用研究[D]. 北京: 北京科技大学, 2000.

2 金属矿山采空区覆岩失稳突变理论

金属矿山地质构造及矿体形态不同于层状的煤矿,煤矿的上覆岩层具有层状,具有老顶和关键层[1-4],因此在研究煤矿岩层移动破坏时一般都将上覆岩层作为"梁"或"薄板"进行研究,而目前现有的针对金属矿山覆岩移动破坏的研究,许多是将针对煤矿上覆岩层的研究方法直接应用到金属矿山中,包含覆岩地质条件及其厚度,这显然不科学;另外,由于金属矿山埋藏条件复杂,开采集中应力、自重应力和构造应力成为矿山开采过程中影响采空区围岩稳定性及覆岩变形的重要因素,尤其是构造应力的影响更是不容忽视,根据一些资料数据显示,深部矿山采空区覆岩垮落、片帮、底鼓及岩爆等都是构造应力太大造成的[5-8]。但是现有的针对金属矿山覆岩移动破坏的文献研究中,鲜有将模型构建为空间力学模型且同时考虑构造应力、开采集中应力和自重应力的影响因素。

在金属矿山地下开采中,常采用选矿废弃尾砂作为充填材料,胶结之后充填井下作为矿柱支撑采空区覆岩,保障覆岩的稳定性[9]。该方法不但充分减少了固体废渣排放,实现了矿山生产无尾化,也避免了对空气、水源、土壤等造成的污染,节能环保,符合当前绿色矿山的发展理念[10-12];同时还能够提供较好的支撑强度,有效改变了不利于采场结构稳定的力学环境。因此,它是一种简便环保、经济有效的重构采空区覆岩力学环境的措施,在金属矿山应用较普遍[13]。

影响胶结人工矿柱-覆岩耦合系统稳定的因素较复杂,包括人工矿柱材料配比、施工工艺、地应力、地层与岩性、工程环境、地下水、开采方法、采空区结构特征、采空区处理和时间因素等。

采空区突发性大面积顶板垮落属于岩体系统突发性动力失稳问题。岩体系统突发性动力失稳灾害的孕育阶段是准静态的,但是其发生是动态的,伴有大量弹性能的释放,造成岩体动力破碎、围岩振动,是一种高度非线性状态下的复杂行为,失稳之后的系统处于一种新的稳定状态。突变理论是一门近年来发展起来的研究参数连续变化导致系统状态突变的非线性科学[14, 15]。

影响采空区覆岩移动及稳定性的因素比较复杂,这主要表现在:①空场法采空区一般由顶板、底板和矿柱3个构成要素组成,其稳定性是构成要素的综合体现;②采空区顶、底板和矿柱的岩体性质、结构特征一般都有差异;③采空区空间几何尺寸及形态、矿体倾角是影响稳定性的特定因素[16-18]。本章将根据力学环境再造的思想,分析用人工矿柱支护来改变采空区覆岩的应力分布及集中程度;同时将根据围岩材料的复杂性、非均质的特点,利用非线性理论着重研究人工矿柱支护下采空区覆岩的稳定性。

2.1　突变理论的基本原理

突变理论是由 Thom 最先提出来的,是非线性理论的一个分支,它以不连续现象为研究对象,运用拓扑学、奇点理论和结构稳定性等数学工具,研究某种系统(过程)从一种稳定状态到另一种稳定状态的跃迁,讨论动力学系统中状态发生跳跃性变化的一般规律[19-21]。其主要阐述非线性系统从连续渐变状态走向系统性质突变的本质,即阐述不同参数的连续性的变化是如何导致不连续现象的产生。突变理论最显著的优点是:在不知道所研究的系统有哪些微分方程和如何求解这些微分方程的情况下,在只需要几个少数假设的基础上,用少数几个控制变量就可以预测系统的很多定性或定量状态。为了深入研究和解释各种突变现象,Thom提出了7种突变模型,而矿山常用的是尖点突变模型[14,22-24]。尖点突变模型(图2-1)势能函数的标准形式为

$$V(x) = x^4 + ux^2 + vx \tag{2-1}$$

式中,x 为状态变量;u 和 v 为两个控制变量。其中 x 表示系统当前所处的状态情况,如在空区顶板岩石力学系统中,覆岩的位移、变形速率、物理力学性质和声发射等都属于状态变量;u 和 v 为表示顶板或围岩的变量,可以控制和决定顶板稳定系统的演化进程、冒落途径等。对式(2-1)进行求导,可得到尖点突变模型的平衡曲面方程:

$$V''(x) = 12x^2 + 2u = 0 \tag{2-2}$$

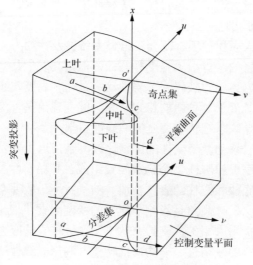

图 2-1　尖点突变模型示意图

上式是系统处于平衡位置的临界点方程，它是一个三次方程，其实根或为 1 个或为 3 个，主要由判别式 $\Delta = 8u^3 + 27v^2$ 的符号决定：当 $\Delta > 0$ 时，有 1 个实根；当 $\Delta < 0$ 时，有 3 个互异的实根；当 $\Delta = 0$ 时，有 1 个二重根 (u、v 均不为零)，或为 1 个三重根 $i(u=v=0)$。u-v 平面上各区域的 $V(x)$ 图形如图 2-2 所示。

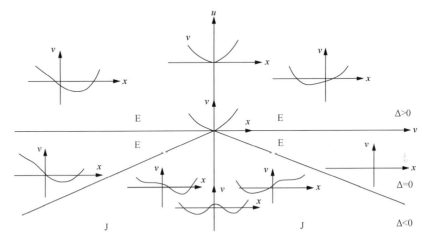

图 2-2　尖点突变参数平面图
E、J 表示两个区域

从图 2-1 中可知，在 (x,u,v) 三维空间中的 $V(x)$ 图形是由上、中、下三叶组成的、具有褶皱的光滑曲面图，其上、下两叶是稳定的、中叶是不稳定的，尖拐点或折叠的集合称为奇点集，其在 u-v 平面的投影称为分叉集。把 $V'(x) = 0$ 和 $V''(x) = 12x^2 + 2u = 0$ 联立消去 x，可得分叉集方程为

$$D = 8u^3 + 27v^2 = 0 \tag{2-3}$$

图 2-1 表明，势 V 由上叶向下叶变化时，当控制变量 $u > 0$ 时系统是稳定的；当 $u < 0$ 时，系统从一种状态演化到另一种状态，必须穿越分叉集曲线，必然有个突变过程，因此系统是不稳定的。在地下矿山开采中，影响顶板稳定的因素较复杂，包括地质与构造、地层与岩性、地应力、工程环境、地下水、开采方法、采空区结构特征、支护与空区处理和时间因素等。另外这些因素中不同的因素在随时不停地变化，直到达到临界点，该段时间是顶板失稳的量变过程。临界点过后，当其中一个或多个因素向有利于顶板失稳发生的方向变化时，顶板就会发生失稳冒落，此过程是顶板失稳的质变过程。即在穿越分叉集时，系统的状态(具体为状态变量 x)将发生一个突跳，表明从量变到质变的过程中必然存在一个突变。

2.2　金属矿山采空区覆岩失稳尖点突变模型

本书在地质及力学模型构建时将金属矿山采空区顶板视为"四周固支板"的基础上，根据金属矿山的实际地质情况，改变以往将上覆岩层作为"薄板"，从扭矩、弯曲等方面得到能量的思路，将在人工矿柱支护下的覆岩视为"厚板"，从应力分布情况得到势能，进而确定其稳定性。这样就与工程实际情况相似，更具有现实意义。同时在考虑重力因素时，将构造应力也作为一个重要影响因素来研究，更符合当前金属矿山向深部开采的趋势。

2.2.1　采空区覆岩地质模型构建

1. 模型假设

(1)假设覆岩是连续的，即假设整个岩体的体积都被组成这个岩体的介质所填满。而事实上，一切物体都是由微粒组成的，都不能符合上述假设。但只要微粒的尺寸，以及相邻微粒之间的距离，都比物体的尺寸小很多，那么物体连续性的假设就不会引起显著的误差。同样在研究岩体顶板与矿柱及周边围岩作用系统时，认为岩体顶板基本满足连续性假设。

(2)假设覆岩是完全弹性的，即假设覆岩完全服从胡克定律——应变与引起该应变的那个应力分量呈一定的比例关系；其弹性常数(反映这种比例关系的常数)不随应力分量或应变的大小和符号而改变。

(3)假设覆岩是均匀的，即整个岩体是由同一种材料组成的。

(4)假设覆岩是各向同性的，也就是假设岩体内任一点的弹性在各个方向都相同。

(5)假设覆岩受周边围岩的构造应力作用，作用力与深度成正比，比例系数为 k，其具体取值可参阅文献[25]和[26]。

(6)假设覆岩的位移和形变是微小的。岩石作为脆性材料，其顶板受力后，整个顶板上各点的位移与顶板原来的尺寸相比小很多，因而应变和转角都远小于 1。

2. 问题分析

矿石采空区立体示意图如图 2-3 所示。采空区为一个长 a、宽 b 的长方形区域，采空区上面为一均质岩体、高为 h 的立体区域。当采空区位于较深的区域，地面为一较长区域时，可假设采空区上方岩体稳定，岩体受自重力、四边梁的支撑力和由地应力引起的水平构造应力作用。

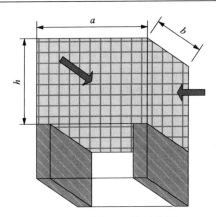

图 2-3　采空区立体示意图

将岩体切割成一个个微小单元,其受力情况如图 2-4 所示。每个微小单元都受 6 个面上 18 个应力和自重力作用。由于微小单元的体积几乎接近于零,在研究时,平行面上只考虑一个应力系,即 9 个应力分量、3 个体力分量。

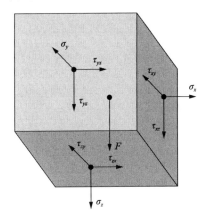

图 2-4　微小单元受力示意图

σ_x 为 x 轴方向正应力;　σ_y 为 y 轴方向正应力;　σ_z 为 z 轴方向正应力;　τ_{xy} 为切应力,其中第一个下标 x 表示切应力作用面的法线方向,第二个下标 y 表示切应力平行于 y 轴,其他切应力下标含义此类似(比如 τ_{yz},y 表示切应力作用面的法线方向,第二个下标 z 表示切应力平行于 z 轴,……);F 为单元体自重力

这些分量之间的关系可以通过弹性力学原理中的平衡方程、相容方程和胡克定律描述出来。为了合理解决采空区岩体受力分析,可以先建立采空区平面应力模型,再扩展到空间采空区应力模型。

2.2.2　采空区覆岩平面应力模型构建

当采空区宽度远远大于长度时,中心区域受来自前后梁的支撑作用较小,主要为左右梁的支撑,因此可以简化为图 2-5 所示模型。

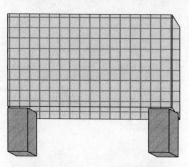

图 2-5 薄切面简支梁模型

岩体平面所受外力有梁的支撑力，每个梁提供的支撑力为岩体质量的一半；左右两边受构造应力作用。根据力的叠加性原理，可以先分别计算梁的支撑力和构造应力所产生的应力分布，再得到总的应力分布。

（1）当岩体只受梁的支撑力作用时，建立的坐标系如图 2-6 所示。

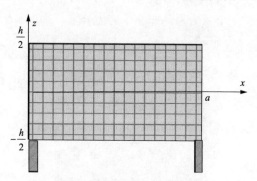

图 2-6 薄切面简支梁坐标系

系统在 xoz 平面上的方程如下。

平衡方程：

$$\left.\begin{array}{c} \dfrac{\partial \sigma_x}{\partial x}+\dfrac{\partial \tau_{xz}}{\partial z}+F_x=0 \\[2mm] \dfrac{\partial \tau_{xz}}{\partial x}+\dfrac{\partial \sigma_z}{\partial z}+F_z=0 \end{array}\right\} \tag{2-4}$$

式中，σ_x 为垂直于 xoz 平面指向 x 方向的正应力；σ_z 为垂直于 xoz 平面指向 z 方向的正应力；τ_{xz} 为平行于 xoz 平面指向 z 方向的切应力；F_x 为水平方向支撑力；F_z 为垂直方向支撑力。

相容方程：

$$\dfrac{\partial^2 \varepsilon_z}{\partial z^2}+\dfrac{\partial^2 \varepsilon_x}{\partial x^2}-2\dfrac{\partial^2 \gamma_{xz}}{\partial x \partial z}=0 \tag{2-5}$$

胡克定律：

$$\left.\begin{array}{r} \varepsilon_x = \dfrac{1}{E}(\sigma_x - \mu\sigma_z) \\[3mm] \varepsilon_y = -\dfrac{\mu}{E}(\sigma_x + \sigma_z) \neq 0 \\[3mm] \varepsilon_z = \dfrac{1}{E}(\sigma_z - \mu\sigma_x) \\[3mm] \gamma_{xz} = \dfrac{1}{G}\tau_{xz} \end{array}\right\} \tag{2-6}$$

式中，E 为杨氏弹性模量，MPa；G 为剪切模量，$G = \dfrac{E}{2(1+\mu)}$，MPa；μ 为泊松比；ε_x 为 x 方向的正应变；ε_y 为 y 方向的正应变；ε_z 为 z 方向的正应变；γ_{xz} 为 xz 方向的切应变。

重力只分布在 z 方向，x 方向没有体力作用，因此 $F_x = 0$、$F_z = \rho g$，其中 ρ 为岩石容重，g 为重力加速度。

假设有一势函数 V，使得

$$\frac{\partial V}{\partial x} = -F_x \qquad \frac{\partial V}{\partial z} = -F_z$$

令 $\sigma_x' = \sigma_x - V$、$\sigma_z' = \sigma_z - V$，则有平衡方程：

$$\left.\begin{array}{r} \dfrac{\partial \sigma_x'}{\partial x} + \dfrac{\partial \tau_{xz}}{\partial z} = 0 \\[3mm] \dfrac{\partial \tau_{xz}}{\partial x} + \dfrac{\partial \sigma_z'}{\partial z} = 0 \end{array}\right\} \tag{2-7}$$

设 Airy 应力函数为 $\varphi(x,z)$，则有

$$\left.\begin{array}{r} \sigma_x = \sigma_x' = \dfrac{\partial^2 \varphi(x,z)}{\partial z^2} \\[3mm] \sigma_z = \sigma_z' + \rho g z = \dfrac{\partial^2 \varphi(x,z)}{\partial x^2} + \rho g z \\[3mm] \tau_{xz} = -\dfrac{\partial^2 \varphi(x,z)}{\partial x \partial z} \end{array}\right\} \tag{2-8}$$

边界条件：

$$\left.\begin{array}{l} z = \dfrac{h}{2}, \quad \dfrac{\partial \varphi(x,z)}{\partial z} = -R_x = 0, \quad \varphi(x,z) = 0 \\[3mm] z = -\dfrac{h}{2}, \quad \dfrac{\partial \varphi(x,z)}{\partial z} = R_x = 0, \quad \varphi(x,z) = \dfrac{\rho gha}{2}x \end{array}\right\} \tag{2-9}$$

根据边界条件特性，假设 $\varphi(x,z) = x(c_1 z^3 + c_2 z^2 + c_3 z + c_4)$，则有

$$\left.\begin{array}{l} \dfrac{3c_1 h^2}{4} + c_2 h + c_3 = 0 \\[3mm] \dfrac{3c_1 h^2}{4} - c_2 h + c_3 = 0 \\[3mm] \dfrac{c_1 h^3}{8} + \dfrac{c_2 h^2}{4} + \dfrac{c_3 h}{2} + c_4 = 0 \\[3mm] -\dfrac{c_1 h^3}{8} + \dfrac{c_2 h^2}{4} - \dfrac{c_3 h}{2} + c_4 = \dfrac{\rho gha}{2} \end{array}\right\} \tag{2-10}$$

解上式可得

$$c_1 = \frac{\rho ga}{h^2}, \quad c_2 = 0, \quad c_3 = -\frac{3\rho ga}{4}, \quad c_4 = \frac{\rho gha}{4}$$

所以 $\varphi(x,z) = x\left(\dfrac{\rho ga}{h^2}z^3 - \dfrac{3\rho ga}{4}z + \dfrac{\rho gha}{4}\right)$。则得

$$\left.\begin{array}{l} \sigma_x^1 = \sigma_x' = \dfrac{\partial^2 \varphi(x,z)}{\partial z^2} = \dfrac{6\rho ga}{h^2}xz \\[3mm] \sigma_z^1 = \sigma_z' + \rho gz = \dfrac{\partial^2 \varphi(x,z)}{\partial x^2} + \rho gz = \rho gz \\[3mm] \tau_{xz}^1 = -\dfrac{\partial^2 \varphi(x,z)}{\partial x \partial z} = -\dfrac{3\rho ga}{h^2}z^2 + \dfrac{3\rho ga}{4} \end{array}\right\} \tag{2-11}$$

(2) 当岩体只受构造应力作用时，系统的内部方程不发生变化，只是边界条件发生改变，其边界条件为

$$\left.\begin{array}{l} x = 0, \quad \dfrac{\partial \varphi(x,z)}{\partial x} = -R_z = 0, \quad \varphi(x,z) = 0 \\[3mm] x = a, \quad \dfrac{\partial \varphi(x,z)}{\partial x} = R_z = 0, \quad \varphi(x,z) = -\dfrac{k\left(\dfrac{h}{2} - z\right)^3}{6} \end{array}\right\} \tag{2-12}$$

式中，h 为开采深度；a 为开采跨度；ρ 为岩石容重；g 为重力加速度；R_x 为 x

方向上的应力函数；R_z 为 z 方向上的应力函数；k 为引入系数。

令 $x' = x - \dfrac{a}{2}$，$z' = \dfrac{h}{2} - z$，则

$$\left.\begin{array}{l} x' = -\dfrac{a}{2}, \quad \dfrac{\partial \varphi(x', z')}{\partial x'} = -R_{z'} = 0, \quad \varphi(x', z') = 0 \\[3mm] x' = \dfrac{a}{2}, \quad \dfrac{\partial \varphi(x', z')}{\partial x'} = R_{z'} = 0, \quad \varphi(x', z') = -\dfrac{kz'^3}{6} \end{array}\right\} \tag{2-13}$$

令 $\varphi(x', z') = z'^3 f(x') + z' g(x')$，代入相容方程得

$$z'\left(12\dfrac{\mathrm{d}^2 f}{\mathrm{d}x'^2} + \dfrac{\mathrm{d}^4 g}{\mathrm{d}x'^4}\right) + z'^3 \dfrac{\mathrm{d}^4 f}{\mathrm{d}x'^4} = 0 \tag{2-14}$$

因为 f 和 g 只是关于 x 的函数，所以有

$$\left.\begin{array}{l} \dfrac{\mathrm{d}^4 f}{\mathrm{d}x'^4} = 0 \\[3mm] 12\dfrac{\mathrm{d}^2 f}{\mathrm{d}x'^2} + \dfrac{\mathrm{d}^4 g}{\mathrm{d}x'^4} = 0 \end{array}\right\} \tag{2-15}$$

f 和 g 的边界条件为

$$\left.\begin{array}{l} x' = -\dfrac{a}{2}, \quad \dfrac{\mathrm{d}f}{\mathrm{d}x'} = 0, \quad \dfrac{\mathrm{d}g}{\mathrm{d}x'} = 0, \quad f(0) = 0, \quad g(0) = 0 \\[3mm] x' = \dfrac{a}{2}, \quad \dfrac{\mathrm{d}f}{\mathrm{d}x'} = 0, \quad \dfrac{\mathrm{d}g}{\mathrm{d}x'} = 0, \quad f(a) = \dfrac{k}{6} \end{array}\right\} \tag{2-16}$$

根据上述特性，假设 $f(x') = c_1 x'^3 + c_2 x'^2 + c_3 x' + c_4$，代入边界条件有

$$c_1 = \dfrac{k}{3a^3}, \quad c_2 = 0, \quad c_3 = -\dfrac{k}{4a}, \quad c_4 = -\dfrac{k}{12}$$

$$f(x') = \dfrac{k}{3a^3}x'^3 - \dfrac{k}{4a}x' - \dfrac{k}{12}$$

式中，c_1、c_2、c_3、c_4 均为函数方程的引入常数。

将上述边界条件代入式 (2-15) 得

$$\dfrac{\mathrm{d}^4 g}{\mathrm{d}x'^4} = -\dfrac{24kx'}{a^3} \tag{2-17}$$

令 $g(x') = -\dfrac{kx'^5}{5a^3} + d_1 x'^3 + d_2 x'^2 + d_3 x' + d_4$，代入边界条件，解得

$$d_1 = \frac{k}{10a}, \quad d_2 = 0, \quad d_3 = -\frac{ka}{80}, \quad d_4 = 0$$

所以 $g(x') = -\dfrac{kx'^5}{5a^3} + \dfrac{k}{10a}x'^3 - \dfrac{ka}{80}x'$

由：

$$\varphi(x', z') = z'^3\left(\frac{k}{3a^3}x'^3 - \frac{k}{4a}x' - \frac{k}{12}\right) + z'\left(-\frac{kx'^5}{5a^3} + \frac{k}{10a}x'^3 - \frac{ka}{80}x'\right) \qquad (2\text{-}18)$$

$$\varphi(x, z) = \left(\frac{h}{2} - z\right)^3\left[\frac{k}{3a^3}\left(x - \frac{a}{2}\right)^3 - \frac{k}{4a}\left(x - \frac{a}{2}\right) - \frac{k}{12}\right]$$
$$- \left(\frac{h}{2} - z\right)\left[-\frac{k}{5a^3}\left(x - \frac{a}{2}\right)^5 + \frac{k}{10a}\left(x - \frac{a}{2}\right)^3 - \frac{ka}{80}\left(x - \frac{a}{2}\right)\right] \qquad (2\text{-}19)$$

可得

$$\left.\begin{array}{l}
\sigma_x^2 = \sigma_x' = \dfrac{\partial^2 \varphi(x, z)}{\partial z^2} = \left(\dfrac{h}{2} - z\right)\left[\dfrac{2k}{a^3}\left(x - \dfrac{a}{2}\right)^3 - \dfrac{3k}{2a}\left(x - \dfrac{a}{2}\right) - \dfrac{k}{2}\right] \\[3mm]
\sigma_z^2 = \sigma_z' = \dfrac{\partial^2 \varphi(x, z)}{\partial x^2} = \dfrac{2k}{a^3}\left(\dfrac{h}{2} - z\right)^3\left(x - \dfrac{a}{2}\right) - \left(\dfrac{h}{2} - z\right)\left[-\dfrac{4k}{a^3}\left(x - \dfrac{a}{2}\right)^3 + \dfrac{3k}{5a}\left(x - \dfrac{a}{2}\right)\right] \\[3mm]
\tau_{xz}^2 = -\dfrac{\partial^2 \varphi(x, z)}{\partial x \partial z} = 3\left(\dfrac{h}{2} - z\right)^2\left[\dfrac{k}{a^3}\left(x - \dfrac{a}{2}\right)^2 - \dfrac{k}{4a}\right] - \left[-\dfrac{k}{a^3}\left(x - \dfrac{a}{2}\right)^4 + \dfrac{3k}{10a}\left(x - \dfrac{a}{2}\right)^2 - \dfrac{ka}{80}\right]
\end{array}\right\}$$
$$(2\text{-}20)$$

（3）当岩体受支撑力和构造应力共同作用时有

$$\left.\begin{array}{l}
\sigma_x = \sigma_x^1 + \sigma_x^2 = \dfrac{6\rho ga}{h^2}xz + \left(\dfrac{h}{2} - z\right)\left[\dfrac{2k}{a^3}\left(x - \dfrac{a}{2}\right)^3 - \dfrac{3k}{2a}\left(x - \dfrac{a}{2}\right) - \dfrac{k}{2}\right] \\[3mm]
\sigma_z = \sigma_z^1 + \sigma_z^2 = \dfrac{2k}{a^3}\left(\dfrac{h}{2} - z\right)^3\left(x - \dfrac{a}{2}\right) - \left(\dfrac{h}{2} - z\right)\left[-\dfrac{4k}{a^3}\left(x - \dfrac{a}{2}\right)^3 + \dfrac{3k}{5a}\left(x - \dfrac{a}{2}\right)\right] + \rho gz \\[3mm]
\tau_{xz} = \tau_{xz}^1 + \tau_{xz}^2 = -\dfrac{3\rho ga}{h^2}z^2 + \dfrac{3\rho ga}{4} + 3\left(\dfrac{h}{2} - z\right)^2\left[\dfrac{k}{a^3}\left(x - \dfrac{a}{2}\right)^2 - \dfrac{k}{4a}\right] \\[3mm]
\qquad\qquad - \left[-\dfrac{k}{a^3}\left(x - \dfrac{a}{2}\right)^4 + \dfrac{3k}{10a}\left(x - \dfrac{a}{2}\right)^2 - \dfrac{ka}{80}\right]
\end{array}\right\}$$
$$(2\text{-}21)$$

式中，上标 1 和 2 分别表示受支撑力和构造应力两种状态。

整个岩体的势能为[27]

$$\Pi = U_E = \int_{-h/2}^{h/2}\int_0^a (\sigma_x \times \varepsilon_x' + \sigma_z \times \varepsilon_z' + \tau_{xz} \times \gamma_{xz}')\,\mathrm{d}x\mathrm{d}z$$

$$= \int_{-h/2}^{h/2}\int_0^a \left(\sigma_x \times \frac{\partial \varepsilon_x}{\partial x} + \tau_{xz} \times \frac{\partial \gamma_{xz}}{\partial x} + \sigma_z \times \frac{\partial \varepsilon_z}{\partial z} + \tau_{xz} \times \frac{\partial \gamma_{xz}}{\partial z}\right)\mathrm{d}x\mathrm{d}z$$

$$= \int_{-h/2}^{h/2}\int_0^a \left[\frac{\sigma_x}{E}\left(\frac{\partial \sigma_x}{\partial x} - \mu\frac{\partial \sigma_z}{\partial x}\right) + \frac{\tau_{xz}}{G}\left(\frac{\partial \tau_{xz}}{\partial x} + \frac{\partial \tau_{xz}}{\partial z}\right) + \frac{\sigma_z}{E}\left(\frac{\partial \sigma_z}{\partial z} - \mu\frac{\partial \sigma_x}{\partial z}\right)\right]\mathrm{d}x\mathrm{d}z$$

$$\tag{2-22}$$

将 σ_x、σ_z、τ_{xz} 代入式 (2-22)，求解得

$$\Pi = -\frac{k^2h^6}{6Ea^3} + \frac{9k\mu\rho gh^3}{20E} + \frac{k^2\mu h^5}{5Ea^2} + \frac{k^2h^3}{6E} + \frac{k^2\mu h^3}{15E} - \frac{3k^2h^4}{20Ga} - \frac{ak^2h^2}{350E} + \frac{ak^2h^2}{700G}$$

$$+ \frac{k\rho gha^2}{2E} + \frac{k\mu\rho gha^2}{10E} - \frac{k\mu\rho gh^2a}{4E} + \frac{3\rho^2g^2a^4}{2hE} + \frac{k^2\mu h^2a}{700E} - \frac{k^2h^4\mu}{20Ea}$$

$$= -\frac{k^2h^6}{6Ea^3} + \frac{k^2\mu h^5}{5Ea^2} - \frac{3k^2h^4}{20Ga} - \frac{k^2h^4\nu}{20Ea} + \frac{9k\mu\rho gh^3}{20E} + \frac{k^2h^3}{6E} + \frac{k^2\mu h^3}{15E}$$

$$+ \frac{3\rho^2g^2a^4}{2hE} + \frac{k\rho gha^2}{2E} + \frac{k\mu\rho gha^2}{10E} - \frac{k^2h^2a}{350E} + \frac{k^2h^2a}{700G} - \frac{k\mu\rho gh^2a}{4E} + \frac{k^2\mu h^2a}{700E}$$

$$\tag{2-23}$$

2.2.3 采空区覆岩空间应力模型构建

对图 2-3 建立空间坐标系，长度方向为 x 轴、宽度方向为 y 轴、高度方向为 z 轴，如图 2-7 所示。

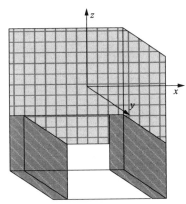

图 2-7 岩体空间坐标系

岩体空间微小单元满足以下方程。

平衡方程为

$$\left.\begin{array}{l} \dfrac{\partial \sigma_x}{\partial x} + \dfrac{\partial \tau_{xy}}{\partial y} + \dfrac{\partial \tau_{xz}}{\partial z} + F_x = 0 \\[3mm] \dfrac{\partial \tau_{yx}}{\partial x} + \dfrac{\partial \sigma_y}{\partial y} + \dfrac{\partial \tau_{yz}}{\partial z} + F_y = 0 \\[3mm] \dfrac{\partial \tau_{zx}}{\partial x} + \dfrac{\partial \tau_{zy}}{\partial y} + \dfrac{\partial \sigma_z}{\partial z} + F_z = 0 \end{array}\right\} \tag{2-24}$$

$$\tau_{xy} = \tau_{yx}, \quad \tau_{xz} = \tau_{zx}, \quad \tau_{zy} = \tau_{yz} \tag{2-25}$$

相容方程为

$$\left.\begin{array}{l} \dfrac{\partial^2 \varepsilon_x}{\partial x^2} + \dfrac{\partial^2 \varepsilon_y}{\partial y^2} = 2\dfrac{\partial^2 \gamma_{xy}}{\partial x \partial y} \\[3mm] \dfrac{\partial^2 \varepsilon_y}{\partial y^2} + \dfrac{\partial^2 \varepsilon_z}{\partial z^2} = 2\dfrac{\partial^2 \gamma_{yz}}{\partial y \partial z} \\[3mm] \dfrac{\partial^2 \varepsilon_z}{\partial z^2} + \dfrac{\partial^2 \varepsilon_x}{\partial x^2} = 2\dfrac{\partial^2 \gamma_{xz}}{\partial x \partial z} \\[3mm] \dfrac{\partial^2 \varepsilon_x}{\partial y \partial z} = \dfrac{\partial}{\partial x}\left(-\dfrac{\partial \gamma_{yz}}{\partial x} + \dfrac{\partial \gamma_{xz}}{\partial y} + \dfrac{\partial \gamma_{xy}}{\partial z} \right) \\[3mm] \dfrac{\partial^2 \varepsilon_y}{\partial x \partial z} = \dfrac{\partial}{\partial y}\left(\dfrac{\partial \gamma_{yz}}{\partial x} - \dfrac{\partial \gamma_{xz}}{\partial y} + \dfrac{\partial \gamma_{xy}}{\partial z} \right) \\[3mm] \dfrac{\partial^2 \varepsilon_z}{\partial x \partial y} = \dfrac{\partial}{\partial z}\left(\dfrac{\partial \gamma_{yz}}{\partial x} + \dfrac{\partial \gamma_{xz}}{\partial y} - \dfrac{\partial \gamma_{xy}}{\partial z} \right) \end{array}\right\} \tag{2-26}$$

胡克定律：

$$\left.\begin{array}{l} \varepsilon_x = \dfrac{1}{E}[\sigma_x - \mu(\sigma_y + \sigma_z)] \\[3mm] \varepsilon_y = \dfrac{1}{E}[\sigma_y - \mu(\sigma_x + \sigma_z)] \\[3mm] \varepsilon_z = \dfrac{1}{E}[\sigma_z - \mu(\sigma_x + \sigma_y)] \\[3mm] \gamma_{xy} = \dfrac{1}{G}\tau_{xy} \\[3mm] \gamma_{yz} = \dfrac{1}{G}\tau_{yz} \\[3mm] \gamma_{xz} = \dfrac{1}{G}\tau_{xz} \end{array}\right\} \tag{2-27}$$

式中，E、G、μ 各物理量同式(2-6)所述，重力势函数为 $V = \rho gz$，则

$$\frac{\partial V}{\partial x} = -F_x = 0, \quad \frac{\partial V}{\partial y} = -F_y = 0, \quad \frac{\partial V}{\partial z} = -F_z = -\rho g$$

令 $\sigma'_x = \sigma_x - V$，$\sigma'_y = \sigma_y - V$，$\sigma'_z = \sigma_z - V$，则有平衡方程：

$$\left.\begin{aligned}
\frac{\partial \sigma'_x}{\partial x} + \frac{\partial \tau_{xy}}{\partial y} + \frac{\partial \tau_{xz}}{\partial z} = 0 \\
\frac{\partial \tau_{yx}}{\partial x} + \frac{\partial \sigma'_y}{\partial y} + \frac{\partial \tau_{yz}}{\partial z} = 0 \\
\frac{\partial \tau_{zx}}{\partial x} + \frac{\partial \tau_{zy}}{\partial y} + \frac{\partial \sigma'_z}{\partial z} = 0
\end{aligned}\right\} \tag{2-28}$$

边界条件：

$$\left.\begin{aligned}
x = 0, \quad \frac{\partial \varphi(x,y,z)}{\partial x} = 0, \quad \varphi(x,y,z) = 0 \\
x = a, \quad \frac{\partial \varphi(x,y,z)}{\partial x} = 0, \quad \varphi(x,y,z) = -\frac{\sigma_h\left(\dfrac{h}{2} - z\right)^3}{6}
\end{aligned}\right\} \tag{2-29}$$

$$\left.\begin{aligned}
y = 0, \quad \frac{\partial \varphi(x,y,z)}{\partial y} = 0, \quad \varphi(x,y,z) = 0 \\
y = b, \quad \frac{\partial \varphi(x,y,z)}{\partial y} = 0, \quad \varphi(x,y,z) = -\frac{k\left(\dfrac{h}{2} - z\right)^3}{6}
\end{aligned}\right\} \tag{2-30}$$

$$\left.\begin{aligned}
z = \frac{h}{2}, \quad \frac{\partial \varphi(x,y,z)}{\partial z} = 0, \quad \varphi(x,y,z) = 0 \\
z = -\frac{h}{2}, \quad \frac{\partial \varphi(x,y,z)}{\partial z} = 0, \quad \varphi(x,y,z) = \frac{\rho ghab}{2}\sqrt{x^2 + y^2}
\end{aligned}\right\} \tag{2-31}$$

式中，σ_h 为开采深度为 h 时的应力。

(1)只有重力和梁支撑力作用时，假设势函数为

$$\varphi(x,y,z) = \left[c_1\frac{\left(1 - \dfrac{x^3}{a^3}\right)(y-z)}{6} + c_2\frac{\left(1 - \dfrac{y^3}{b^3}\right)(z-x)}{6} + c_3\frac{\left(1 - \dfrac{z^3}{h^3}\right)(x-y)}{6}\right] + c_4\frac{\rho gz^3}{6} \tag{2-32}$$

则有

$$
\left.
\begin{aligned}
\sigma_x &= \sigma_x' = \frac{\partial^2 \varphi(x,y,z)}{\partial x^2} \\
\sigma_y &= \sigma_y' = \frac{\partial^2 \varphi(x,y,z)}{\partial y^2} \\
\sigma_z &= \sigma_z' + \rho g z = \frac{\partial^2 \varphi(x,y,z)}{\partial z^2} + \rho g z \\
\tau_{xy} &= \frac{\partial^2 \varphi(x,y,z)}{\partial x \partial y} \\
\tau_{xz} &= \frac{\partial^2 \varphi(x,y,z)}{\partial x \partial z} \\
\tau_{yz} &= \frac{\partial^2 \varphi(x,y,z)}{\partial y \partial z}
\end{aligned}
\right\}
\tag{2-33}
$$

边界条件为

$$
\left.
\begin{aligned}
&\int_{-a/2}^{a/2} \sigma_z(x,-b/2,-h/2)\mathrm{d}x + \int_{-a/2}^{a/2} \sigma_z(x,b/2,-h/2)\mathrm{d}x + \int_{-b/2}^{b/2} \sigma_z(-a/2,y,-h/2)\mathrm{d}y \\
&+\int_{-b/2}^{b/2} \sigma_z(a/2,y,-h/2)\mathrm{d}y = \rho g h a b \\
&\qquad\qquad\qquad \sigma_z(x,y,h/2) = 0
\end{aligned}
\right\}
\tag{2-34}
$$

求得

$$
c_1 = -\rho g h a^4 b, \quad c_2 = -\rho g h a b^4, \quad c_3 = -\rho g h^4 a b, \quad c_4 = -\frac{ab}{a+b}
$$

所以：

$$
\varphi(x,y,z) = -\rho g h a b \left[\frac{(a^3-x^3)(y-z)}{6} + \frac{(b^3-y^3)(z-x)}{6} + \frac{(h^3-z^3)(x-y)}{6} \right] - \frac{\rho g a b z^3}{6(a+b)}
\tag{2-35}
$$

从而求得覆岩各项应力为

$$\left.\begin{array}{l}\sigma_x = \sigma_x' = \rho ghabx(y-z) \\ \sigma_y = \sigma_y' = \rho ghaby(z-x) \\ \sigma_z = \sigma_z' + \rho gz = \rho ghabz(x-y) + \dfrac{\rho gab}{a+b}z \\ \tau_{xy} = \dfrac{\rho ghab}{2}(x^2-y^2) \\ \tau_{xz} = \dfrac{\rho ghab}{2}(z^2-x^2) \\ \tau_{yz} = \dfrac{\rho ghab}{2}(y^2-z^2)\end{array}\right\} \quad (2\text{-}36)$$

(2) 只有构造应力作用时，其边界条件为

$$\left.\begin{array}{ll}\dfrac{\partial\sigma_x}{\partial y\partial z}\bigg|_{y=-b/2} = \sigma_h(h/2-z), & \dfrac{\partial\sigma_x}{\partial y\partial z}\bigg|_{y=b/2} = -\sigma_h(h/2-z) \\ \dfrac{\partial\sigma_y}{\partial x\partial z}\bigg|_{x=-a/2} = \sigma_h(h/2-z), & \dfrac{\partial\sigma_y}{\partial x\partial z}\bigg|_{x=a/2} = -\sigma_h(h/2-z)\end{array}\right\} \quad (2\text{-}37)$$

从而解得

$$\left.\begin{array}{l}\sigma_x = \dfrac{ky^2}{2b}\left(\dfrac{h}{2}-z\right)^2 \\ \sigma_y = \dfrac{kx^2}{2a}\left(\dfrac{h}{2}-z\right)^2 \\ \sigma_z = \dfrac{k\mu(a+b)}{24ab(1+\mu)}\left(\dfrac{h}{2}-z\right)^4 \\ \tau_{xy} = -\dfrac{k\mu(a+b)}{2ab(1+\mu)}\left(\dfrac{h}{2}-z\right)^2 xy \\ \tau_{xz} = -\dfrac{k\mu(a+b)}{6ab(1+\mu)}\left(\dfrac{h}{2}-z\right)^3 x \\ \tau_{yz} = -\dfrac{k\mu(a+b)}{6ab(1+\mu)}\left(\dfrac{h}{2}-z\right)^3 y\end{array}\right\} \quad (2\text{-}38)$$

(3) 当矿柱采用人工矿柱时，围岩对岩体有剪应力作用，假设剪应力与岩体深度成正比，比例系数为 p，则其边界条件为

$$\left.\begin{array}{ll}\left.\dfrac{\partial \sigma_x}{\partial x}\right|_{y=-b/2}=p(h/2-z), & \left.\dfrac{\partial \sigma_x}{\partial x}\right|_{y=b/2}=-p(h/2-z) \\[4mm] \left.\dfrac{\partial \sigma_y}{\partial y}\right|_{x=-a/2}=p(h/2-z), & \left.\dfrac{\partial \sigma_y}{\partial y}\right|_{x=a/2}=-p(h/2-z)\end{array}\right\} \tag{2-39}$$

从而解得

$$\left.\begin{array}{l}\sigma_x=-\dfrac{2pxy}{b}\left(\dfrac{h}{2}-z\right) \\[4mm] \sigma_y=-\dfrac{2pxy}{a}\left(\dfrac{h}{2}-z\right) \\[3mm] \sigma_z=0 \\[3mm] \tau_{xy}=p\left(\dfrac{x^2}{a}+\dfrac{y^2}{b}\right)\left(\dfrac{h}{2}-z\right) \\[4mm] \tau_{xz}=0 \\[2mm] \tau_{yz}=0\end{array}\right\} \tag{2-40}$$

(4) 当岩体受支撑力和构造应力共同作用时有

$$\left.\begin{array}{l}\sigma_x=\rho ghabx(y-z)+\dfrac{ky^2}{2b}\left(\dfrac{h}{2}-z\right)^2-\dfrac{2pxy}{b}\left(\dfrac{h}{2}-z\right) \\[4mm] \sigma_y=\rho ghaby(z-x)+\dfrac{kx^2}{2a}\left(\dfrac{h}{2}-z\right)^2-\dfrac{2pxy}{a}\left(\dfrac{h}{2}-z\right) \\[4mm] \sigma_z=\rho ghabz(x-y)+\dfrac{\rho gab}{a+b}z+\dfrac{k\mu(a+b)}{24ab(1+\mu)}\left(\dfrac{h}{2}-z\right)^4 \\[4mm] \tau_{xy}=\dfrac{\rho ghab}{2}(x^2-y^2)-\dfrac{k\mu(a+b)}{2ab(1+\mu)}\left(\dfrac{h}{2}-z\right)^2xy+p\left(\dfrac{x^2}{a}+\dfrac{y^2}{b}\right)\left(\dfrac{h}{2}-z\right) \\[4mm] \tau_{xz}=\dfrac{\rho ghab}{2}(z^2-x^2)-\dfrac{k\mu(a+b)}{6ab(1+\mu)}\left(\dfrac{h}{2}-z\right)^3x \\[4mm] \tau_{yz}=\dfrac{\rho ghab}{2}(y^2-z^2)-\dfrac{k\mu(a+b)}{6ab(1+\mu)}\left(\dfrac{h}{2}-z\right)^3y\end{array}\right\} \tag{2-41}$$

整个岩体的势能为[28]

$$\Pi = U_E = \int_{-h/2}^{h/2}\int_0^b\int_0^a (\sigma_x \times \varepsilon_x' + \sigma_y \times \varepsilon_y' + \sigma_z \times \varepsilon_z' + \tau_{xy} \times \gamma_{xy}' + \tau_{xz} \times \gamma_{xz}' + \tau_{yz} \times \gamma_{yz}')\mathrm{d}x\mathrm{d}y\mathrm{d}z$$

$$= \int_{-h/2}^{h/2}\int_0^b\int_0^a (\sigma_x \frac{\partial \varepsilon_x}{\partial x} + \tau_{xy}\frac{\partial \gamma_{xy}}{\partial x} + \tau_{xz}\frac{\partial \gamma_{xz}}{\partial x} + \sigma_y\frac{\partial \varepsilon_y}{\partial y} + \tau_{xy}\frac{\partial \tau_{xy}}{\partial y} + \tau_{yz}\frac{\partial \gamma_{yz}}{\partial y}$$

$$+ \sigma_z\frac{\partial \varepsilon_z}{\partial z} + \tau_{xz}\frac{\partial \gamma_{xz}}{\partial z} + \tau_{yz}\frac{\partial \gamma_{yz}}{\partial z})\mathrm{d}x\mathrm{d}y\mathrm{d}z$$

$$= \int_{-h/2}^{h/2}\int_0^b\int_0^a \left[\frac{\sigma_x}{E}\left(\frac{\partial \sigma_x}{\partial x} - \mu\frac{\partial \sigma_y}{\partial x} - \mu\frac{\partial \sigma_z}{\partial x}\right) + \frac{\sigma_z}{E}\left(\frac{\partial \sigma_z}{\partial z} - \mu\frac{\partial \sigma_x}{\partial z} - \mu\frac{\partial \sigma_y}{\partial z}\right) \right.$$

$$+ \frac{\sigma_y}{E}\left(\frac{\partial \sigma_y}{\partial y} - \mu\frac{\partial \sigma_x}{\partial y} - \mu\frac{\partial \sigma_z}{\partial y}\right) + \frac{\tau_{xy}}{G}\left(\frac{\partial \tau_{xy}}{\partial x} + \frac{\partial \tau_{xy}}{\partial y}\right) + \frac{\tau_{xz}}{G}\left(\frac{\partial \tau_{xz}}{\partial x} + \frac{\partial \tau_{xz}}{\partial z}\right)$$

$$\left. + \frac{\tau_{yz}}{G}\left(\frac{\partial \tau_{yz}}{\partial y} + \frac{\partial \tau_{yz}}{\partial z}\right) \right]\mathrm{d}x\mathrm{d}y\mathrm{d}z$$

$$(2\text{-}42)$$

将 σ_x、σ_y、σ_z、τ_{xy}、τ_{xz}、τ_{yz} 代入式(2-42)，通过 Matlab 软件求解得

$$\Pi = \frac{k\mu\rho gh^5a^4b}{192E} - \frac{k^2\mu^2Gh^6a^3}{864E^2b} - \frac{k\mu\rho gh^5a^3b^2}{192E} + \frac{k\mu\rho gh^5a^2b^3}{288E} + \frac{k\mu\rho gh^3a^2b^2}{144E}$$

$$- \frac{k^2\mu^2Gh^6a^2}{288E^2} + \frac{k\mu\rho gh^5a^2b^3}{192E} + \frac{k\mu G\rho gh^5ab}{24E^2} - \frac{k^2\mu^2Gh^6ab}{216E^2} - \frac{k^2\mu^2G^2h^8a}{288E^3b}$$

$$- \frac{k\mu\rho gh^5ab^4}{192E} - \frac{k^2\mu^2Gh^6b^2}{288E^2} - \frac{k^2\mu^2G^2h^8}{144E^3} - \frac{k^2h^4a^3b}{640E} - \frac{k^2\mu^2G^2h^8b}{288E^3a}$$

$$- \frac{k^2\mu^2Gh^6b^3}{864E^2a} - \frac{p\rho gh^2a^3b^4}{72E} - \frac{p^2h^2ab^3}{72E}$$

$$= - \frac{k\mu\rho gh^5ab^4}{192E} - \frac{p\rho gh^2a^3b^4}{72E} - \frac{k\mu\rho gh^5a^3b^2}{192E} + \frac{k\mu\rho gh^3a^2b^2}{144E} - \frac{k^2\mu^2Gh^6b^2}{288E^2}$$

$$- \frac{k^2h^4a^3b}{640E} - \frac{k^2\mu^2G^2h^8b}{288E^3a} + \frac{1}{b}\left(\frac{k\mu\rho gh^5a^2b^4}{288E} + \frac{k\mu\rho gh^5a^2b^4}{192E} - \frac{k^2\mu^2Gh^6b^4}{864E^2a} \right.$$

$$+ \frac{k\mu\rho gh^5a^4b^2}{192E} + \frac{k\mu G\rho gh^5ab^2}{24E^2} - \frac{k^2\mu^2Gh^6ab^2}{216E^2} - \frac{p^2h^2ab^2}{72E} - \frac{k^2\mu^2G^2h^8b}{144E^3}$$

$$\left. - \frac{k^2\mu^2Gh^6a^2b}{288E^2} - \frac{k^2\mu^2Gh^6a^3}{864E^2} - \frac{k^2\mu^2G^2h^8a}{288E^3} \right)$$

$$(2\text{-}43)$$

2.2.4　采空区覆岩失稳突变理论判据构建

对于空间岩体应力模型中的岩体总势能，假设 $\Pi = f_1(b) + \dfrac{f_2(b)}{b}$，则

$$f_1(x) = \frac{k}{E}\left[-\left(\frac{\mu\rho gh^5 a}{192} + \frac{p\rho gh^2 a^3}{72k} \right)x^4 - \left(\frac{\mu\rho gh^5 a^3}{192} - \frac{\mu\rho gh^3 a^2}{144} + \frac{k\mu^2 Gh^6}{288E} \right)x^2 \right.$$

$$\left. -\left(\frac{kh^4 a^3}{640} + \frac{k\mu^2 G^2 h^8}{288E^2 a} \right)x \right]$$

$$(2\text{-}44)$$

$$f_2(x) = \frac{k\mu h^5}{96E}\left(\frac{\rho ga^2}{3} + \frac{\rho gha^2}{2} - \frac{k\mu Gh}{9Ea} \right)x^4 + \frac{k\mu h^5 a}{24E}\left(\frac{\rho ga^3}{8} + \frac{G\rho g}{E} - \frac{k\mu Gh}{9E} - \frac{p^2}{3k\mu h^3} \right)x^2$$

$$- \frac{k^2\mu^2 Gh^6}{144E^2}\left(\frac{h^2}{E} + \frac{a^2}{2} \right)x - \frac{k^2\mu^2 Gh^6 a}{288E^2}\left(\frac{a^2}{3} - \frac{Gh^2}{E} \right)$$

$$(2\text{-}45)$$

根据 2.1 节突变理论的原理和特征，从函数 $f_1(x)$ 和 $f_2(x)$ 的特性可以看出其满足尖点突变模型：

$$\Pi = x^4 + ax^2 + bx \qquad\qquad (2\text{-}46)$$

所以可以分别对 $f_1(x)$ 和 $f_2(x)$ 进行尖点突变分析。

1. $f_1(x)$ 的稳定性分析

将式(2-44)变形为

$$f_1(x) = -\left(\frac{\mu\rho gkh^5 a}{192E} + \frac{p\rho gh^2 a^3}{72E} \right)\left[x^4 + \left(\frac{3k\mu h^3 a^2 - 4k\mu ha + \dfrac{2k^2\mu^2 Gh^4}{E\rho ga}}{3k\mu h^3 + 8pa^2} \right)x^2 \right.$$

$$\left. + \left(\frac{9kh^2 a^4 E^2 + 20k\mu^2 G^2 h^6}{30\mu\rho gh^3 E^2 a^2 + 80p\rho ga^4 E^2} \right)x \right] \qquad (2\text{-}47)$$

稳定条件为

$$\Delta = 8\left(\frac{3k\mu h^3 a^2 - 4k\mu ha + \dfrac{2k^2\mu^2 Gh^4}{E\rho ga}}{3k\mu h^3 + 8pa^2}\right)^3 + 27\left(\frac{9kh^2 a^4 E^2 + 20k\mu^2 G^2 h^6}{30\mu\rho gh^3 E^2 a^2 + 80p\rho ga^4 E^2}\right)^2 > 0$$

$$(2\text{-}48)$$

2. $f_2(x)$ 的稳定性分析

将式(2-45)变形为

$$f_2(x) - \frac{k\mu h^5}{96E}\left(\frac{\rho ga^2}{3} + \frac{\rho gha^2}{2} - \frac{k\mu Gh}{9Ea}\right)\left[x^4 + \frac{16}{a}\left(\frac{9\rho ga^3 E + 72G\rho g - 8k\mu Gh - \dfrac{72p^2 a^2 E}{k\mu h^3}}{6\rho gu^3 E + 9\rho ga^3 Eh - 2k\mu Gh}\right)x^2\right.$$

$$\left. - \frac{k\mu Gh}{27Ea}\frac{2h^2 + Ea^2}{3\rho ga^3 E(2+3h) - 2k\mu Gh}x\right] - \frac{k^2\mu^2 Gh^6 a}{288E^2}\left(\frac{a^2}{3} - \frac{Gh^2}{E}\right)$$

$$(2\text{-}49)$$

稳定条件为

$$\Delta = \frac{32768}{a^3}\left(\frac{9\rho ga^3 E + 72G\rho g - 8k\mu Gh - \dfrac{72p^2 a^2 E}{k\mu h^3}}{6\rho ga^3 E + 9\rho ga^3 Eh - 2k\mu Gh}\right)^3$$

$$+ \frac{k^2\mu^2 G^2 h^2}{27E^2 a^2}\left[\frac{2h^2 + Ea^2}{3\rho ga^3 E(2+3h) - 2k\mu Gh}\right]^2 > 0 \tag{2-50}$$

所以覆岩稳定的条件为

$$8\left(\frac{3k\mu h^3 a^2 - 4k\mu ha + \dfrac{2k^2\mu^2 Gh^4}{E\rho ga}}{3k\mu h^3 + 8pa^2}\right)^3 + 27\left(\frac{9kh^2 a^4 E^2 + 20k\mu^2 G^2 h^6}{30\mu\rho gh^3 E^2 a^2 + 80p\rho ga^4 E^2}\right)^2 > 0，且：$$

$$\frac{32768}{a^3}\left(\frac{9\rho ga^3 E + 72G\rho g - 8k\mu Gh - \dfrac{72p^2 a^2 E}{k\mu h^3}}{6\rho ga^3 E + 9\rho ga^3 Eh - 2k\mu Gh}\right)^3$$

$$+ \frac{k^2\mu^2 G^2 h^2}{27E^2 a^2}\left[\frac{2h^2 + Ea^2}{3\rho ga^3 E(2+3h) - 2k\mu Gh}\right]^2 > 0$$

只有式(2-48)和式(2-50)同时大于 0 时，采空区覆岩才能确保稳定；如果其中任意一式等于0，则表示该覆岩处于稳定临界状态；如果其中任意一式小于0，则表示该覆岩处于失稳破坏状态[29]。

2.3　覆岩失稳突变理论工程应用

2.3.1　工程背景

焦冲金矿位于安徽省铜陵县天门镇、大通镇管辖区域内，是一新建矿山，是紫金矿业集团股份有限公司在铜陵市主要的黄金生产矿山。该矿矿床成因类型为中低温热液充填-交代型矿床，主要矿种为金、硫。矿床共被圈定为两个矿体，其中Ⅰ为主矿体，Ⅱ为次要矿体，矿体走向 55°，倾向南东，倾角为 10°～30°，矿脉厚度为 5～8m，平均为 6m，地表平均标高为 160m。整个矿体不规则、形状多变(图 2-8 和图 2-9)。目前已发现具有开采价值的矿体埋藏深度在-580～-360m，-580m 中段以下仍有矿藏但需要进一步的勘察和论证。矿体顶板以硅质岩和大理岩为主，或硅质岩夹大理岩；底板为大理岩，含少量硅质岩。当岩体质量指标为1.25～3.25 时，岩体质量为优-良；当岩体质量系数为 1.86～4.88 时，岩体质量为特好-一般，岩石呈层状-块状结构，矿体及顶底板围岩属稳定型。但是局部受构造裂隙、地下水作用，层面被后期作用叠加破坏，层面扩张，侵入接触面软化，破坏了岩石完整性，开拓过程中坑道顶板及边帮易产生小范围不稳定状况，需支护。矿山开采设计共划分为-390m、-410m、-430m、-460m、-500m、-540m 和-580m 7 个开采中段，2011 年，-390m、-410m 中段已经开采完毕，-430m 中段即将回采结束，-460m 中段正在实施回采，-500m 中段进行开拓。

项目研究小组对矿区岩体结构面进行了调查，围岩稳定性总体较好，但局部中段部分区域相对较破碎，节理比较发育，大多数节理走向与矿体走向基本一致。从整个情况分析，区域内围岩结构面分布较均匀，但较粗糙，偶见张开溶蚀和溶洞。

焦冲金矿在覆岩移动及人工矿柱自身失稳防治方面主要遇到了以下几方面的技术难题：

(1)目前各中段矿体回采之后形成采空区，由于缺乏详测资料及关键的技术方法，无法对现有采空区及遗留矿柱进行稳定性评价，缺乏预测覆岩移动及地表沉陷评判依据。

(2)目前缺乏人工矿柱合理尺寸设计的理论依据。如何确定有效防治覆岩移动、破坏的合理的人工矿柱结构参数仍然是该类型金属矿山生产过程中存在的技术难题。

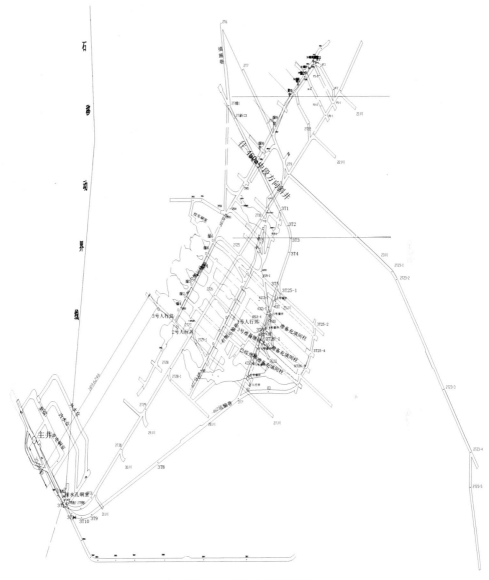

图 2-8 矿体水平投影图

(3)人工矿柱全部代替原生矿柱支撑顶板覆岩时,如果各中段采空区贯通能否支撑住顶板确保生产的安全;如果不能达到支撑作用,应采取什么手段防治顶板覆岩移动与垮落,是否需要采取中段整体充填来达到治理覆岩移动的目的。

(4)利用人工矿柱代替原生矿柱的房柱法采矿覆岩变形机理目前还不明确,缺乏相关的研究手段与方法。

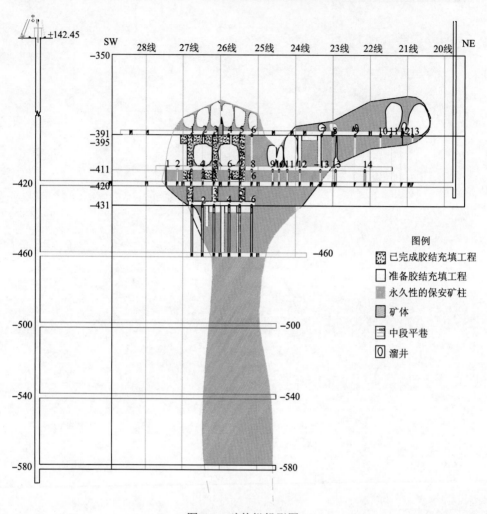

图 2-9　矿体纵投影图

(5)矿山各中段 28 线附近地压显现相对严重，导致覆岩冒落、围岩片帮、局部塌陷，大量品位较高的矿体遗留于地压区内无法实施回采。因此，研究安全有效的地压防治方法回采矿石迫在眉睫。

(6)矿山缺乏覆岩移动防治技术和合理有效的监测手段。

由于该矿山属于贵金属矿山，为了充分回收矿产资源，需对遗留矿柱进行回收，但必须采取必要措施对回收后采空区顶板进行处理以防治采矿灾变事故的发生。根据古德生院士提出的"开采环境再造"这一重大采矿科学命题思想，结合焦冲金矿现实生产的难题，研究小组采取"力学环境再造"的思路来防治采矿导致灾变事故的发生。其核心思想是：通过人为因素构建一定的结构来改变开采后采空区围岩的应力环境，尽量降低由原始应力状态导致的破坏，减少主应力之间的差值，分散应力集中程度，以此来提高采空区围岩的稳定性。鉴于以上思想，焦冲金矿浅部中段采取人工矿柱取代原生矿柱支撑采空区覆岩的稳定；随着开采深度及采空区体积的增大，仅采取人工矿柱支护的措施，有可能会导致多中段采空区贯通垮落破坏，从而使覆岩垮塌、地表沉陷而影响主井及其他地表工业建筑的安全，因此，提出在该矿山空场法采矿方法中采取中段充填的措施防治灾变事故的发生。

通过文献资料研究及现场调查，目前国内采用人工矿柱代替原生矿柱房柱法采矿的矿山较多，但是人工矿柱支护下覆岩破坏机理及人工矿柱自身失稳机理等问题一直困扰着众多矿山的安全生产。虽然井下充填技术是治理地压、岩体移动及地表沉陷最有效的方法，但是在不知该矿山覆岩移动机理与规律的情况下，进行盲目充填不仅造成材料和经济成本的巨大浪费，而且达不到有效防治覆岩移动的目的。因此，研究该类型金属矿山覆岩移动及人工矿柱破坏的机理与规律，探索合理有效的防治覆岩移动、地表沉陷及人工矿柱失稳的方法迫在眉睫，进行有针对性的研究意义重大。

2.3.2 基于突变理论的矿房跨度与开采深度的关系

根据上述得出的人工矿柱支护下采空区厚大覆岩失稳突变理论判据，拟对焦冲金矿采空区覆岩稳定性随开采深度和矿房跨度之间的关系进行研究。该矿地表标高+160m，目前已设计的开采中段为–390m、–410m、–430m、–460m、–500m、–540m 和–580m。由于在深度–700～–580m 初步勘查出更多具有开采价值的黄金储量，对–700～–390m 区间的开采跨度与开采深度之间的关系进行研究，–580m以下中段拟设计以 40m 为一个开采中段，即–620m、–660m、–700m 中段。根据室内实验及矿山相关资料，该矿山物理力学参数如下：弹性模量为 60GPa，重度为 28kN/m³，重力加速度为 9.8m/s²，岩石泊松比为 0.24，剪应力与岩体深度比例系数取 3，构造应力比例系数为 0.033[26]。当式(2-48)和式(2-50)同时大于 0 时表示覆岩在某一深度和跨度下是稳定的；只要有其中一式等于 0 就表示覆岩处于稳定的临界状态。通过将参数代入式(2-48)和式(2-50)进行计算判别，分别得出焦冲金矿在开采深度为 550～860m 时覆岩稳定的矿房跨度临界值(表 2-1)。

表 2-1 开采深度与矿房跨度关系表 (单位：m)

开采深度	550	570	590	620	660	700	740	780	820	860
矿房跨度	23.3	20.9	18.9	16.3	13.5	11.3	9.6	8.1	7	6

通过数据的计算和拟合，得出开采跨度与开采深度的关系式：

$$y = 5 \times 10^9 x^{-3.0245} \tag{2-51}$$

其中，相关系数 R^2=0.999。

　　从图 2-10 可知，随着开采深度的增加，开采跨度安全临界值是逐渐减小的，在深度较浅的开采区域，开采跨度随开采深度的增加趋势减小较快，在开采深度超过 780m 后，开采跨度的减小趋势较缓和。根据矿山深部开采的界定，一般以开采深度超过 800m 为深部开采，从规律研究表明，矿山在进入深部开采后，其安全开采跨度的变化受深度的影响相对变小。

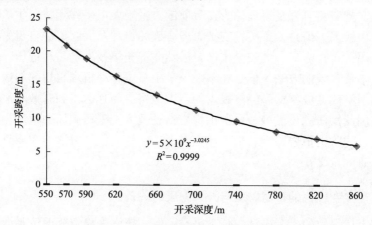

图 2-10　矿房开采跨度与开采深度关系图

　　随着开采深度的增加，开采跨度尺寸不能无限制地减小，由于受矿山开采设备尺寸的影响，金属矿山开采跨度一般不小于 6m。当计算的安全跨度小于 6m 时，仍需要按不小于 6m 的跨度尺寸设计，但必须采取强有力的支护措施，加强采空区围岩的监测。目前该矿山设计的开采跨度在–500m（深度 660m）中段以上均为 12m，与计算所得的开采跨度相比，矿山设计的开采跨度是安全的。但是随着开采深度的增加，为了安全生产的需要，对–500m 中段以下开采区域，若仍沿用 12m 开采跨度，偏不安全，应重新对开采跨度进行优化设计。作者建议开采跨度应设计在 6～8m 范围较安全。

参 考 文 献

[1] 钱鸣高, 许家林. 煤炭开采与岩层运动[J]. 煤炭学报, 2019, 44(4): 973-984.

[2] 许家林, 钱鸣高, 朱卫兵. 覆岩主关键层对地表下沉动态的影响研究[J]. 岩石力学与工程学报, 2005, 24(5): 787-791.

[3] 谢和平, 高峰, 鞠杨, 等. 深地煤炭资源流态化开采理论与技术构想[J]. 煤炭学报, 2017, 42(3): 547-556.

[4] 左建平, 周钰博, 刘光文, 等. 煤矿充填开采覆岩连续变形移动规律及曲率模型研究[J]. 岩土力学, 2019, 40(3): 1097-1104.

[5] 赵康, 赵奎, 石亮. 基于量纲分析的金属矿山覆岩垮落高度预测研究[J]. 岩土力学, 2015, 36(7): 2021-2026.

[6] Xia K Z, Chen C X, Zheng Y, et al. Engineering geology and ground collapse mechanism in the Chengchao Iron-ore Mine in China[J]. Engineering Geology, 2019, 249: 129-147.

[7] 赵国彦. 金属矿隐覆采空区探测及其稳定性预测理论研究[D]. 长沙: 中南大学, 2010.

[8] 邓洋洋, 陈从新, 夏开宗, 等. 地下采矿引起的程潮铁矿东区地表变形规律研究[J]. 岩土力学, 2018, 39(9): 3385-3394.

[9] 相有兵, 谭伟, 赵康, 等. 人工矿柱稳定性相似模拟试验研究[J]. 金属矿山, 2013, (6): 31-34.

[10] 周科平, 高峰, 古德生. 采矿环境再造与矿业发展新思路[J]. 中国矿业, 2007, 16(4): 34-36.

[11] 古德生, 李夕兵. 现代金属矿床开采科学技术[M]. 北京: 冶金工业出版社, 2006.

[12] 赵国彦, 周礼, 李金跃, 等. 房柱法矿柱合理尺寸设计及矿块结构参数优选[J]. 中南大学学报(自然科学版), 2014, 45(11): 3943-3948.

[13] 周科平, 朱和玲, 高峰. 采矿环境再造地下人工结构稳定性综合方法研究与应用[J]. 岩石力学与工程学报, 2012, 31(7): 1429-1436.

[14] 潘岳, 王志强, 张勇. 突变理论在岩体系统动力失稳中的应用[M]. 北京: 科学出版社, 2008.

[15] 赵延林, 吴启红, 王卫军, 等. 基于突变理论的采空区重叠顶板稳定性强度折减法及应用[J]. 岩石力学与工程学报, 2010, 29(7): 1424-1434.

[16] 高峰. 顶板诱导崩落机理及次生灾变链式效应控制研究[D]. 长沙: 中南大学, 2010.

[17] 刘铁雄. 岩溶顶板与桩基作用机理分析与模拟试验研究[D]. 长沙: 中南大学, 2003.

[18] 徐芝纶. 弹性力学简明教程: 第三版[M]. 北京: 高等教育出版社, 2002.

[19] 申维. 耗散结构、自组织、突变理论与地球科学[M]. 北京: 地质出版社, 2008.

[20] Saunders P T. 突变理论入门[M]. 凌复华, 译. 上海: 上海科学技术文献出版社, 1983.

[21] Saunders P T. An Introduction to Catastrophe Theory[M]. Cambridge: Cambridge University Press, 1980.

[22] 闫长斌, 徐国元. 深部巷道失稳的突变理论分析[J]. 矿山压力与顶板管理, 2005, 22(3): 9-11.

[23] Steawart I. Seven elementary catastrophes[J]. New Scientist, 1975, 68(976): 447-454.

[24] 吴启红. 矿山复杂多层采空区稳定性综合分析及安全治理研究[D]. 长沙: 中南大学, 2010.

[25] Stephansson O, Sarkka P, Myrvang A. State of stress in Fennoscandia[C]// Stephansson O. Proceedings of the International Symposium on Rock Stress and Rock Stress Measurements, Stockholm, 1986: 21-32.

[26] 蔡美峰. 岩石力学与工程[M]. 北京: 科学出版社, 2002.

[27] 赵康, 宁富金, 于祥, 等. 一种人工矿柱支护下金属矿覆岩体稳定性势能的判别方法: 中国, 201811580821.1[P]. 2018-12-25.

[28] 赵康, 宁富金, 于祥, 等. 一种人工矿柱支护下金属矿覆岩三维空间应力计算方法: 中国, 201811581150.0[P]. 2018-12-25.

[29] 赵康, 宁富金, 王庆, 等. 胶结矿柱支护下金属矿采空区覆岩失稳突变判别方法: 中国, 201811580815.6[P]. 2018-12-25.

3　金属矿山采空区覆岩破坏机理

目前对煤矿岩层移动规律的研究较为充分，并在许多矿山获得成功应用[1-4]。但是，金属矿山多为裂隙发育的块状、脉状岩体，矿体形态多变、不规则，同时其采矿方法与煤矿差异大，影响因素复杂多变，因而开采引起的覆岩破坏机理及特征有别于煤矿。目前针对煤矿开采造成岩层移动规律的理论和方法用于金属矿山效果不太理想。金属矿山的沉陷具有突发性和周期性，多为不连续下沉[5]，如塌陷坑、台阶状、筒状、管状或漏斗状陷落，不像煤矿沉陷那样具有缓变性，所以金属矿山的覆岩移动及地表沉陷预测往往缺乏客观性，同时也难以把握，这些都给金属矿山的覆岩移动与地表沉陷的控制带来了很大的难题。只有充分了解金属矿山覆岩破坏规律及范围，才能为水体下采矿划定科学安全的开采范围，才能为房柱法采矿时原生矿柱尺寸的设计、人工矿柱尺寸及强度参数的确定提供参考，才能为充填法采矿时充填体的强度及材料配比提供依据。因此，本章就金属矿山采空区上覆岩体移动规律和破坏特征进行研究。

3.1　金属矿山采空区覆岩破坏特征

3.1.1　覆岩破坏机理及判据

金属矿山覆岩的破坏是由自重应力、构造应力及开挖扰动等导致应力重分布和覆岩自身性质决定的，同时它又影响着应力的传递、释放、再分布[6]。

据室内实验和实际观测，采动条件下金属矿山覆岩的破坏类型大致分为垮落、离层(层理产生的裂隙)、层之间的错动(层面或层之间软弱带两侧岩层产生相对移位)、剪切破坏和塑性变形、块体大位移移动(垮落岩块向空区的滚动及覆岩内部结构的滚动或转动)、沿软弱结构面的滑移、岩爆、底鼓和片帮等。这些破坏类型主要是不同外力荷载作用下、覆岩物理力学性质、覆岩结构特征和地质赋存条件共同作用的结果。金属矿山上述覆岩的破坏形式可归结为拉张破坏、剪切破坏、结构体滚动和结构体沿结构面的错动或滑移4种破坏机制。

拉张破坏是在拉应力作用下张应变达到和超过覆岩的极限张应变造成的，其理论公式为

$$\varepsilon_i = \left[\varepsilon_{i,0} \right] \tag{3-1}$$

式中，ε_i (i=1，2或3)为覆岩应力重新分布下的张应变，可以是一个方向、两个

方向和三个方向；$\left[\varepsilon_{i,0}\right]$为覆岩的极限张应变。

剪破坏的判据可根据莫尔-库仑（Mohr-Coulomb）强度准则：

$$\tau = \sigma\tan\varphi + C \tag{3-2}$$

式中，C、φ分别为岩石的黏聚力和内摩擦角（当判断结构体时），或分别为结构面的黏聚力和内摩擦角（当判断结构面时）。

结构体的破坏机理如图 3-1 所示。结构体失稳的条件为$\alpha \geqslant \delta - \gamma$和$\delta \leqslant 90° - \varphi$[7]。

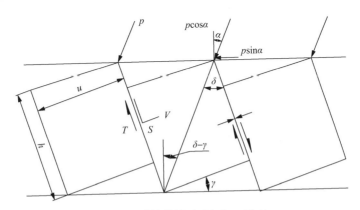

图 3-1 结构体转动破坏机理模型

3.1.2 采空区覆岩破坏规律评述

矿石开采后留下大量采空区，应力作用使岩体移动，造成矿山地压突现、采动裂隙、岩层垮落及地表塌陷等灾害。因此，掌握覆岩采动活动规律，尤其是内部岩层活动规律，对采空区稳定性评估及采取有效的控制技术有重要的研究意义。目前针对矿山岩层破坏机理及运动规律的理论研究较成熟，主要有 6 种比较公认的理论[8-11]。

1. 拱形冒落论和拱形假说[12-14]

20 世纪初期，德国人 Hack 和 Gillitzer、苏联工程师许普鲁特都认为在回采空间上方，因岩层自然平衡而形成"压力拱"。他们的研究认为采场在一个"前脚拱在工作面前方矿岩内，后脚拱在采空区垮落的矸石或充填体上"的拱结构的保护下达到平衡。该观点解释了两个矿压现象：一是支架承受上覆岩层的范围是有限的，而不是无限大的；二是前方矿岩壁上和矸石上将形成较大的支撑压力，其来源即为采空区上方的岩体质量。由于"压力拱"假说对回采工作面前后的支承压力及采空区处于减压范围作了粗略的但却是经典的解释，而对于此拱的特性、采场周期来压、岩层变形、移动和破坏的发展过程及支架与围岩的相互作用没有给出分析，工程现场也难找到定量描述"压力拱"结构的参数。因此"压力拱"假说只是停留在能对一些矿压现象作出一般解释，但无法很好地应用到矿山实际生产中。

2. 悬臂梁假说与冒落岩块碎胀充填理论[12]

该理论假说由德国的施托克和舒尔滋提出，后来又得到英国的弗里德等的支持。该理论将采空区上方的岩层和工作面看作是梁或板，初次冒落后，此梁或板的一端固定在采空区前方的岩体和工作面上；另一端处于悬露状态，或支撑在支架上，或充填矸石上，当悬臂梁的悬臂长度达到一定程度时，发生周期性的冒落。由于冒落岩块的碎胀性，充填了采空区的部分空间，从而有效限制了覆岩继续冒落的发展。

该理论假说能很好地解释工作面近煤壁处支架载荷和顶板下沉量比工作面远煤壁处小的现象。也能较好地说明工作面前方出现的支承压力和工作面出现的周期来压现象。根据这些观点，研究人员提出了很多计算方法，但由于对开采后覆岩活动规律研究得不充分，仅仅靠悬臂梁本身计算所得的支架载荷和顶板下沉量与工程实际所测得的数据出入较大。

3. 岩块铰接理论[12]

该理论是由苏联的库兹涅佐夫在 20 世纪中期提出的。该理论认为采空区覆岩破坏分为冒落带和其上面的规则移动带，需要控制的采空区覆岩由冒落带和其上的铰接岩梁组成，冒落带施加给支架的是"给定载荷"，支架承担其全部应力。而铰接岩块在水平相互推力的作用下，构成一个梁式的平衡结构，这个结构与支架之间存在"给定变形"的关系，此关系是定量研究矿压现象的一个重大突破。

岩块铰接理论正确地阐明了工作面上覆岩层的分带情况，对岩层内部的力学关系及其可能形成的"结构"进行了初步探讨，但该理论未能对铰接岩块间的力学平衡关系及支架与顶板之间的作用关系做进一步研究。

4. 预成裂隙假说[12]

该假说由比利时学者 A.拉巴斯在 20 世纪中期提出，假塑性梁是该假说中的主要部分。该假说从另一方面解释了破断岩块的相互作用关系。该假说的中心思想是因开采的影响，采空区上覆岩层的连续性遭到破坏，进而变成非连续体。在采空区周围存在着应力降低区、应力增高区和采动影响区。

由于开采后上覆岩层中存在各种裂隙，这些裂隙使岩体发生很大的类似塑性体的变形，所以可将其视为假塑性体。当被各种裂隙破坏后的假塑性体处于一种彼此被挤压状态时，可形成类似梁的平衡。在自重和覆岩的作用下将出现假塑性弯曲。

5. "砌体梁"和"传递岩梁"假说

20 世纪 70 年代，我国学者进一步发展和丰富了铰接岩梁假说，提出了有重要意义的"砌体梁"[15, 16]和"传递岩梁"[17, 18]假说。

"砌体梁"假说主要研究了以坚硬岩层为骨架的裂隙带岩层结构形成的可能性及结构的力学平衡条件(图 3-2)。此理论假说认为采空区覆岩"砌体梁"结构模型并非简单的岩块堆砌，而是一个有机的、运动着的整体，包括坚硬岩层的弯曲变形和失稳破断，同时也包括岩块之间、岩块与岩石垫层、岩块与连续岩层的接触摩擦与铰合，还包括裂隙、离层、水和瓦斯流动等。

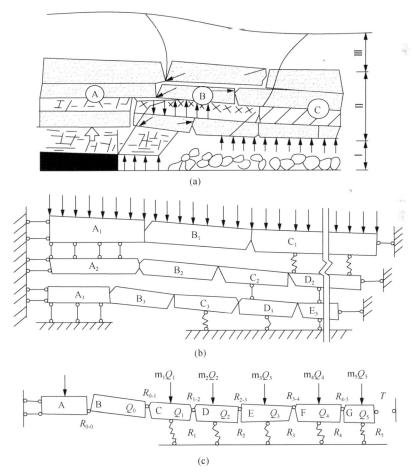

图 3-2 煤矿采空区上覆岩层"砌体梁"力学模型[15]

Ⅰ-垮落带；Ⅱ-裂缝带；Ⅲ-弯曲下沉带；A-矿岩支承区；B-离层区；C-重新压实区；$A_1 \sim E_3$-岩体结构的各种形态；$Q_0 \sim Q_5$-岩块自重及其载荷；$R_1 \sim R_5$-支承力；$R_{0-0} \sim R_{4-5}$-岩块间的垂直作用力；T-水平推力

"传递岩梁"理论假说认为，因断裂岩块之间的相互铰合，能向工作面煤壁前方及采空区矸石上传递作用力，所以岩梁运动时的作用力仅由支架部分承担；支架承担岩梁作用力的大小根据其对运动的控制要求决定。在进行支架与围岩之间的关系的研究时，其前提条件加进了"具有坚硬岩层"，所以该理论假说建立的力学模型都是以两个岩块组成的结构出现。该假说还认为，支架可以改变铰接岩梁的位态，并推导出了位态方程，给支护设计定量化提供了依据。该理论基于老顶传递力的概念，并没有对此结构的平衡条件做出推导与评判。

"砌体梁"和"传递岩梁"理论主要是针对煤矿长壁工作面采矿而提出的。

6. 关键层理论

近年来，我国学者钱鸣高院士[19]又提出了岩层控制的关键层理论，该理论认为岩层破断时，上覆局部岩层或全部岩层随之发生协调变形，对部分或全部岩层起控制作用的岩层称为关键层。该研究在层状矿体开采过程中的开采沉陷控制、矿山压力控制、瓦斯抽放及突水治理等方面为煤矿安全生产提供了有力的保障。

以上几种关于岩层移动破坏理论假说的研究，基本上都是针对煤矿的，针对金属矿山的研究鲜有出现。但这些理论和假设为金属矿山覆岩移动及破坏规律的研究提供了一定的参考。

3.1.3　金属矿山采空区覆岩破坏特征分析

岩石破裂过程分析系统(realistic failure process analysis，RFPA)是基于有限元应力分析和统计损伤理论来模拟材料破裂过程分析的数值计算方法，它能够模拟岩石材料渐进破裂直至失稳的全过程。该软件的一大特色是考虑了材料性质的非均匀性，它通过非均匀性模拟非线性，通过连续介质力学方法模拟非连续介质力学问题。岩石材料的非均质性导致其产生非线性变形，岩石材料在受外载荷的过程中内部不断产生微细破裂，当这种微细破裂不断发展扩展最终形成宏观破裂。一般的有限元方法能模拟演示非线性变形，但模拟的只是在宏观上的一种"形似"，而没有模拟材料内部破坏的"神似"。而该软件正好弥补了其他有限元分析方法的不足。该软件的另外一个特点是认为当单元应力达到破坏的准则就会产生破坏，同时对破坏的单元进行刚度退化处理，所以可以用连续介质力学方法处理物理非线性介质问题。该软件认为岩石发生破坏时其损伤量、声发射与破坏单元数成正比。该软件在计算过程中有以下几个特点：①在模拟计算过程中允许由分步开挖引起的应力重新分布对进一步变形和破坏过程的影响。②在模型设计时可以考虑模拟材料的微观缺陷，同时也可以考虑材料节理、裂隙等宏观缺陷。③在研究地下工程时，可以模拟自重引起的破坏过程，同时对地下工程开挖、岩层破坏、地表塌陷、采动影响下的煤岩顶板冒落、边坡失稳等问题进行模拟。④在考虑材料力学参数(强度、弹性模量等)的非均匀性分布特征方面，采用多种统计分布函数如正态分布、韦布尔分布、均匀分布等，从而可以从本质上研究岩石变形的非线性特征[20]。

该方法无论是在理论研究还是在应用上都取得了一定的研究成果。Tang 等[21]、王善勇等[22]利用 RFPA^{2D} 对矿柱岩爆的机理过程进行了研究，再现了矿柱岩石微破裂过程和微破裂相关的声发射事件源的空间分布规律和事件序列特征。赵康等[23-25]也曾利用 RFPA^{2D} 对岩石端部效应、高径比效应与声发射的特性关系进行了研究，得出了声发射的时空分布规律。徐涛等[26]利用 RFPA^{2D} 对孔隙压力作用下煤岩的变形强度特性及声发射关系进行了研究，得出了不同围压及孔隙压力作用下煤岩的声发射特性。

本章利用该软件可以从微观角度研究岩体的微破裂萌生、扩展、贯通等发展过程，这样可以从微观角度分析金属矿山覆岩的破裂失稳过程，同时结合该软件可以通过声发射的产生区域、声发射能量大小及颜色的不同(岩石拉破坏用红色圈表示、压破坏用白色圈表示、曾经发生的所有破坏区域用黑色圈表示)研究覆岩破坏的特征及区域。金属矿山矿体形状多为不规则条带状，不像煤矿那样呈层状，所以金属矿山开采多为非充分采动。本章以某金属矿山为例，通过 RFPA 软件对金属矿山采空区覆岩破坏机理及特征进行研究。

1. 模型建立与参数设置

本章以某贵金属矿山为研究背景，该矿矿体平均厚度为 5m，矿体倾角近水平，矿体长度为 90m，矿体埋深为 500m。地表为粉质黏土夹碎石，矿体顶板岩石为砂岩、页岩，其中夹粉砂岩和泥岩，覆岩内偶有少量破碎带；底板岩石为砂岩、页岩。采用平面应变模型来模拟研究开挖过程中上覆岩体的破坏过程，计算模型沿水平方向为 150m，竖直方向为 150m，矿体厚度为 5m，矿体距下边界为 35m，距左右边界均为 30m，模型图如图 3-3 所示[27]。考虑构造应力作用，对相邻矿山构造应力进行研究，结合本矿山的地质特点，取构造应力为 2MPa，竖直方向考虑自重应力作用，鉴于模型尺寸所限，无法通达地表，因此竖直方向应施加应力 7MPa(表 3-1)。为了真实地反映金属矿山地质赋存条件的复杂性和不规则性，对上覆岩体单元参数实行随机赋值，其中弹性模量取均值，其他物理参数根据岩石力学性质设置，主要覆岩力学参数见表 3-2。计算以分步开挖来模拟实际矿石的开采过程，为了使覆岩充分破坏，以便更好地研究其破坏规律情况，开采过程不采取支护手段，每步开挖 10m。

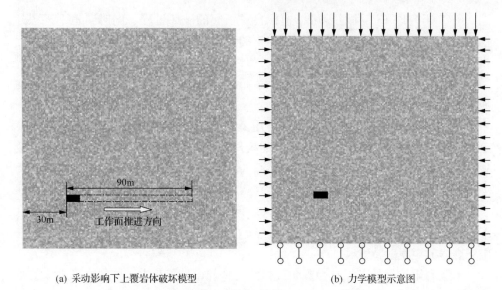

(a) 采动影响下上覆岩体破坏模型　　　　　　　(b) 力学模型示意图

图 3-3　采动影响下上覆岩体破坏模型及力学模型示意图

表 3-1　控制边界条件和模拟开采参数

控制条件	X方向应力	模拟构造应力：2MPa	模拟开采	矿体距上边界/m	110
	Y方向应力	覆岩重力：因模型未通达地表需另施加7MPa重力		每步开采长度/m	10
	加载类型	平面应变		矿体开采厚度/m	5
	强度准则	莫尔-库仑准则		总开采步/步	9

表 3-2　模型岩石物理力学参数

岩石名称	弹性模量/MPa	单轴抗压强度/MPa	重度/(kN/m³)	泊松比	内摩擦角/(°)
砂岩	10000	90	25	0.25	30
页岩	15000	100	28	0.24	35
粉砂岩	5000	20	22	0.3	30
泥岩	2000	10	20	0.3	25
粉质黏土夹碎石	1000	2	14	0.35	20

2. 覆岩破坏特征分析与讨论

这里仅讨论和分析模拟结果中覆岩破坏具有代表性的部分，从图 3-4 覆岩顶板破裂分布可知，在工作面推进到 40m 之前，仅在采空区顶板有少量区域发生了岩石微破裂。工作面推进到 40m 时，采空区处的顶板小区域有微破裂纹萌生并发育，产生了零星垮落。随着采空区体积的增大，到 50m 时，覆岩顶板已有明显的微裂隙纹贯通，直到采空区体积达到 60m 时，宏观裂隙产生，发生了长度为 22m

(a) 工作面推进到20m覆岩顶板破裂分布　　　　　(b) 工作面推进到20m覆岩声发射分布

(c) 工作面推进到30m覆岩顶板破裂分布　　　　　(d) 工作面推进到30m覆岩声发射分布

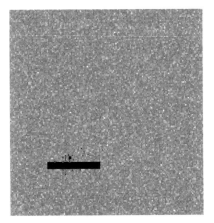

(e₁) 工作面推进到40m初期覆岩顶板破裂分布　　　(f₁) 工作面推进到40m初期覆岩声发射分布

(e₂) 工作面推进到40m后期覆岩顶板破裂分布

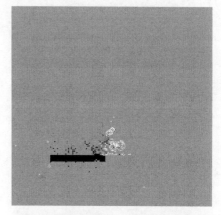

(f₂) 工作面推进到40m后期覆岩声发射分布

(g₁) 工作面推进到50m初期覆岩顶板破裂分布

(h₁) 工作面推进到50m初期覆岩声发射分布

(g₂) 工作面推进到50m后期覆岩顶板破裂分布

(h₂) 工作面推进到50m后期覆岩声发射分布

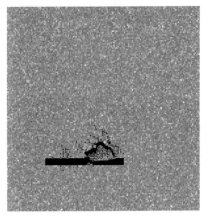

(i) 工作面推进到60m覆岩顶板破裂分布

(j) 工作面推进到60m覆岩声发射分布

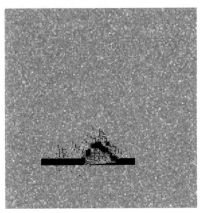

(k_1) 工作面推进到70m初期覆岩顶板破裂分布

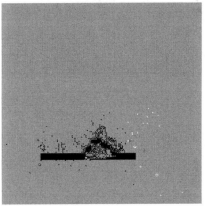

(l_1) 工作面推进到70m初期覆岩声发射分布

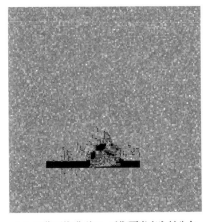

(k_2) 工作面推进到70m后期覆岩声发射分布

(l_2) 工作面推进到70m后期覆岩顶板破裂分布

(m) 工作面推进到80m覆岩顶板破裂分布　　　　　(n) 工作面推进到80m覆岩声发射分布

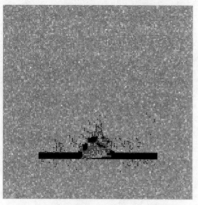
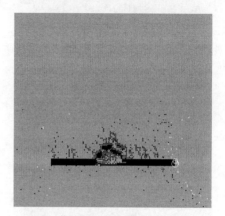

(o) 工作面推进到90m覆岩顶板破裂分布　　　　　(p) 工作面推进到90m覆岩声发射分布

图 3-4　采动影响下覆岩声发射与垮落动态发展过程

的大面积贯通垮落，垮落高度为 9m，垮落为"圆拱形"[图 3-4(i)]。采空区达到 70m 时，微破裂继续发育、扩展，零星垮落也时有发生，产生了周期垮落，出现随采随垮现象，在此期间发生了一次严重的二次垮落，垮落长度发展为 27m，垮落高度发到 13m[图 3-4(k$_2$)]。矿体开采结束后，采空区上覆岩体没有发生大的垮落现象，仅有零星的局部垮落出现在顶板悬空面，覆岩内部微破裂纹和裂隙离散性出现，并没有继续贯通的趋势，说明覆岩内部没有大的垮落区出现，但是塑性区继续扩张。

3.1.4　覆岩破坏特征与声发射关系

　　由于篇幅所限，这里仅讨论和分析有代表性的开挖步。在模型开挖之前进行自重应力场和构造应力的计算，第 2 步进行开挖，在工作面推进到 20m 时，采空区覆岩顶板处及空区四周拐角处声发射有聚集的趋势[图 3-4(b)]，且红色声发射较多，表明此时拉应力较大(白色圈表示声发射当前步的压破坏，红色圈表示当前步的拉破坏，黑色圈表示先前所有步的声发射累计，圈的直径大小表示声发射能量的大小)，覆岩顶板处有个别单位发生破裂[图 3-4(a)][28]。工作面推进到 30m时，在采空区顶部中部区域拉应力增强，从图 3-4(c)中可以看出已经产生了明显的破裂，在工作面前方顶板处压应力增强，白色圈声发射增多[图 3-4(d)]，说明此时工作面压力集中，这与"压力拱"假说中"前脚拱在工作面前方岩壁内，后脚拱在采空区垮落的矸石或充填体上"的说法相吻合。

当工作面推进到 40m 初期时，工作面上方声发射红色、白色和黑色都较多[图 3-4(f₁)]，并且聚集成核，说明此时的采空区顶板在此处将发生大的破裂，在该采空区正上方的顶板已有明显的破裂贯通[图 3-4(e₁)]。随着时间的推移，当工作面推进到 40m 后期时，由于时间效应，应力允分释放，声发射在工作面上面更加密集，并有向前方和正上方发展的趋势，红色圈明显占优势[图 3-4(f₂)]，表明此处拉应力较大，顶板将发生大的破裂，从图 3-4(e₂)可以看出此时顶板已经发生了小范围的零星垮落。从能量释放角度来看(图 3-5)，此时的能量占所有矿体开采过程总能量的 17.3%，说明覆岩内部破裂较严重。当工作面推进到 50m 时，由于前一段时间大量声发射弹性能量的释放，此时工作面覆岩几乎没有新的声发射[图 3-4(h₁)]和破坏[图 3-4(g₁)]发生；随着时间的推移，在 50m 后期，工作面正上方又产生了新的白色和红色声发射，且聚集趋势明显[图 3-4(h₂)]，表明拉压破坏严重发生，从图 3-4(g₁)可知覆岩顶板破坏贯通趋势较显著。

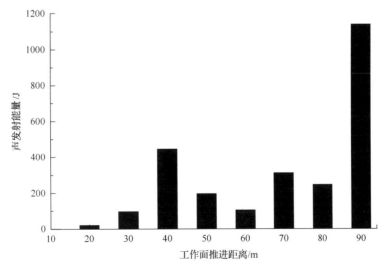

图 3-5 工作面推进距离与当前开挖步覆岩破坏声发射能量关系

当工作面推进到 60m 时，采空区顶板发生了一段距开切眼处 32～55m 长为 22m 的大面积贯通垮落，垮落高度为 9m[图 3-4(i)]。当工作面推进到 70m 时，随着采空区体积的增大，声发射向工作面前方和上方更广泛的区域发展[图 3-4(l₁)]，微破裂继续发育，零星垮落时有发生，产生了周期垮落，出现了随采随垮现象，在此期间发生了一次严重的二次垮落，垮落长度发展为 27m，垮落高度发到 13m[图 3-4(k₁)]；随着时间的推移，工作面正上方红色声发射又大量出现并聚集 [图 3-4(l₂)]，说明拉应力又集中出现，预示着覆岩的破坏即将发生。当工作面在推进到 80m 时，声发射仍有出现，但基本上没有大的破裂和垮落产生。当在工作面推进到 90m 时，即矿体开采结束，采空区上覆岩体及底板都出现了声发射现象 [图 3-4(p)]，且发生的区域大幅扩大，说明采空区体积的增大，使塑性区域微裂纹扩展范围更大，顶板垮落区垮落高度也增大[图 3-4(o)]，达到 15m。

从图 3-5 中可以看出工作面每开挖 10m 时，当前步开挖给采空区覆岩造成破坏而产生的声发射能量的大小，刚开切眼的第一个 10m 时，由于采空区体积小，受到的拉应力和剪应力均较小，覆岩材料分子产生的破裂也很少。当工作面推进到 90m 时，在该步开挖过程中，由于采空区体积已经很大，再进行开挖时，会给采空区四周围岩更大的拉应力和剪应力，覆岩更大范围的岩石材料将发生破裂而产生声发射，此步开挖产生的声发射是这 9 步开挖中声发射能量最大的一次，也意味着是覆岩材料分子破裂最多的一次。

3.1.5　覆岩破坏特征与应力关系

覆岩的破坏主要与其所受的应力关系最为密切，受不同类型的应力(剪应力、拉应力和压应力)，其破坏方式和破坏区域均有差异。本节结合不同应力条件研究覆岩破坏和损伤的机理与规律。由于岩石材料的破坏与拉应力和剪应力关系比较密切，这里仅讨论和分析覆岩在受拉应力和剪应力条件下的破坏损伤情况。

为了简明分析该问题，这里就几个有代表性的应力和覆岩破坏损伤情况进行研究[29]。在前面的研究分析中可知，在工作面推进到 40m 之前，覆岩基本没有大的破坏，从图 3-6(a)可看出剪应力在采空区四周聚集，呈"圆形"，此时覆岩在此高应力区极少有微破裂损伤，在图 3-6(b)的拉应力(负表示拉应力，正表示压应力)区可知，拉应力主要在采空区覆岩顶板的正上方和下方聚集，呈"蝴蝶"形，上部拉应力区域和应力比下部都大，这是由于采空区上部受自重应力的影响。众所周知，拉应力是导致覆岩破坏最重要的因素，所以导致采空区正上方覆岩顶板中间处最先发生拉破坏，而从应力值的大小也可以看出，此时剪应力最大值为 6.73MPa，而拉应力的最大值为 6.78MPa，二者应力值大小相当，但拉应力造成的破坏相对剪应力较显著。此时的覆岩区域属于由弹性区向塑性区过渡。

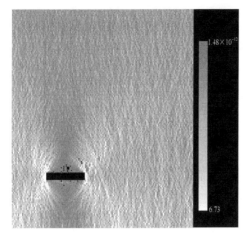

(a) 工作面推进到30m剪应力与覆岩损伤演化

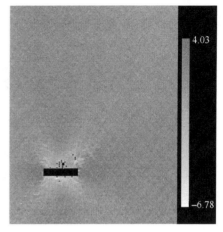

(b) 工作面推进到30m拉应力与覆岩损伤演化

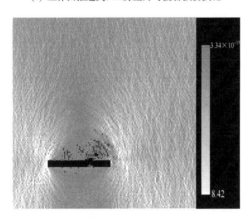

(c) 工作面推进到50m剪应力与覆岩损伤演化

(d) 工作面推进到50m拉应力与覆岩损伤演化

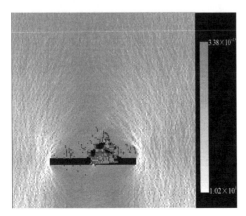

(e) 工作面推进到70m剪应力与覆岩损伤演化

(f) 工作面推进到70m拉应力与覆岩损伤演化

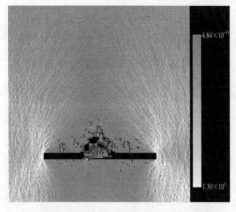 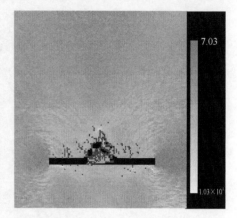

(g) 工作面推进到90m剪应力与覆岩损伤演化　　　(h) 工作面推进到90m拉应力与覆岩损伤演化

图 3-6　不同应力条件下覆岩破裂损伤演化过程(单位:MPa)

随着工作面推进到 50m 时,剪应力主要集中在采空区四周边角的区域,剪应力的值在增大,其集中的区域也在增大[图 3-6(c)],形状变为"椭圆形",且应力值较大的区域主要在椭圆短轴两端。此时岩石材料分子在剪应力作用下也发生了一些破裂,在塑性区的范围也在随之增大。从[图 3-6(d)]可以看出,拉应力区域的"蝴蝶"变得更大,在拉应力作用下,采空区顶板已出现局部垮落,在垮落区上方明显出现岩石材料破裂且有贯通的趋势,从应力值可看出,尽管此时最大剪应力为 8.42MPa,比拉应力最大值 7.35MPa 要大,但是拉应力的作用已造成覆岩局部零星垮落产生。此时,该区域垮落区即将形成。

当工作面推进到 70m 时,最大剪应力达到 10.2MPa,剪应力区域也在不断扩大,应力较大的区域分布在"椭圆形"长轴两端。拉应力区域一直在增加,但是拉应力的最大值为 6.66MPa,较工作面在 50m 时减小,这种情况的主要原因是:覆岩发生了大面积的垮落破坏,覆岩内部抗拉强度降低,能量得到释放。垮落区域产生后,由于覆岩自重应力和构造应力的作用,对没有垮落区周边围岩继续施加外力[从顶板破裂分布图 3-4(l_2)上也可以看出声发射增多并聚集在周边围岩],周边围岩破裂区域扩展,塑性区域范围增大。

当矿体开采到 90m 结束后,剪应力一直在增大,高达 13MPa,高应力区在巷道两端聚集明显。随着采空区体积的增大,在自重应力场和构造应力的共同作用下,拉应力继续增大,微破裂纹继续产生,塑性区范围也进一步增大,此时拉应力最大值达到 10.3MPa[图 3-6(h)]。如果大垮落发生,将会吸收和转移覆岩内的一大部分能量,致使拉应力降低,随着采空区的继续增大,拉应力又会增加到一个新高度,直到大的垮落区产生,吸收和释放一大部分能量后,拉应力又会降低,如此反复。

纵观不同应力条件下的采空区覆岩破坏损伤演化过程可知,剪应力主要集中在采空区四周边角区域,拉应力主要集中在采空区顶板区域,在整个采空区围岩四周剪应力和拉应力相互叠加作用。在采空区围岩破坏损伤方面，剪应力和拉应力都会对围岩造成损伤，剪应力使围岩产生微观破裂纹，拉应力对采空区顶板区域造成宏观的拉破坏，总体上拉应力对覆岩破坏的影响最显著。剪应力是造成覆岩塑性破坏的主要因素，拉应力是覆岩垮落的主导因素。

通过上面的研究与分析可得出覆岩应力大致分布在 4 个区域：拉应力-拉应力区、拉应力-压应力区、压应力-压应力区、剪应力-压应力区。

拉应力-拉应力区：覆岩中最大主应力和最小主应力在该区域均表现为拉应力，倾角约 45°。若拉应力达到覆岩中某些抗拉强度相对较小的岩石材料的抗拉强度时，材料分子发生破裂，应力进行释放。该区域一般出现在采空区正上方靠近悬空面的覆岩内，如图 3-7 的 A 区，少量分布在采空区下方底板处。

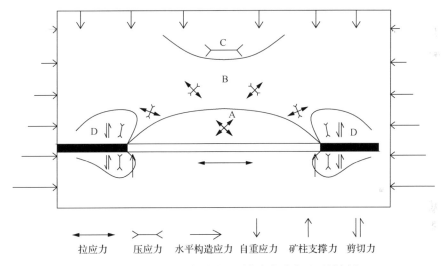

图 3-7 采动影响下金属矿山覆岩应力分布及区域划分

拉应力-压应力区：覆岩中的最大主应力为压应力，在采空区工作面和开切眼的上覆岩体中为竖直方向，向采空区方向逐步偏转，在采空区中心渐变为近水平，根据最大主应力数据可知其数值由大渐变小然后再变大。最小主应力为拉应力，在采空区工作面和开切眼的上覆岩体中为水平方向，因此产生竖直方向的拉裂隙；拉应力在向采空区中心上方逐渐偏移的过程中与水平方向有夹角，在采空区中心正上方变为竖直方向，使覆岩拉裂隙受水平拉应力作用，易产生离层。该区域主要分布在 A 区外边缘采空区覆岩及局部地板中。

压应力-压应力区：最大主应力与最小主应力都为压应力，主要包含压应力区和原岩应力区，主要分布在 B 区外围正上方(图 3-7 的 C 区)及不受开采扰动的区域。

剪应力-压应力区：剪应力和最大压应力在工作面前端周边围岩和开切眼处周边围岩(图 3-7 的 D 区)。剪应力和压应力集中，使该区域产生塑性变形和剪切破坏。

覆岩应力分布受岩层、岩性及岩层位置等复杂因素影响，所以其应力分布也不尽相同，但大体分布基本遵循图 3-7 的规律。

为了进一步研究应力对采空区上覆岩体的破坏特征的影响，受篇幅所限，下面就距采空区顶板 10m 处覆岩内断面的水平应力与垂直应力进行分析研究。

水平应力的变化过程为：随着工作面的推进，采空区上方形成压力平衡拱，在采空区顶部形成水平应力集中，随着采空区的增大，拱的高度也在增加，水平集中应力向断面两侧分开（图 3-8 中工作面推进到 40m 时），拉应力也逐渐出现并增大，在拱的轴线上形成了对称的凸形集中应力，表明在覆岩内一定区域形成了压应力集中和拉应力集中，从图 3-8 中可看出压应力与拉应力在断面上是上下对应的关系。水平应力的集中现象与形成的压力平衡拱具有直接的关系，当在压力平衡拱顶上部形成凸形水平应力集中时，在其轴线处形成对称的水平应力集中区，此时集中压应力与集中拉应力在断面上是并存的。随着工作面的推进，水平方向的压应力减小，拉应力增大，表明覆岩材料破坏影响较大。

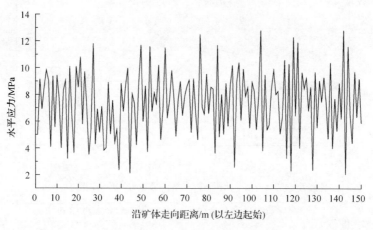

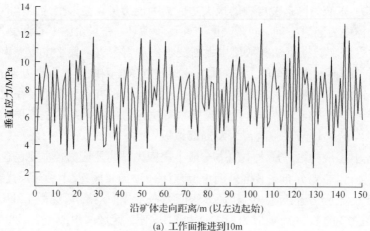

(a) 工作面推进到10m

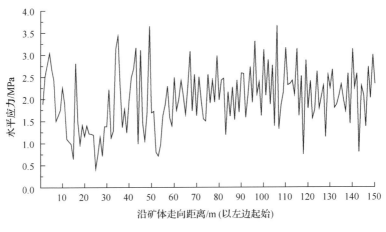

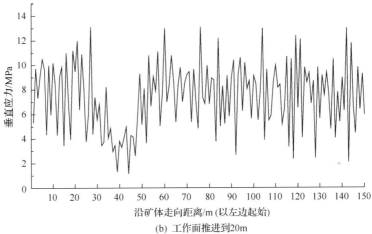

(b) 工作面推进到20m

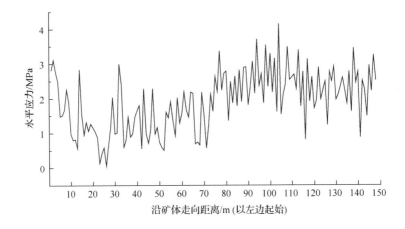

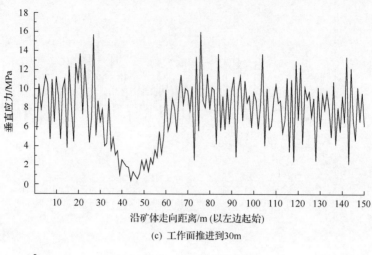

(c) 工作面推进到30m

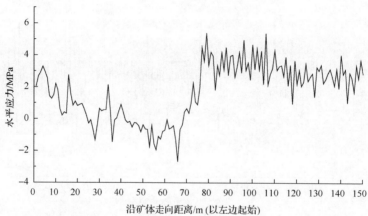

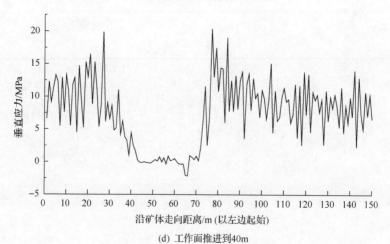

(d) 工作面推进到40m

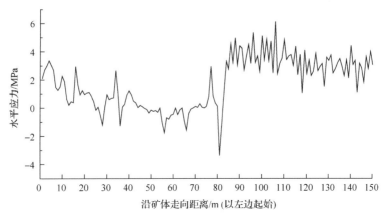

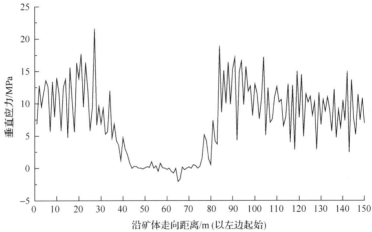

(e) 工作面推进到50m

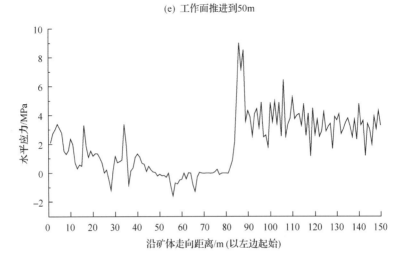

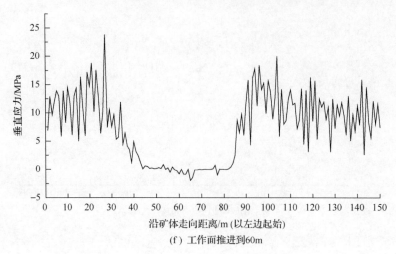

（f）工作面推进到60m

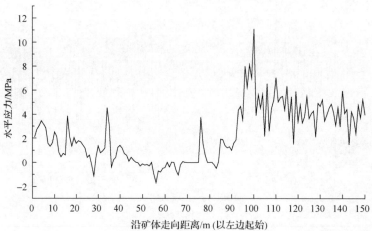

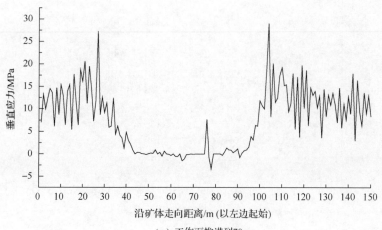

（g）工作面推进到70m

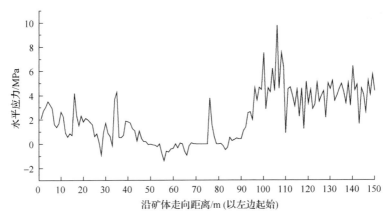

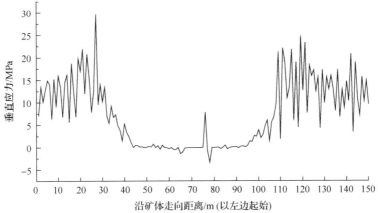

(h) 工作面推进到80m

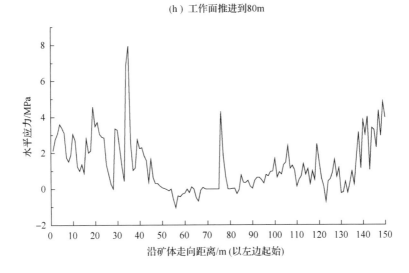

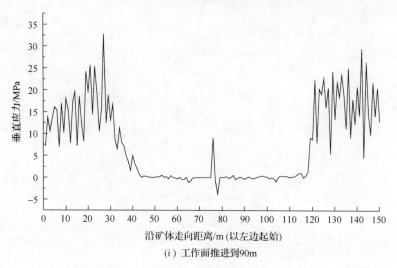

（i）工作面推进到90m

图 3-8　距覆岩顶板 10m 水平断面随工作面推进水平应力、垂直应力变化曲线

　　垂直应力的变化过程：随着工作面的推进，垂直应力最大值一直在增大，压应力增大的同时，拉应力也一直增大。压应力从工作面开始开挖时的 12.9MPa，一直增大到开采结束时的 32.8MPa。直到工作面推进到 40m，垮落即将发生时，拉应力产生，且随着工作面的推进拉应力也逐渐增大。开挖开始时在采空区上方形成的压力平衡拱，其顶上部形成凹形的水平应力集中，且其"凹"形的跨度随着工作面的增大而增大，拉应力也在逐渐增大。压应力和拉应力在压力平衡拱的垂直方向呈对称分布。

　　图 3-9、图 3-10、图 3-11 分别为工作面推进 40m、60m、90m 时，距采空区

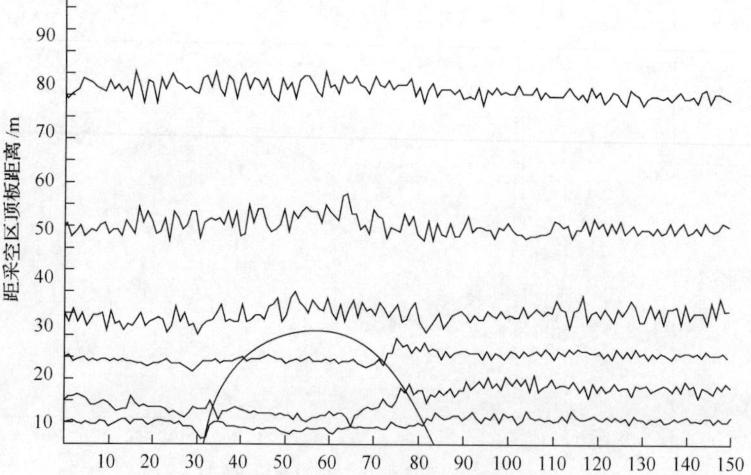

图 3-9　工作面推进 40m 时水平应力集中拱形迹线

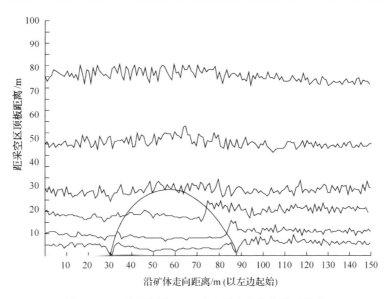

图 3-10　工作面推进 60m 时水平应力集中拱形迹线

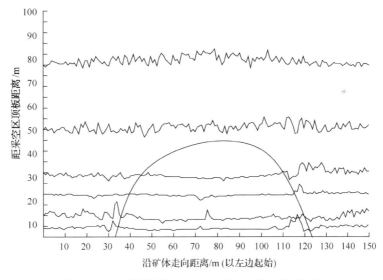

图 3-11　工作面推进 90m 时水平应力集中拱形迹线

顶板 6 个不同位置处的水平断面的水平应力集中曲线,将这些曲线的应力集中点用曲线连接,形成一个拱形曲线。从图中可以看出,水平应力集中曲线是拱形的,拱形曲线的跨度基本上与推进距离,即采空区的长度呈正比例增大,该拱的拱脚在开切眼处和工作面前方,拱的高度随着工作面的推进逐渐增高。同样可以得到垂直应力和剪应力应力集中点拱形曲线。此拱在采空区上方和拱脚处处于压力平衡状态,即形成压力平衡拱。该平衡拱受水平应力、垂直应力和剪应力(略)的共同作用，其受力状态如图 3-12 所示。

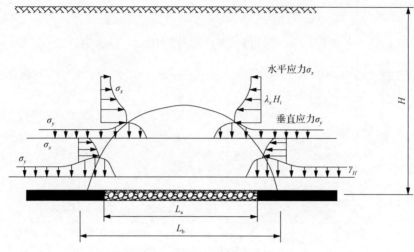

图 3-12　压力平衡拱受力状态图

3.1.6　覆岩破坏特征与位移关系

　　为了进一步研究覆岩变形破坏和位移变化情况，从采空区覆岩的位移矢量变化角度进行分析。在采空区体积不是很大时，上覆岩体位移量很小，直到采空区达到 50m 时，覆岩产生垮落，在此区域发生了位移变化。从位移矢量的变化趋势可以发现，在重力作用下，位移总体趋势是向下发展的，但是在水平构造应力作用下，也有向水平方向移动的趋势[图 3-13(a)]。工作面推进到 60m 时，随着空间体积的增大，垮落区裂隙贯通基本形成，竖直方向位移矢量较大，同时受水平构造应力的影响，垮落岩石在水平方向发生移位，再次表明了水平构造应力的作用[图 3-13(b)]。当工作面推进到 70m 初期时覆岩发生大面积垮落，因此垮落区与岩体脱离的岩石在自重应力作用下以向下位移为主，在垮落区域边缘仍然受水平构造应力影响在水平方向有位移趋势[图 3-13(c)]。同时，在工作面的后方靠近开切眼一侧的垮落区域周边形成了一个位移区域，说明该区域覆岩有位移变化产生，也预示着塑性区的扩展，此时塑性区高度为 21m。从工作面推进到 70~80m 过程中，没有新的垮落区域产生，而是有声发射现象向更高更大的范围发展，此时是塑性区的形成时期[图 3-13(d)]，而塑性区的形成和扩展吸收和转移了自重应力场的应力和构造应力的能量，致使垮落区域不再扩展。塑性区高度从工作面推进到 80m 初期的 41m 到后期扩展为 48m，塑性区呈圆拱形[图 3-13(e)]。当工作面推进到 90m 结束时，随着采空区体积的进一步增大，从位移矢量图可以看出，塑性区域迅速向更高更广泛的周边扩展，位移在采空区上方形成"桶状"，从其发展趋势来看，很有可能发展到地表形成"桶状"塌陷坑[图 3-13(f)]。

(a) 工作面推进到50m时覆岩位移矢量分布

(b) 工作面推进到60m时覆岩位移矢量分布

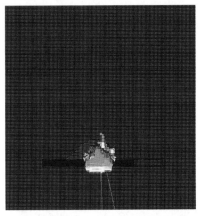

(c) 工作面推进到70m时覆岩位移矢量分布

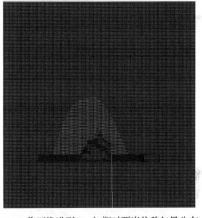

(d) 工作面推进到80m初期时覆岩位移矢量分布

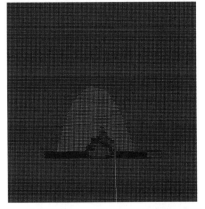

(e) 工作面推进到80m后期时覆岩位移矢量分布

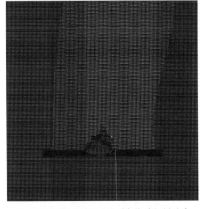

(f) 工作面推进到90m时覆岩位移矢量分布

图 3-13　采动影响下覆岩位移矢量动态发展过程(单位：m)

3.2　覆岩移动规律与开采空区体积时空关系

3.2.1　覆岩移动与开采空区体积动态关系

3.1 节只是从定性的角度对动态开采条件下采空区覆岩总体的位移变化情况进行了研究与分析,本节从定量的角度,就采空区上覆岩体不同位置的位移和变形情况进行研究。

为了研究采空区上覆岩体不同部位在矿体开采过程中的位移及变形破坏情况,在距采空区顶板分别为 5m、10m、20m、30m、50m、80m 的覆岩内进行监测。由于本书研究的矿体走向和倾斜开采长度与平均采深的比例关系可知其属于非充分采动,本节的研究属于非充分开采条件下的金属矿山覆岩移动和破坏规律[30]。

图 3-14(a) 是距采空区顶板为 5m 时覆岩内岩层位移变化与开采工作面推进距离的关系。由图可知,随着工作面推进距离的增大,采空区范围越来越大,5m 处覆岩的下沉范围与下沉量都在逐步增大。在工作面推进到前 40m 时,覆岩的下沉量均是渐变的,这与图 3-4 和图 3-6 中覆岩没有发生大的破坏贯通相吻合,所以导致其上部的覆岩位移量小,未发生突跳,仅有极少量岩石材料内部发生破裂,说明岩石材料分子本身体积的变化导致覆岩位移量的变化是有限的。从图中可以看出,工作面推进到 10m 时,最大下沉量为 2.17mm,下沉移动范围为 20m;工作面推进到 30m 时,最大下沉位移量为 12.03mm,下沉移动范围为 48m。这些都表明此处覆岩没有发生大的破坏和贯通。随着工作面的推进,从图中可看出工作面推进到 40m 和 50m 的下沉曲线都有突跃趋势,尤其是工作面推进到 50m 时,在下沉量上有"尖点",最大下沉量达到 34.32mm,说明此时覆岩材料本身有大量分子被破坏,另外表明材料分子破坏发生了贯通,产生了区域破坏,

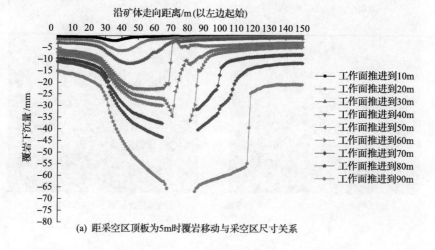

(a) 距采空区顶板为5m时覆岩移动与采空区尺寸关系

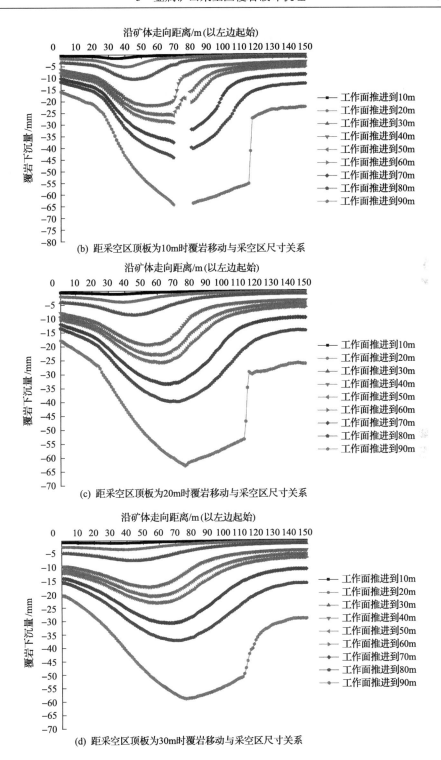

(b) 距采空区顶板为10m时覆岩移动与采空区尺寸关系

(c) 距采空区顶板为20m时覆岩移动与采空区尺寸关系

(d) 距采空区顶板为30m时覆岩移动与采空区尺寸关系

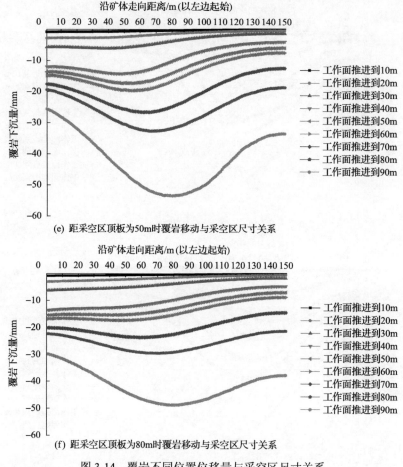

图 3-14　覆岩不同位置位移量与采空区尺寸关系

导致大量的微裂隙出现贯通,致使下沉量曲线突跃。通过研究表明,覆岩内部产
生裂隙和贯通才是导致覆岩下沉量较大和突跃的本质。当工作面推进到 60~90m
时,从图中可看出其下沉量曲线有中断(此中断处数据下沉量较大,从前面覆岩破
坏图上可知此处发生了垮落,导致数据突变,与其他数据差异较大,甚至达到 5
个数量级,为了研究需要和方便对比,将此处突变数据略去。下同),表明在距采
空区顶板 5m 处发生了垮落现象,下沉范围随着开采工作面的增大而增大。

　　图 3-14(b)是距采空区顶板 10m 时覆岩内岩层位移变化与开采工作面推进距
离的关系。随着工作面的推进,距顶板 10m 处覆岩的下沉范围与下沉量都在增大。
当工作面推进到 50m 时,其下沉量曲线都是连续的、渐变的,表明在距离采空区
顶板 10m 处,覆岩没有发生岩石材料内部的贯通破坏和大的位移移动,即没有垮
落现象发生。工作面推进到 60~90m 时,下沉曲线均有中断,说明此处发生了垮
落,但是与图 3-14(a)对比可知,其"中断"区间更小,表明在距离采空区顶板

10m 处，在同样开采空区条件下，其垮落范围变小了。当工作面推进到 90m 时，距顶板采空区 10m 处覆岩垮落长度为 11m，距采空区顶板 5m 处覆岩垮落长度为 22m；当工作面推进到 60m 时，距采空区顶板 10m 处覆岩垮落长度为 10m，距采空区顶板 5m 处覆岩垮落长度为 20m。距采空区顶板 10m 覆岩整体下沉范围与距采空区顶板 5m 处覆岩下沉范围均有缩小。

随着工作面的推进，距顶板 20m 处覆岩的下沉范围与下沉量都在增大[图 3-14（c）]。从该图中可看出，在工作面推进的前 80m 的采空区中，覆岩下沉曲线都是渐变的，没有产生突跃，说明覆岩材料内部没有大的裂隙出现，没有发生垮落；直到工作面推进到 90m 处时，下沉曲线整体上是连续的，没有"中断"，但是从图中可看出，该曲线不是那么光滑、渐变，而是产生了"折线"，这表明此时覆岩内部材料发生了破裂，破坏后的材料之间整体发生了一定量的微小位移，但不足以产生大的裂隙和垮落。此时最大下沉量达到 62.82mm，此处为垮落区的临界区。

图 3-14（d）为距采空区顶板 30m 时覆岩内岩层位移变化与开采工作面推进距离的关系。当工作面越来越大时，距采空区顶板 30m 处覆岩的下沉范围与下沉量都在逐步增大。从图中可看出，除工作面推进到 90m 时下沉曲线有点不十分光滑外，其他下沉曲线都十分光滑，说明在这些工作面推进过程中，距采空区顶板 30m 处覆岩没有产生大的裂隙和垮落现象。当工作面推进 90m 时，下沉曲线整体是连贯的，虽有点不光滑，但是比距采空区顶板 20m 处时工作面推进到 90m 的曲线光滑了很多，表明此时覆岩整体没有产生微裂隙，只是有少量材料内部发生了破坏，局部影响了其下沉量。此时的最大下沉量为 58.83mm。

图 3-14（e）是距采空区顶板 50m 时覆岩内岩层位移变化与开采工作面推进距离的关系。随着工作面的推进，距采空区顶板 50m 处覆岩的下沉范围与下沉量都在逐步增大。从图中可以看出，从矿体开采开始到开采结束，覆岩下沉曲线均比较光滑，说明在距采空区顶板 50m 处，覆岩内部没有产生大的裂隙带，仅有材料内部产生破裂而发生位移，说明该区域属于塑性区域。从声发射和覆岩破裂图中可发现该区域没有大的破裂和声发射聚集成核。矿体开采结束时，覆岩的最大下沉量为 53.46mm。

为了进一步研究覆岩移动规律与开采空间的关系，从图 3-14（f）可以看出，在距采空区顶板 80m 处，在工作面推进到 80m 之前，其下沉曲线基本上是直线，说明此时该区域属于弹性区域，声发射极少出现，岩石材料分子也很少发生破裂。当工作面推进到 90m 时，下沉曲线有下弯趋势，表明此时有个别材料分子发生破坏，产生了少量移位，最大下沉量为 48.71mm，该区域为塑性区。

将图 3-14 进行纵横向总体对比分析，可发现覆岩破坏及位移具有以下规律。

横向对比分析可得：①覆岩移位在距采空区顶板同一位置时，随着工作面的推进，采空区体积逐渐增大，覆岩下沉范围和下沉量均逐渐增大。②下沉曲线的下沉量的最大下沉"顶点"，随着工作面长度的推进，向工作面推进方向逐渐移动。③下沉曲线的斜率变化（曲线的弯曲程度变化）体现了监测点在覆岩所属区域是垮落区、塑性区还是弹性区。

纵向对比分析可得：①在工作面推进距离相同的情况下，覆岩内监测点距采空区顶板距离越远，其位移下沉量和下沉范围整体上就越小。②距采空区顶板不同位置时，下沉曲线"顶点"的斜率变化体现了此处位移下沉量和变化率的大小，斜率变化越大说明此处位移下沉量和变化率均较大，反之亦然。③下沉曲线的"中断"体现出该区域垮落的产生，两"中断"端点的水平距离不同，表明垮落区面积大小的不同。在同一开采工作面长度条件下，距采空区顶板距离越近，其"中断"端点的水平距离越大，表明垮落面积越大，反之亦然。

3.2.2 覆岩移动规律与采空区体积时空关系模型

为了更深入地分析采空区的尺寸大小与覆岩不同位置移动规律，本节将进一步研究不同位置处覆岩下沉量与覆岩移动范围之间关系。图 3-15 表示覆岩下沉量和采空区上覆岩体内某一水平断面距离与工作面推进长度比值之间的关系，分别研究了 5m（由于距采空区顶板 5m 位置处发生了垮落，垮落处的数据不全，在这里为了更真实地反映实际情况，对此组不全的数据也进行了研究，从垮落前的数据可看出其下沉量是以很快的速度下沉的，直到垮落产生）、10m、20m、30m、50m、80m 与工作面推进距离 10m、20m、30m、40m、50m、60m、70m、80m、90m 比值关系，然后再与各距离位置处的最大沉降量进行对比研究。通过数据处理和拟合，发现其覆岩下沉量、覆岩内距采空区顶板的距离和工作面推进长度之间的关系是"单支双曲线"，其方程为

$$y = ax^b \tag{3-3}$$

式中，a、b 均为沉降方程的引入常数。

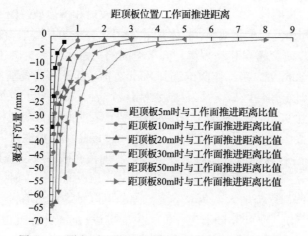

图 3-15　覆岩下沉量和距顶板位置与采空区尺寸关系

不同位置覆岩下沉量和覆岩不同位置与工作面推进距离关系拟合参数值见表 3-3。

表 3-3 不同位置覆岩下沉量和覆岩不同位置与工作面推进距离关系拟合参数

名称	系数 a	系数 b	相关系数 R^2
距顶板 5m 时与工作面推进距离比值	−0.52	−1.83	
距顶板 10m 时与工作面推进距离比值	−1.94	−1.56	
距顶板 20m 时与工作面推进距离比值	−4.24	−1.72	
距顶板 30m 时与工作面推进距离比值	−7.19	−1.82	0.97
距顶板 50m 时与工作面推进距离比值	−14.86	−2.03	
距顶板 80m 时与工作面推进距离比值	−34.57	−1.98	
平均	−10.55	−1.82	

因此最终曲线方程为

$$y = -10.55x^{-1.82} \tag{3-4}$$

通过拟合曲线(图 3-16)和式(3-4)的分析可知,随着距采空区顶板位置与工作面推进尺寸比值越小,其覆岩下沉量越大,当趋向 0 时,其采空区顶板垮落沉降量变为无穷大,这与实际监测数据情况一致,后面的几个点的数据不存在了,沉降量无法监测,表明已垮塌;当距采空区顶板位置与工作面推进尺寸比值越大,意味着距采空区顶板的距离越大或者采空区较小,这样对覆岩中某一位置的下沉量影响就越小,当到达无穷远处或没有采空区时,覆岩不发生沉降。

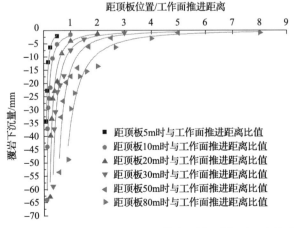

图 3-16 拟合覆岩下沉量和距顶板位置与采空区尺寸关系

图 3-17 表示覆岩移动范围和采空区上覆岩体内某一水平断面距离与工作面推

进长度比值之间的关系。同覆岩下沉规律情况相似，通过数据处理和拟合，发现覆岩移动范围和覆岩不同位置与工作面推进距离三者之间的关系也是"单支双曲线"，其方程为[31]

$$y = ax^b \tag{3-5}$$

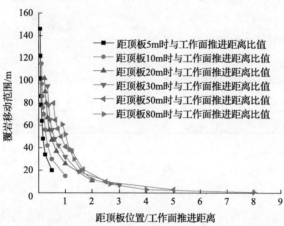

图 3-17　覆岩移动范围和距顶板位置与采空区尺寸关系

不同位置覆岩移动范围和覆岩不同位置与工作面推进距离关系拟合参数值见表 3-4。

表 3-4　不同位置覆岩移动范围和覆岩不同位置与工作面推进距离关系拟合参数

名称	系数 a	系数 b	相关系数 R^2
距顶板 5m 时与工作面推进距离比值	10.28	−0.88	
距顶板 10m 时与工作面推进距离比值	16.11	−0.88	
距顶板 20m 时与工作面推进距离比值	24.29	−0.95	0.99
距顶板 30m 时与工作面推进距离比值	28.60	−1.05	
距顶板 50m 时与工作面推进距离比值	39.77	−1.16	
距顶板 80m 时与工作面推进距离比值	50.07	−1.9	
平均	28.19	−1.14	

最终曲线方程为

$$y = 28.19x^{-1.14} \tag{3-6}$$

通过拟合曲线(图 3-18)和式(3-6)分析可知，随着距采空区顶板位置与工作面推进尺寸比值越小，其覆岩移动范围就越大，即当上覆岩体某水平断面距采空区顶板距离越近(或采空区与顶板接触面重合)或采空区体积相当大时,都会引起覆岩移动范围较大;当距采空区顶板位置与工作面推进距离比值越大,意味着距采空区顶板的距离越大或者采空区体积较小,这样对覆岩中某一位置的移动范围影响就越小,当到达无穷远处或没有采空区时,覆岩不发生移动。

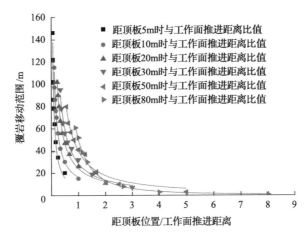

图 3-18　拟合覆岩移动范围和距顶板位置与采空区尺寸关系

3.3　金属矿山采空区覆岩破坏区域的定义与特征

3.3.1　金属矿山采空区覆岩破坏区域的定义与划分

很多学者针对采空区上覆岩层顶板的垮落和破坏,进行了大量深入研究,这些研究对象主要都是针对地质条件为层状的煤矿而开展的,并取得了一定的研究成果。其破坏规律大致如图 3-19 所示,采空区上覆岩层被划分为 3 个破坏带,分别为冒落带、裂隙带和弯曲下沉带[32, 33],简称"三带"理论。

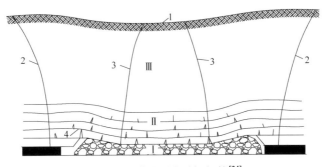

图 3-19　煤矿覆岩破坏规律[34]

I-冒落带;II-裂隙带;III-弯曲带;1-地表塌陷区;2-岩层开始移动边界线;3-岩层移动稳定边界线;4-离层现象

1. 冒落带

冒落带是开采工作面放顶后引起的矿层直接顶破坏的范围，是因为岩层应力产生变形、离层或断裂而脱离原有岩体造成的。该区域岩块呈现不规则垮落，岩体的碎胀系数比较大，破碎岩石体积膨胀充填采空区。冒落带的高度一般由采空区高度和顶板岩石性质、厚度等决定。

2. 裂隙带

由于冒落带岩块被上覆岩层逐渐压实，上覆岩层由于受下部冒落岩体的支撑，上部岩层下沉后断裂逐渐减小，断裂岩块排列比较整齐，保持原岩的原有层序，具有一定的规律性，岩体的碎胀系数很小。裂隙带厚度比冒落带厚度大。

3. 弯曲带

裂隙带上部的岩层只发生了弯曲、下沉或同时产生微小的裂隙，岩层主要表现为弹性或塑性弯曲。该区域下沉量较小、下沉速度缓慢，当上覆岩层不是特别厚时可波及地表。

"三带"理论的研究成果对煤矿防治水工作起到了巨大的促进作用，同时对地表移动圈的划分，地表建(构)筑物的保护都起到了重要作用。

上述"三带"的划分是根据煤矿地质条件的层状特性而开展的，而金属矿山成矿机理及其地质条件不具有层状，多为裂隙发育的块状岩体，具有不连续性、不规则性，直接套用煤矿"三带"理论研究金属矿山的覆岩移动及破坏是不合适的。因此，作者针对金属矿山地质的特点，通过分析大量金属矿山资料，结合经过对一些金属矿山采空区冒落情况的实地调查研究，针对金属矿山覆岩破坏特征提出了新的"三区"概念：垮落区、塑性区、弹性区(图 3-20)。

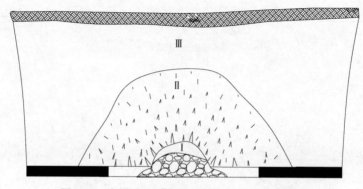

图 3-20　金属矿山采空区上覆岩体破坏区域划分
Ⅰ-垮落区；Ⅱ-塑性区；Ⅲ-弹性区

4. 垮落区

金属矿山采空区上覆岩体由于其应力平衡被破坏，采空区上方岩体产生断裂破坏，岩块之间无法通过摩擦力、铰合力支撑岩块自重而垮落的区域称为垮落区。垮落区的破坏特征具有以下几点：

(1)采空区上覆岩体在外力(自重应力、构造应力、爆破震动等)作用下，使岩体沿采空区法线产生弯曲变形，当外力作用超过岩石本身的抗拉、抗剪强度时，岩体内部产生微裂纹、微裂隙，这些微裂隙扩展、贯通变成断裂，岩体由大的块体变成小的块石而垮落，垮落的块石杂乱无章、大小不一堆积在采空区内。

(2)金属矿山地质特征导致其垮落形状多为拱形、圆锥形、桶形。

(3)由岩体变为岩块，岩石具有碎胀性，垮落后岩块间空隙较大，贯通性好，有利于水、砂、泥土的通过，若采空区上部有水体或含水较多时，对采矿工作的开展极为不利。垮落后岩石的体积大于垮落前的原岩体积，具体比原岩体积大多少主要取决于岩石的碎胀系数(松散系数)，岩石的碎胀系数一般为 1.25～2.5。岩石的碎胀性可使岩块的垮落自行停止。

(4)垮落区高度与矿体厚度和岩体的碎胀系数关系最为密切。一般情况下采空区覆岩为硬岩时比为软岩时垮落区高度要大。经过对不同影响因素的参数进行对比分析，发现垮落区高度受矿体厚度和岩石的碎胀系数的影响较显著，这一结果与文献[35]吻合。

(5)在采空区面积和开采高度等条件相同的情况下，金属矿山垮落区垮塌面积比煤矿冒落面积小，其垮落高度(除去地质断层构造影响因素外)一般大于煤矿冒落高度。

垮落区的范围和高度，对地下矿山开采采取何种支护方式及支护强度等的选取非常重要。

5. 塑性区

在金属矿山采空区上覆岩层中，韧性覆岩发生塑性变形，脆性覆岩发生剪切破坏产生微裂纹、微裂隙，岩块之间可通过摩擦力、铰合力支撑绝大部分自重，而小部分自重靠垮落后碎胀的岩块支撑，覆岩仍保持原有的结构层次的区域称为塑性区。其位于垮落区和弹性区之间。塑性区的破坏特征具有以下几点：

(1)该微裂隙一般不闭合，形成导水裂隙。

(2)塑性区内根据与垮落区距离的远近又可分为裂缝区、裂隙区、裂纹区 3个区域。靠近垮落区的为裂缝区，裂缝区岩体多发生严重断裂，但仍保持原岩层次结构，导水性能好；裂隙区处于裂缝区和裂纹区之间，岩体断裂较少，导水性一般；裂纹区远离垮落区，有微裂纹出现，不贯通、裂纹尺寸较短，导水性很差。

垮落区和塑性区均有导水性，在水体下采矿时，准确地确定垮落区和塑性区的范围和高度，对于安全生产非常重要。

6. 弹性区

在金属矿山塑性区之上，没有因为采空区的出现而导致其覆岩发生微裂纹的区域称为弹性区。在该区域虽有因采空区的出现而导致岩石分子有个别破坏，但这些岩石材料分子不是相邻连续破裂，个别材料的破坏不会使微裂纹发育和发展。弹性区覆岩具有以下特征：

(1) 金属矿山弹性区受地下采空区的开挖扰动影响而产生的移动是连续的、有规律的，移动过程是整体性下移且不改变覆岩结构，不存在微裂纹或少有存在。

(2) 弹性区覆岩在自重应力作用下产生弯曲，在水平方向一般处于构造应力作用，密实程度好，一般不渗水，具有隔水作用，成为水下开采时的良好隔水保护层。

(3) 弹性区的移动范围和高度除了受地质条件影响外，受开采深度、采空区高度和采空区范围影响较大。当开采深度大时，弹性区的高度也更大；采空区范围较大时，相应的弹性区的范围也随之增大。

弹性区的高度和范围，在地表移动圈的划分、保安矿柱的留设、地表重要建(构)筑物的保护措施等很多方面都有重要的意义。

结合上述理论分析及前面章节的实验研究，得出金属矿山覆岩破坏区域图(图3-20)。垮落区主要分布在采空区上方拉应力区的覆岩内。顶部拉应力区随着开采工作面的推进而扩展，原来处于拉应力的部位会受到压缩。塑性区主要发生在支承压力区、垮落区周边、采空区上部含软弱夹层的区域及风化带岩层内。

利用该分区可以预测采空区上覆岩体的破坏状况，确定覆岩垮落区和塑性区的高度，可以根据实际的工程地质剖面图资料进行预测，克服了一些经验公式的不足。但在应用时必须充分考虑各种地质工程因素的影响。

3.3.2　金属矿山垮落机理和特征与煤矿冒落的区别

无论是金属矿山还是煤矿采空区顶板的失稳破坏，顶板地质构造弱面是内部主因。当有弱面存在时，往往会使顶板组合结构、岩体性质发生变化，常常破坏顶板的完整性，致使顶板强度降低，进而造成失稳破坏。

地下开挖造成的应力局部集中是造成覆岩垮落的驱动力，是外部诱因。当开挖扰动破坏了地下某区域的原岩应力平衡状态后，应力重新分布。由于采空区的出现，应力在某些区域聚集，随着工作面采空区的变化，这些应力经过多次应力场的变更交叠，常常会使应力集中在采空区顶板及一些关键部位。在强大外力的作用下，采空区顶板出现弯曲、下沉，采空区中央顶板出现拉应力。由于岩石材料具有抗压不抗拉的特性，再加之顶板内部有弱面的出现，常会在顶板强度低的区域产生拉裂纹，随着时间的推移，拉裂纹贯通导致顶板垮落。

从能量的角度来讲，覆岩在外力的作用下，体积和形状均会发生改变，从而产生弹性能量聚集，体积的变化产生体变弹性能、形状的变化产生形变弹性能、顶板的弯曲下沉产生弯曲弹性能。当覆岩中的这些能量积聚达到一定量时，需要一定体积的岩体来吸收和转移这部分能量，当其超过这块岩体本身吸收和转移的极限时，就会将这部分额外能量转换为势能和动能进行垮落释放，造成覆岩的局部垮落或产生岩爆和突出等冲击地压现象。其垮落体积的大小或岩爆的严重程度与岩体本身产生弹性能量的大小呈正比例关系。

煤矿冒落与采空区面积相关性更强。在相同采空区面积和开采高度的情况下，煤矿冒落水平范围更大，高度较小；而金属矿山垮落水平范围较小，高度较大。产生差异的原因是金属矿山覆岩块体多属不规则状，且厚度大，裂隙、节理的存在更无规则性，导致覆岩更易整块垮落，垮落界面多不平整、犬牙差互、交错并存；煤矿岩层多属层状，多含层理、裂隙、节理，其方向也多平行于层状岩层，由于受外界力不平衡因素而冒落，其冒落的高度往往受其层状层理的影响较大，在受外界同样外力作用时，其下部岩层吸收外力能量后产生冒落，为了达到二次应力平衡，下部岩层向四周传递应力能量，当能量向上部传递到岩层层理面(节理面、裂隙面)时，由于层理面之间的空隙传递应力能量不如岩石材料本身好，大部分应力能量将返回沿更易传递应力能量的岩石材料本身传递，这样就会向水平方向扩展，而不再向岩层竖直方向发展。因此，煤矿冒落水平面积较大，冒落高度一般受岩层厚度及含层理(节理、裂隙)多少的影响。煤矿冒落界面较平滑、平整，尤其是冒落面顶部一般都是水平的。

参 考 文 献

[1] 缪协兴, 巨峰, 黄艳丽, 等. 充填采煤理论与技术的新进展及展望[J]. 中国矿业大学学报, 2015, 44(3): 391-399.

[2] 谢广祥, 杨科, 常聚才. 煤柱宽度对综放面围岩应力分布规律影响[J]. 北京科技大学学报, 2006, 28(11): 1005-1008.

[3] 余伟健, 王卫军. 矸石充填整体置换"三下"煤柱引起的岩层移动与二次稳定理论[J]. 岩石力学与工程学报, 2011, 30(1): 105-112.

[4] 孙强, 张吉雄, 殷伟, 等. 长壁机械化掘巷充填采煤围岩结构稳定性及运移规律[J]. 煤炭学报, 2017, 42(2): 404-412.

[5] 赵国彦. 金属矿隐覆采空区探测及其稳定性预测理论研究[D]. 长沙: 中南大学, 2010.

[6] 隋旺华. 开采覆岩破坏工程地质预测的理论与实践[J]. 工程地质学报, 1994, 2(2): 29-37.

[7] 孙广忠. 岩体结构力学[M]. 北京: 科学出版社, 1988.

[8] 宋振骐. 实用矿山压力控制[M]. 徐州: 中国矿业大学出版社, 1988.

[9] 蒋金泉. 采场围岩应力与运动[M]. 煤炭工业出版社, 1993.

[10] 朱星辉. 平邑石膏矿房柱式开采大面积采空区处理方法研究[D]. 泰安: 山东科技大学, 2004.

[11] 朱志洁. 大同矿区坚硬顶板运动特征及对综放工作面矿压影响研究[D]. 阜新: 辽宁工程技术大学, 2015.

[12] 钱鸣高, 石平五, 许家林. 矿山压力与岩层控制[M]. 徐州: 中国矿业大学出版社, 2010.

[13] Song H W, Zhao J, Wang C. Study on concept and characteristics of stress rock arch around a cavern un-derground[C]// Proceedings of Underground Singapore 2003 and Workshop Updating the Engineering Geology of Singapore, Singapore, 2003: 44-51.

[14] Khairil A. A study onstress rock arch development around dual caverns[D]. Singapore: Nanyang Technological University, 2003.

[15] 钱鸣高, 缪协兴, 何富连. 采场“砌体梁”结构的关键块分析[J]. 煤炭学报, 1994, 19(6): 557-563.

[16] 缪协兴, 钱鸣高. 采场围岩整体结构与砌体梁力学模型[J]. 矿山压力与顶板管理, 1995, 3(4): 3-12.

[17] 卢国志, 汤建泉, 宋振骐. 传递岩梁周期裂断步距与周期来压步距差异分析[J]. 岩土工程学报, 2010, 32(4): 538-541.

[18] 宋振骐. 采场上覆岩层运动的基本规律[J]. 山东矿业学院学报, 1979, (1): 22-41.

[19] 钱鸣高, 缪协兴, 许家林. 岩层控制中的关键层理论研究[J]. 煤炭学报, 1996, 21(3): 225-230.

[20] 唐春安, 王述红, 傅宇方. 岩石破裂过程数值试验[M]. 北京: 科学出版社, 2002.

[21] Tang C A, Tham H G, Lee P K K. Numerical studies of the influence of microstructure on rock failure in uniaxial compression-part I: Effect of heterogeneity[J]. International Journal of Rock Mechanics and Mining Sciences, 2000, 37(4): 555-569.

[22] 王善勇, 唐春安, 徐涛, 等. 矿柱岩爆过程声发射的数值模拟[J]. 中国有色金属学报, 2003, 13(3): 754-759.

[23] 赵康, 贾群燕, 赵奎, 等. 岩石端部效应对其声发射影响的数值模拟研究[J]. 矿业研究与开发, 2008, 28(1): 13-15.

[24] 赵康, 王金安, 赵奎. 岩石高径比效应对其声发射影响的数值模拟研究[J]. 矿业研究与开发, 2010, 30(1): 15-18.

[25] 赵康, 王金安. 基于尺寸效应的岩石声发射时空特性数值模拟[J]. 金属矿山, 2011, 6: 46-51.

[26] 徐涛, 杨天鸿, 唐春安, 等. 孔隙压力作用下煤岩破裂及声发射特性的数值模拟[J]. 岩土力学, 2004, 25(10): 1560-1564.

[27] 赵康, 陈斯妮, 赵奎. 开采扰动条件下金属矿山空区覆岩材料微观破裂特征[J]. 地下空间与工程学报, 2016, 12(4): 920-925.

[28] Zhao K, Jia Q Y. AE characteristics of overburden rock over metal mine goaf under mining layout[J]. Advanced Materials Research, 2013, 868: 296-299.

[29] Zhao K, Guo Z Q, Zhang Y Z. Dynamic simulation research of overburden strata failure characteristics and stress dependence of metal mine[J]. Journal of Disaster Research, 2015, 10(2): 231-237.

[30] 赵康, 赵奎. 金属矿山开采过程上覆岩层应力与变形特征[J]. 矿冶工程, 2014, 34(4): 6-10.

[31] 赵康, 顾水杰, 严雅静, 等. 金属矿山采空区上覆岩体移动时空规律预测方法: 中国, 201810735777.0[P]. 2018-07-06.

[32] 刘天泉. 防水煤(岩)柱合理留设的应力分析计算[M]. 北京: 煤炭工业出版社, 1998.

[33] Brady B H G, Brown E T. 地下采矿岩石力学[M]. 冯树仁, 译. 北京: 煤炭工业出版社, 1990.

[34] 杨恩德. 开采方法与通风安全[M]. 北京: 煤炭工业出版社, 1983.

[35] 狄乾生. 开采岩层移动工程地质研究[M]. 北京: 中国建筑工业出版社, 1992.

4 基于时空关系的采空区覆岩沉降动态预测方法

当地下矿产被采出后，形成大量采空区，由于采空区上部岩体结构遭受破坏，从而引起采空区上部岩土体应力失去平衡，覆岩向采空区移动进而发展到地表造成地表塌陷。每一个矿区都有其自身的地质条件，且地质情况复杂多变，采矿方法也是多种多样。因此，金属矿山塌陷沉降过程是一个极其复杂的问题。根据目前的技术条件，一些地质情况还难以查明，因此很难把握地质情况对岩层与地表移动的影响关系。金属矿山采空区覆岩的沉降及由此引起的地表移动是一个极其复杂的动态过程，受众多因素的制约，如采矿方法、顶板控制、矿体厚度、倾角、岩石物理力学性质、地质构造及岩石的风化程度等[1, 2]。近年来，很多专家学者在研究岩层与地表移动规律时，总结提出了预测开采地面沉降的多种方法，如比较著名的有随机介质理论分析法[3]、幂指数函数法[4, 5]、剖面函数法[6]、积分网格法[7]、影响函数法、模拟分析法、模糊测度法及弹塑性理论分析法等[8]。这些方法在工程应用中取得了一定效果，但也有其各自的局限性。

通过现场实测和总结，影响覆岩与地表移动规律的影响因素主要有：覆岩物理力学性质、岩层组成及层位，采矿方法，顶板控制管理方法，矿体倾角和厚度，采空区大小，重复采动，水文地质条件和断层影响，岩石的风化程度。影响覆岩与地表移动的因素有主要与次要之分，其中覆岩的物理力学性质对金属矿山沉降的影响是主要因素之一。矿体埋藏较深时，随着采空区的扩大，上覆岩体的移动从采空区顶板到地表形成明显的"三区"，即垮落区、塑性区和弹性区。当垮落区波及地表时会形成所谓的塌陷坑，塌陷坑的形成是一个随着地下开采的进行而不断扩大的动态过程，当开采结束后，地表下沉持续一定的时间后趋于稳定，形成最终的塌陷坑。它分布在回采区域的上方，并远大于开采的范围。当矿体倾角较小时，塌陷坑基本上表现为以最大下沉点为中心的台阶状塌陷坑；当矿体倾角较大时，易形成桶状塌陷坑。金属矿山覆岩与地表移动受诸多因素影响，其中，采空区上覆岩体的物理力学性质对地表沉降起着极其重要的作用。把采空区上覆岩体看作各向同性连续的介质材料，运用材料的力学性质理论建立梁柱模型，讨论覆岩对金属矿山沉降的影响。对于地下采矿引起的地表某一点下沉的动态过程的研究，最早始于 1952 年，波兰学者 Knothe 假设地表某一点在某一时刻的下沉速度正比于该点的最终下沉量与该时刻的下沉量之差，提出了地表某一点下沉量与时间关系的时间函数模型，但 Knothe 时间函数与实际的地表下沉的动态过程不完全符合[9, 10]，因为由这个模型计算出的地表下沉的加速度是负值，即地表从一开始以一最大速度呈减速下沉。刘玉成和庄艳华[11]在分析 Knothe 时间函数的基础上通过实践研究发现：地表下沉过程应该是下沉速度由 0 到最大再到 0 的过程，然后趋于稳定。作者通过力学分析得出采空区的覆岩在受自重应力和构造应力的影响下经过一段长时间后会达到某一稳定状态。

4.1　覆岩薄板沉降模型构建

由于金属矿山围岩多为硬岩，以金属矿山常用的房柱法开采为例，可将采空区覆岩简化为简支梁结构[12]和超静定结构[13]，并分别对其受力状态进行分析。采空区覆岩结构示意图如图 4-1 所示。

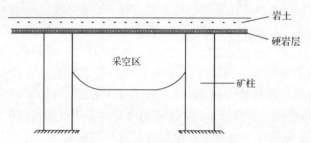

图 4-1　采空区覆岩结构示意图

考虑到采空区的覆岩厚度与矿柱之间的尺寸关系，可以将采矿区的覆岩当作梁或刚体处理，如图 4-2 所示，为将采空区覆岩当作简支梁处理时的简化图。

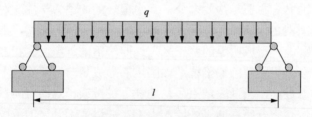

图 4-2　采空区简化后的模型图

q-自重应力（均布荷载）；*l*-矿柱之间的长度

简化后的简支梁是采空区上方的覆岩厚度远小于覆岩层距地表的厚度和宽度时的横截面图。假设简化为简支梁的覆岩层是由连续均一的材料组成，并且覆岩层的形状是规则的长方体，因此简支梁所受的均布荷载为采空区覆岩层的自重应力，即

$$q = \frac{mg}{A} \qquad (4\text{-}1)$$

式中，q 为自重应力，MPa；m 为覆岩层的质量，kg；g 为当地重力加速度，N/kg；

A 为覆岩层面积，m^2。

由此可知，根据覆岩层的密度、厚度及体积可以求出简支梁上的均布荷载，即

$$q = \frac{mg}{A} = \frac{\rho V g}{A} = \rho g h \tag{4-2}$$

式中，ρ 为岩层密度，kg/m^3；h 为岩层厚度，m；V 为覆岩体积，m^3。

假设覆岩层只受竖直向下的自重应力，因而可得到如图 4-3 所示的简支梁。

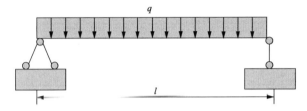

图 4-3 只受自重应力的简支梁

由材料力学中梁的剪力可得梁的两支反力为

$$F_A = F_B = \frac{ql}{2} \tag{4-3}$$

梁的弯矩方程为

$$M(x) = \frac{ql}{2} x - \frac{1}{2} q x^2 = \frac{q}{2}(lx - x^2) \tag{4-4}$$

则在 $x = \dfrac{l}{2}$ 处有

$$M(x)_{\max} = M\left(\frac{l}{2}\right) = \frac{q}{2}\left(l \times \frac{l}{2} - \frac{l^2}{4}\right) = \frac{ql^2}{8} \tag{4-5}$$

式中，$M(x)_{\max}$ 为梁的最大弯距。

又因为：

$$w'' = -\frac{M(x)}{EI} \tag{4-6}$$

对式 (4-6) 进行两次积分可得

$$EIw' = -\frac{q}{2}\left(\frac{lx^2}{2} - \frac{x^3}{3}\right) + C_1 \tag{4-7}$$

$$EIw = -\frac{q}{2}\left(\frac{lx^3}{6} - \frac{x^4}{12}\right) + C_1 x + C_2 \tag{4-8}$$

式中，C_1 和 C_2 为常数；w 为挠度；EI 为抗弯刚度。

由简支梁的边界条件可得积分常数为

$$在 x = 0 处，w = 0、C_2 = 0$$

$$在 x = l 处，w = 0、C_1 = \frac{ql^3}{24}$$

得到梁的转角 (θ) 方程和挠曲线方程分别为

$$\theta = w' = \frac{q}{24EI}(l^3 - 6lx^2 + 4x^3) \tag{4-9}$$

$$w = \frac{qx}{24EI}(l^3 - 2lx^2 + x^3) \tag{4-10}$$

则梁的最大挠度值为

$$w_{max} = w\Big|_{x=\frac{l}{2}} = \frac{\frac{ql}{2}}{24EI}\left(l^3 - 2l \times \frac{l^2}{4} + \frac{l^3}{8}\right) = \frac{5ql^4}{384EI} \tag{4-11}$$

因此：

$$w_{max} = \frac{5ql^4}{384EI} = \frac{5\rho ghl^4}{384EI} \tag{4-12}$$

由式 (4-12) 可知简支梁的挠度与上覆岩层密度 ρ、覆岩厚度 h、岩层的弹性模量 E 及覆岩体岩层的尺寸有关。

随着采空区的增大，覆岩层中部的挠度会变大，假设重力加速度 g、覆岩层弹性模量 E、覆岩层密度 ρ 是不变量，其余参数为变量，即覆岩层的尺寸随着覆岩层的不断沉降而不断改变，重新构造一个与尺寸有关的函数，即

$$G(b,l,h) = \frac{hl^4}{I} = \frac{hl^4}{\frac{bh^3}{12}} = \frac{12l^4}{bh^2} \tag{4-13}$$

式中，b 为覆岩体宽度，m；h 为覆岩厚度，m；l 为覆岩长度，m。

由于只研究覆岩长度 l 与高为 h 所处的截面，将覆岩层宽度 b 视为常数，则有

$$G(l,h) = \frac{l^4}{h^2} \tag{4-14}$$

由式 (4-14) 分析可知覆岩层越长、覆岩层厚度越小，则 $G(l,h) = \frac{l^4}{h^3}$ 越大。

又因：

$$w_{\max} = \frac{5\rho ghl^4}{384EI} = \frac{5\rho g}{384E} \times \frac{hl^4}{\dfrac{bh^3}{12}} = \frac{60\rho g}{384Eb} \times \frac{l^4}{h^2} = \frac{60\rho g}{384Eb} G(l,h) \qquad (4\text{-}15)$$

经分析，覆岩层在沉降的过程中由于简支梁两端固定，简支梁的长度函数式图形如图 4-4 所示。

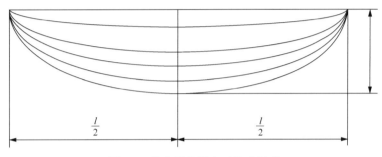

图 4-4 简支梁的长度函数式图形

已知 $\tan\theta = \dfrac{w}{\dfrac{l}{2}}$，其中 θ 为梁产生挠度时的转角。当转角很小时，可以认为 $\theta \approx \tan\theta$，则有 $\theta = \dfrac{w}{\dfrac{l}{2}}$，因而进一步推导出 $w = \dfrac{l}{2}\theta$，其中 $\theta = w'$。

假设沉降初期覆岩层的底部为椭圆形，以未产生挠度时覆岩层底部为 x 轴，产生最大挠度处为 y 轴，则椭圆方程为 $\dfrac{x^2}{a^2} + \dfrac{y^2}{b^2} = 1$，则有 $a = \dfrac{l}{2}$，$b=w$，因而椭圆方程为 $\dfrac{x^2}{\left(\dfrac{l}{2}\right)^2} + \dfrac{y^2}{w^2} = 1$。

又因椭圆周长公式为

$$L = 2\pi b + 4(a - b) \qquad (4\text{-}16)$$

覆岩层最底部弧长为

$$L' = \pi w + 2\left(\frac{l}{2} - w\right) \qquad (4\text{-}17)$$

化简得

$$L' = l + (\pi - 2)w \geqslant l \qquad (4\text{-}18)$$

由图 4-4 可知覆岩层产生挠度之前的长度为 l。随着覆岩层的沉降，覆岩层采空区上部会出现挤压、底部会出现拉伸。

岩石的强度与上覆岩层的组成情况对岩层移动的影响极大。岩石越坚硬，上覆岩层的强度越大，岩层越厚，地下开采能形成的采空区的面积就越大。硬岩层由于强度大，与软岩层相比，其抗弯、抗拉的性能较好，能承受较大的弯矩。若用房柱法对矿产资源进行开采，则在相同的条件下，硬岩层较软岩层而言，下面的采空区面积能开挖得更大。

岩层断裂的主要原因是所受拉应力过大，达到其抗拉极限后不能承受而断裂。把上覆岩层按一定的宽度等分为几条，则每一条可以当作一个简支梁来处理。将覆岩上部到地表区域的岩土体的重力视为加在简支梁(硬岩层)上的均布荷载，则硬岩层岩石材料受均布荷载作用的弯矩图如图 4-5 所示。

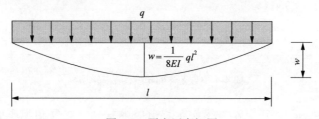

图 4-5　覆岩层弯矩图

根据图 4-5 可知，由于简支梁受均布荷载时，跨中的弯矩最大，为 $w = \dfrac{1}{8EI}ql^2$，E 为覆岩材料的弹性模量(MPa)，I 为惯性矩(m^4)，q 为均布荷载大小(kN/m)，l 为跨度(等于覆岩长度 m)。当采空区的长度足够长(即两矿柱之间的跨度足够大)时，矿山覆岩是脆性材料，能承受的抗拉、抗弯强度能力远小于抗压能力，使得覆岩的抗弯能力处于极限状态，一旦超过其极限，覆岩就会断裂，中部最危险，因此中部最先断裂，如图 4-6 所示。

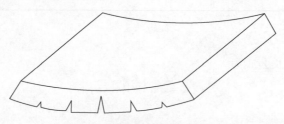

图 4-6　覆岩断裂初期示意图

当覆岩断裂后，其结构发生了破坏，形成了松散堆积体，不再保持原有的整体性。此时就不宜采用连续介质模型，而是用不连续的松散介质碎块模型来处理。对此，也有专家学者采用松散碎块模型对其进行研究。例如，何国清等[14]在运用松散介质碎块模型处理时，对岩层作了 3 个基本假设：

(1)可以用一种碎块体模型来描述。

(2)把岩体看作是各向异性的。

(3)承认"迭加原理"——由开采引起的岩层与地表移动等于组成该开采的无限小单元开采引起的岩层与地表移动的总和。他们把岩体看作是多个碎块体单元的集合体的碎块模型，认为单元体之间是不连续的，在移动过程中，单元之间原有的接触关系不再保持[10]。运用威布尔分布函数模型，通过程序电算在工程预测中应用。但由于不明确有限开采与急倾斜开采的参数变化规律，没能得到推广。

工程实践表明，岩层移动主要由缓倾斜矿体、急倾斜厚矿体与急倾斜脉群型矿体这 3 类组成。其中，缓倾斜矿体移动分为岩层离层与弯曲、岩层局部破坏和岩层大塌落 3 个阶段；急倾斜厚矿体移动与缓倾斜矿体移动相类似；急倾斜脉群型矿体开采后，上下盘围岩在空间上形成了近乎平行排列的顶底柱相互支撑的夹墙，而急倾斜脉群型矿体垮落的根本原因就是夹墙失稳，盘古山钨矿 1966 年 6 月和 1967 年 9 月两次大面积地压活动就是这种类型的典型实例[1]。金属矿山与煤矿的最大不同点是金属矿山围岩坚硬，这一点在硬岩矿山表现得更为突出。因此，金属矿山围岩塑性变形的能力小，脆性大，在发生冒落塌陷时是瞬时、突然发生，其突发的崩落角大于错动角，而煤矿覆岩移动则是长期缓慢地进行。正因为金属矿山像地震一样具有突发性的特点，往往使人们措手不及，所以其造成的危害远大于煤矿。因此，在金属矿山开采时，要采取科学合理的措施来控制覆岩的变形，如采取合适的采矿方法、合理的开采顺序、留隔离矿(岩)柱等。

通过分析可知，采空区覆岩薄梁沉降机理有以下两种情况。

(1)先减速处于稳定状态，然后加速直至垮落(表 4-1)：

$$a(t) = \beta_0 t + \beta_1 \tag{4-19}$$

式中，$a(t)$ 为加速度，$\mathrm{m/s^2}$；β_0、β_1 为常数，下同；t 为下沉时间。

表 4-1　薄层覆岩第一种沉降状态

时间	$(-\infty, t)$	t	$(t, +\infty)$
覆岩加速度状态	减速(稳定)	—	加速(垮落、破坏)

令 $a(t) = 0$，则 $t = -\dfrac{\beta_1}{\beta_0}$，式中，$\beta_1 < 0$、$\beta_0 > 0$。

采空区覆岩顶板下沉速度为

$$v(t) = \int_0^t a(t)\mathrm{d}t = \frac{1}{2}\beta_0 t^2 + \beta_1 t + \beta_2 \tag{4-20}$$

式中，$v(t)$ 为下沉速度，m/s；β_2 为常数，下同。

采空区覆岩顶板下沉时间函数为

$$\phi(t) = \int_0^t v(t)\,\mathrm{d}t = \frac{1}{6}\beta_0 t^3 + \frac{1}{2}\beta_1 t^2 + \beta_2 t + \beta_3 \tag{4-21}$$

式中，$\phi(t)$ 为下沉时间函数；β_3 为常数，下同。

采空区覆岩顶板沉降模型为

$$w(x,t) = w_{\mathrm{m}}\left(1 - \frac{x^2}{r^2}\right)^n \left(\frac{1}{6}\beta_0 t^3 + \frac{1}{2}\beta_1 t^2 + \beta_2 t + \beta_3\right) \tag{4-22}$$

式中，$w(x,t)$ 为某点在 t 时刻的下沉量，m；$w_{\mathrm{m}}\left(1 - \dfrac{x^2}{r^2}\right)^n$ 为沉陷盆地沿走向或倾向主断面上沉降稳定后的剖面函数；r 为沉降影响半径，m；n 为沉陷曲线形态参数；β_0、β_1、β_2、β_3 为常数；x 为距沉降中心的距离。

(2)根据采空区覆岩层顶板移动的规律分析可知，覆岩层顶板先加速下沉、在稳定一段时间后再塌陷(表 4-2)。因而可以把加速度分为 3 个阶段：第一阶段是加速度值大于零，即加速下降；第二阶段为稳定阶段，可以认为加速度小于等于零；第三阶段为破坏阶段，即加速度大于零。假设加速度的公式简化为简单的数学公式为二次多项式函数：

$$a(t) = \beta_0 t^2 + \beta_1 t + \beta_2 \tag{4-23}$$

式中，$\beta_0 > 0$。

表 4-2　薄层覆岩第二种沉降状态

时间	$(-\infty, t_1)$	t_1	(t_1, t_2)	t_2	$(t_2, +\infty)$
覆岩加速度状态	加速(沉降)	—	减速(稳定)	—	加速(沉降)

令 $a(t) = 0$，解得

$$t_1 = \frac{-\beta_1 - \sqrt{\beta_1^2 - 4\beta_0 \beta_2}}{2\beta_0}$$

$$t_2 = \frac{-\beta_1 + \sqrt{\beta_1^2 - 4\beta_0 \beta_2}}{2\beta_0}$$

则采空区覆岩层沉降的加速度变化情况见表 4-2。

则覆岩层顶板的沉降速度为

$$v(t) = \int_0^t a(t)\,\mathrm{d}t = \frac{1}{3}\beta_0 t^3 + \frac{1}{2}\beta_1 t^2 + \beta_2 t + \beta_3 \qquad (4\text{-}24)$$

覆岩层顶板的沉降时间函数为

$$\phi(t) = \int_0^t v(t)\,\mathrm{d}t = \frac{1}{12}\beta_0 t^4 + \frac{1}{6}\beta_1 t^3 + \frac{1}{2}\beta_2 t^2 + \beta_3 t + \beta_4 \qquad (4\text{-}25)$$

最终覆岩层的沉降模型为

$$w(x,t) = w_{\mathrm{m}}\left(1 - \frac{x^2}{r^2}\right)^n \left(\frac{1}{12}\beta_0 t^4 + \frac{1}{6}\beta_1 t^3 + \frac{1}{2}\beta_2 t^2 + \beta_3 t + \beta_4\right) \qquad (4\text{-}26)$$

式中，$w(x,t)$ 为某点在 t 时刻的下沉量，m；$w_{\mathrm{m}}\left(1 - \dfrac{x^2}{r^2}\right)^n$ 为沉陷盆地沿走向或倾向主断面上沉陷稳定后的剖面函数；r 为沉陷影响半径，m；n 为沉陷曲线形态参数；β_0、β_1、β_2、β_3、β_4 为常数；t 为下沉时间。

4.2 覆岩厚板沉降模型构建

当上覆岩体的厚度很厚时，假设覆岩层为厚度均匀、材料组成均一的刚体，由于矿柱要支撑覆岩层，矿柱的刚度、强度、稳定性都满足要求。假定覆岩层的弹性模量为 E_1，惯性距为 I_1，自重为 G，矿柱的弹性模量为 E_2，惯性距为 I_2。

如图 4-7 所示，为简化后的刚架模型。

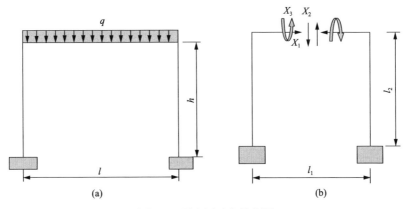

图 4-7 覆岩层受力简化图

取结构的一半研究(图 4-8～图 4-11)可知:

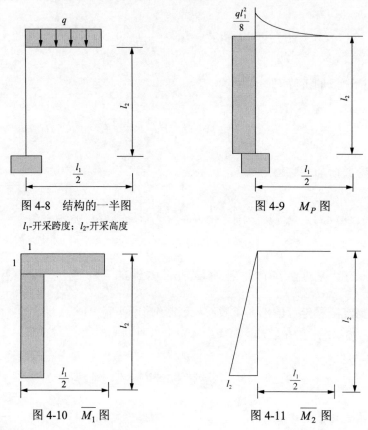

图 4-8　结构的一半图　　　　　图 4-9　M_P 图

l_1-开采跨度；l_2-开采高度

图 4-10　$\overline{M_1}$ 图　　　　　图 4-11　$\overline{M_2}$ 图

由图乘法可得

$$\Delta_{1p}=\sum\int\frac{\overline{M_1}M_p}{EI}\mathrm{d}s=-\frac{\frac{1}{3}\times\frac{ql_1^2}{8}\times\frac{l_1}{2}\times\frac{3}{4}\times1}{E_1I_1}-\frac{\frac{ql_1^2}{8}\times l_2\times1}{E_2I_2}=-\frac{ql_1^3}{64E_1I_1}-\frac{ql_1^2l_2}{8E_2I_2}$$

(4-27)

$$\Delta_{2p}=\sum\int\frac{\overline{M_2}M_p}{EI}\mathrm{d}s=\frac{\frac{1}{2}l_2\times l_2\times\frac{2}{3}\times\frac{ql_1^2}{8}}{E_2I_2}=\frac{ql_1^2l_2^2}{24E_2I_2}$$

(4-28)

$$\delta_{11}=\sum\int\frac{\overline{M_1}^2}{E_1I_1}\mathrm{d}s=\frac{\frac{l_1}{2}\times1\times1}{E_1I_1}+\frac{l_2\times1\times1}{E_2I_2}=\frac{l_1}{E_1I_1}+\frac{l_2}{E_2I_2}$$

(4-29)

$$\delta_{12} = \delta_{21} = \sum \int \frac{\overline{M_1 M_2}}{EI} ds = \frac{\frac{1}{2} \times l_2 \times l_2 \times \frac{2}{3} \times 1}{E_2 I_2} = \frac{l_2^2}{3E_2 I_2} \qquad (4\text{-}30)$$

$$\delta_{22} = \sum \int \frac{\overline{M_2}^2}{EI} ds = \frac{\frac{1}{2} \times l_2 \times l_2 \times \frac{2}{3} \times 1}{E_2 I_2} = \frac{l_2^3}{3E_2 I_2} \qquad (4\text{-}31)$$

式中，E_1、E_2 分别为覆岩、矿柱的弹性模量，MPa；I_1、I_2 分别为覆岩、矿柱的惯性矩，m^4；l_1、l_2 分为矿房跨度和开采高度，m；M_p 为半个系统的弯矩，kN·m；$\overline{M_1}$ 为单位弯矩产生的弯矩，kN·m；$\overline{M_2}$ 为单位水平力产生的弯矩，kN·m。

故有

$$\begin{cases} \delta_{11} X_1 + \delta_{12} X_2 + \Delta_{1p} = 0 \\ \delta_{21} X_1 + \delta_{22} X_2 + \Delta_{2p} = 0 \end{cases} \qquad (4\text{-}32)$$

解得

$$X_1 = \frac{\dfrac{ql_1^3}{64E_1 I_1} + \dfrac{ql_1^2 l_2}{8E_2 I_2} + \dfrac{ql_1^2 l^2}{24E_2 I_2}}{\dfrac{l_1}{E_1 I_1} + \dfrac{2l_2}{3E_2 I_2}}$$

$$X_2 = -\frac{ql_1^2 l_2^2}{24E_2 I_2} - \frac{l_2}{3E_2 I_2} \times \frac{\dfrac{ql_1^3}{64E_1 I_1} + \dfrac{ql_1^2 l_2}{8E_2 I_2} + \dfrac{ql_1^2 l_2}{24E_2 I_2}}{\dfrac{l_1}{E_1 I_1} + \dfrac{2l_2}{3E_2 I_2}}$$

$$M = M_p + \overline{M_1} X_1 + \overline{M_2} X_2$$

式中，M 为总弯矩。

因此覆岩层的弯矩图如图 4-12 所示。

由于剪应力和轴力对房柱法采空区产生的影响相对弯矩的影响较小，可以忽略不计。通过弯矩图分析可知简化模型刚节点处的弯矩的大小相同，但支撑覆岩层的矿柱与覆岩层的尺寸不同，根据尺寸大小的不同可知整个采空区垮落的机理，因而可以得到如下公式。

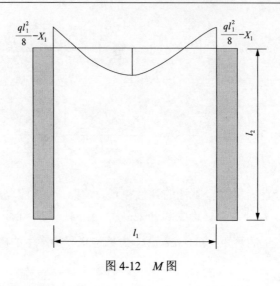

图 4-12　M 图

(1)对于覆岩层顶板部分有

$$\kappa_i = \frac{M_1}{E_1 I_1} \tag{4-33}$$

式中，κ_i 为弯矩作用于板时产生的微小变形；M_1 为覆岩岩顶板弯矩。

(2)对于支撑覆岩层顶板的矿柱有

$$\kappa_2 = \kappa_3 = \frac{M_2}{E_2 I_2} \tag{4-34}$$

式中，M_2 为矿柱弯矩。

根据覆岩层顶板与支撑覆岩层的矿柱材料组成及 κ_1、κ_2 的大小等方面因素考虑可以将采空区沉降机理分为两种情况：

(1)矿柱的支撑能力较强，采空区主要处于动态的区域为覆岩层顶板。由于简化的模型中覆岩层顶板厚度较厚，根据其自身的力学性质分析可知，覆岩层承受挤压变形的能力非常强，因而采空区覆岩层沉降最终会达到稳定状态。

综上分析建立覆岩层沉降模型：

$$w(x,t) = w_{\mathrm{m}} \left(1 - \frac{x^2}{r^2}\right)^n \phi(t) \tag{4-35}$$

式中，$w(x,t)$ 为某点在 t 时刻的下沉量，m；$w_{\mathrm{m}}\left(1 - \dfrac{x^2}{r^2}\right)^n$ 为沉降盆地沿走向或倾向主断面上沉降稳定后的剖面函数；r 为沉降影响半径，m；$\phi(t)$ 为时间函数，且

$\phi(t) \in [0,1)$，由于采空区覆岩层沉降的动态过程随时间而变化，刚开采时覆岩处于稳定状态，不发生沉降；经过一段时间，随着采空区的增大，覆岩加速下沉，最后由于覆岩层变形，沉降阻力变大且处于稳定状态，可将此过程简化为数学表达式：

$$a(t) = -\beta_0 t^2 + \beta_1 t + \beta_2 \tag{4-36}$$

式中，$\beta_0 > 0$。

令 $a(t) = 0$，则有

$$t_1 = \frac{\beta_1 - \sqrt{\beta_1^2 + 4\beta_1\beta_2}}{2\beta_0}$$

$$t_2 = \frac{\beta_1 + \sqrt{\beta_1^2 + 4\beta_1\beta_2}}{2\beta_0}$$

式中，$\sqrt{\beta_1^2 + 4\beta_1\beta_2} < 0$，具体分析见表 4-3。

表 4-3 厚板覆岩第一种沉降状态

时间	$(-\infty, t_1)$	t_1	(t_1, t_2)	t_2	$(t_2, +\infty)$
覆岩加速度状态	减速(稳定)	—	加速(沉降)	—	减速(稳定)

因此覆岩层顶板沉降的速度为

$$v(t) = \int_0^t a(t)\mathrm{d}t = -\frac{1}{3}\beta_0 t^3 + \frac{1}{2}\beta_1 t^2 + \beta_2 t + \beta_3 \tag{4-37}$$

覆岩层顶板沉降时间函数为

$$\phi(t) = \int_0^t v(t)\mathrm{d}t = -\frac{1}{12}\beta_0 t^4 + \frac{1}{6}\beta_1 t^3 + \frac{1}{2}\beta_2 t^2 + \beta_3 t + \beta_4 \tag{4-38}$$

但建立这样的时间函数是从数学的角度考虑，由前述限制条件可知 $\phi(t) \in [0,1)$，因而覆岩层顶板达到稳定状态时的时间函数模型为

$$w(x,t) = w_m \left(1 - \frac{x^2}{r^2}\right)^n \times [-\phi(t)] \tag{4-39}$$

(2)矿柱的支撑能力不足，采空区主要处于动态的区域为覆岩层顶板。由于简化的模型中覆岩层顶板厚度较厚，根据其自身的力学性质分析可知，覆岩层承受

挤压变形的能力非常强,在沉降到一定程度时矿柱由于承载能力不足而发生挤压破坏,覆岩层顶板失去支撑而发生垮落破坏,即

$$\sigma_{覆岩} \geq \sigma_{矿柱承载}$$

式中,$\sigma_{覆岩}$ 为覆岩应力;$\sigma_{矿柱承载}$ 为矿柱承载应力。

此时可以认为沉降时加速度有以下两种情况。

(1)先减速处于稳定状态,后加速直至坍塌(表 4-4):

$$a(t) = \beta_0 t + \beta_1 \tag{4-40}$$

令 $a(t) = 0$,则 $t = -\dfrac{\beta_1}{\beta_0}$,式中,$\beta_1 < 0$、$\beta_0 > 0$。

表 4-4　厚板覆岩第二种沉降状态

时间	$(-\infty, t)$	t	$(t, +\infty)$
覆岩加速度状态	减速(稳定)	—	加速(垮落、破坏)

覆岩层顶板下沉速度为

$$v(t) = \int_0^t a(t)\mathrm{d}t = \frac{1}{2}\beta_0 t^2 + \beta_1 t + \beta_2 \tag{4-41}$$

覆岩层顶板下沉时间函数为

$$\phi(t) = \int_0^t v(t)\mathrm{d}t = \frac{1}{6}\beta_0 t^3 + \frac{1}{2}\beta_1 t^2 + \beta_2 t + \beta_3 \tag{4-42}$$

采空区覆岩层顶板沉降模型为

$$w(x,t) = w_{\mathrm{m}}\left(1 - \frac{x^2}{r^2}\right)^n \left(\frac{1}{6}\beta_0 t^3 + \frac{1}{2}\beta_1 t^2 + \beta_2 t + \beta_3\right) \tag{4-43}$$

(2)由于外力作用下覆岩层顶板先加速沉降,经过一段时间后处于稳定状态,然后加速沉降直至垮落,则覆岩层沉降加速度可以表示为

$$a(t) = \beta_0 t^2 + \beta_1 t + \beta_2 \tag{4-44}$$

式中,$\beta_0 > 0$。

令 $a(t) = 0$,解得

$$t_1 = \frac{-\beta_1 - \sqrt{\beta_1^2 - 4\beta_0\beta_2}}{2\beta_0}$$

$$t_2 = \frac{-\beta_1 + \sqrt{\beta_1^2 - 4\beta_0\beta_2}}{2\beta_0}$$

则采空区覆岩层沉降的加速度变化情况见表 4-5。

表 4-5　厚板覆岩第三种沉降状态

时间	t	$(-\infty, t_1)$	t_1	(t_1, t_2)	t_2	$(t_2, +\infty)$
覆岩加速度状态	—	加速(沉降)	—	减速(稳定)	—	加速(垮落)

则覆岩层顶板的沉降速度为

$$v(t) = \int_0^t a(t)\mathrm{d}t = \frac{1}{3}\beta_0 t^3 + \frac{1}{2}\beta_1 t^2 + \beta_2 t + \beta_3 \tag{4-45}$$

覆岩层顶板的时间函数为

$$\phi(t) = \int_0^t v(t)\mathrm{d}t = \frac{1}{12}\beta_0 t^4 + \frac{1}{6}\beta_1 t^3 + \frac{1}{2}\beta_2 t^2 + \beta_3 t + \beta_4 \tag{4-46}$$

最终覆岩层的沉降模型为

$$w(x,t) = w_{\mathrm{m}}\left(1 - \frac{x^2}{r^2}\right)^n \left(\frac{1}{12}\beta_0 t^4 + \frac{1}{6}\beta_1 t^3 + \frac{1}{2}\beta_2 t^2 + \beta_3 t + \beta_4\right) \tag{4-47}$$

式中，$w(x,t)$ 为某点在 t 时刻的下沉量，m；$w_{\mathrm{m}}\left(1 - \dfrac{x^2}{r^2}\right)^n$ 为沉降盆地沿走向或倾向主断面上沉降稳定后的剖面函数；r 为沉降影响半径，m；n 为沉降曲线形态参数；β_0、β_1、β_2、β_3、β_4 为常数；t 为下沉时间。

4.3　构造应力覆岩沉降模型构建

将采空区覆岩简化为刚架结构，由于金属矿山深部开采水平构造应力对矿柱和围岩的侧向压力较大,甚至远远大于上覆岩体免压拱塑性区范围内覆岩的质量,假设忽略采空区顶板免压拱塑性区范围内覆岩的自重压力，对刚架结构进行受力分析，如图 4-13 所示。

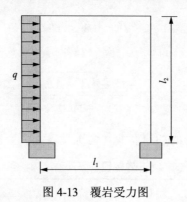

图 4-13　覆岩受力图

对于整个刚架结构组成的刚度矩阵有

$$\boldsymbol{K} = \begin{bmatrix} k_{11} & k_{12} & k_{13} & k_{14} & k_{15} & k_{16} \\ k_{21} & k_{22} & k_{23} & k_{24} & k_{25} & k_{26} \\ k_{31} & k_{32} & k_{33} & k_{34} & k_{35} & k_{36} \\ k_{41} & k_{42} & k_{43} & k_{44} & k_{45} & k_{46} \\ k_{51} & k_{52} & k_{53} & k_{54} & k_{55} & k_{56} \\ k_{61} & k_{62} & k_{63} & k_{64} & k_{65} & k_{66} \end{bmatrix} \tag{4-48}$$

设整个刚架的变形矩阵为

$$\Delta = \begin{bmatrix} \Delta_1 & \Delta_2 & \Delta_3 & \Delta_4 & \Delta_5 & \Delta_6 \end{bmatrix}^{\mathrm{T}} = \begin{bmatrix} u_1 \\ v_1 \\ \theta_1 \\ u_2 \\ v_2 \\ \theta_2 \end{bmatrix} \tag{4-49}$$

则刚架本身变形产生的力为

$$P = \boldsymbol{K}\Delta \tag{4-50}$$

则有

$$P = \sum_{i=1}^{6}\sum_{j=1}^{6} k_{ij} \cdot \Delta_i$$

由于刚架各个部分的尺寸截面及弹性模量 E 都不相同，根据结构力学中局部刚度公式有

$$\overline{\boldsymbol{K}^i} = \begin{bmatrix} \dfrac{E_i A_i}{l} & 0 & 0 & -\dfrac{E_i A_i}{l} & 0 & 0 \\[3mm] 0 & \dfrac{12E_i I_i}{l_i^3} & \dfrac{6E_i I_i}{l_i^2} & 0 & -\dfrac{12E_i I_i}{l_i^3} & \dfrac{6E_i I_i}{l_i^2} \\[3mm] 0 & \dfrac{6E_i I_i}{l_i^2} & \dfrac{4E_i I_i}{l_i} & 0 & -\dfrac{6E_i I_i}{l_i^2} & \dfrac{2E_i I_i}{l_i} \\[3mm] -\dfrac{E_i A_i}{l_i} & 0 & 0 & \dfrac{E_i A_i}{l_i} & 0 & 0 \\[3mm] 0 & -\dfrac{12E_i I_i}{l^3} & -\dfrac{6E_i I_i}{l_i^2} & 0 & \dfrac{12E_i I_i}{l_i^3} & -\dfrac{6E_i I_i}{l_i^2} \\[3mm] 0 & \dfrac{6E_i I_i}{l_i^2} & \dfrac{2E_i I_i}{l_i} & 0 & -\dfrac{6E_i I_i}{l_i^2} & \dfrac{4E_i I_i}{l_i} \end{bmatrix} \qquad (4\text{-}51)$$

因为 $\alpha_1 = 0$，所以 $\boldsymbol{T} = \boldsymbol{I}$，则有

$$\boldsymbol{K}^1 = \boldsymbol{T}^{\mathrm{T}} \overline{\boldsymbol{K}^1} \boldsymbol{T} = \overline{\boldsymbol{K}^1}$$

因为 $\alpha_2 = \alpha_3 = 90°$，则有

$$\boldsymbol{T} = \begin{bmatrix} 0 & 1 & 0 & 0 & 0 & 0 \\ -1 & 0 & 0 & 0 & 0 & 0 \\ 0 & 0 & 1 & 0 & 0 & 0 \\ 0 & 0 & 0 & 0 & 1 & 0 \\ 0 & 0 & 0 & -1 & 0 & 0 \\ 0 & 0 & 0 & 0 & 0 & 1 \end{bmatrix}$$

$$\boldsymbol{K}^2 = \boldsymbol{T}^{\mathrm{T}} \overline{\boldsymbol{K}^2} \boldsymbol{T} = \begin{bmatrix} \dfrac{12E_2 I_2}{l_2^3} & 0 & -\dfrac{6E_2 I_2}{l_2^2} & -\dfrac{12E_2 I_2}{l_2^3} & 0 & -\dfrac{6E_2 I_2}{l_2^2} \\[3mm] 0 & \dfrac{E_2 A_2}{l_2} & 0 & 0 & -\dfrac{E_2 A_2}{l_2} & 0 \\[3mm] -\dfrac{6E_2 I_2}{l_2^2} & 0 & \dfrac{4E_2 I_2}{l_2} & \dfrac{6E_2 I_2}{l_2^2} & 0 & \dfrac{2E_2 I_2}{l_2} \\[3mm] -\dfrac{12E_2 I_2}{l_2^3} & 0 & \dfrac{6E_2 I_2}{l_2^2} & \dfrac{12E_2 I_2}{l_2^3} & 0 & \dfrac{6E_2 I_2}{l_2^2} \\[3mm] 0 & -\dfrac{E_2 A_2}{l_2} & 0 & 0 & \dfrac{E_2 A_2}{l_2} & 0 \\[3mm] -\dfrac{6E_2 I_2}{l_2^2} & 0 & \dfrac{2E_2 I_2}{l_2} & \dfrac{6E_2 I_2}{l_2^2} & 0 & \dfrac{4E_2 I_2}{l_2} \end{bmatrix}$$

$$\boldsymbol{K}^3 = \boldsymbol{T}^{\mathrm{T}} \overline{\boldsymbol{K}^3} \boldsymbol{T} = \begin{bmatrix} \dfrac{12E_3I_3}{l_3^3} & 0 & -\dfrac{6E_3I_3}{l_3^2} & -\dfrac{12E_3I_3}{l_3^3} & 0 & -\dfrac{6E_3I_3}{l_3^2} \\[3mm] 0 & \dfrac{E_3A_3}{l_3} & 0 & 0 & -\dfrac{E_3A_3}{l_3} & 0 \\[3mm] -\dfrac{6E_3I_3}{l_3^2} & 0 & \dfrac{4E_3I_3}{l_3} & \dfrac{6E_3I_3}{l_3^2} & 0 & \dfrac{2E_3I_3}{l_3} \\[3mm] -\dfrac{12E_3I_3}{l_3^3} & 0 & \dfrac{6E_3I_3}{l_3^2} & \dfrac{12E_3I_3}{l_3^3} & 0 & \dfrac{6E_3I_3}{l_3^2} \\[3mm] 0 & -\dfrac{E_3A_3}{l_3} & 0 & 0 & \dfrac{E_3A_3}{l_3} & 0 \\[3mm] -\dfrac{6E_3I_3}{l_3^2} & 0 & \dfrac{2E_3I_3}{l_3} & \dfrac{6E_3I_3}{l_3^2} & 0 & \dfrac{4E_3I_3}{l_3} \end{bmatrix}$$

由于各个构件的贡献矩阵不相同，有

$$\boldsymbol{\lambda}^1 = (1 \quad 2 \quad 3 \quad 4 \quad 5 \quad 6)$$

$$\boldsymbol{\lambda}^2 = (1 \quad 2 \quad 3 \quad 0 \quad 0 \quad 0)$$

$$\boldsymbol{\lambda}^3 = (4 \quad 5 \quad 6 \quad 0 \quad 0 \quad 0)$$

故有

$$\boldsymbol{K} = \boldsymbol{K}^1 + \boldsymbol{K}^2 + \boldsymbol{K}^3$$

$$= \begin{bmatrix} \dfrac{E_1A_1}{l_1}+\dfrac{12E_2I_2}{l_2^3} & 0 & -\dfrac{6E_2I_2}{l_2^2} & -\dfrac{E_1A_1}{l_1} & 0 & 0 \\[3mm] 0 & \dfrac{12E_1I_1}{l_1^3}+\dfrac{E_2A_2}{l_2} & \dfrac{6E_1I_1}{l_1^2} & 0 & -\dfrac{12E_1I_1}{l_1^3} & \dfrac{6E_1I_1}{l_1^2} \\[3mm] -\dfrac{6E_2I_2}{l_2^2} & \dfrac{6E_1I_1}{l_1^2} & \dfrac{4E_1I_1}{l_1}+\dfrac{4E_2I_2}{l_2} & 0 & -\dfrac{6E_1I_1}{l_1^2} & \dfrac{2E_1I_1}{l_1} \\[3mm] -\dfrac{E_1A_1}{l_1} & 0 & 0 & \dfrac{E_1A_1}{l_1}+\dfrac{12E_3I_3}{l_2^2} & 0 & \dfrac{6E_3I_3}{l_2^2} \\[3mm] 0 & -\dfrac{12E_1I_1}{l_1^3} & -\dfrac{6E_1I_1}{l_1^2} & 0 & \dfrac{12E_1I_1}{l_1^3}+\dfrac{E_3A_3}{l_2} & -\dfrac{6E_1I_1}{l_1^2} \\[3mm] 0 & -\dfrac{6E_1I_1}{l_1^2} & \dfrac{2E_1I_1}{l_1} & \dfrac{6E_3I_3}{l_2^2} & \dfrac{6E_1I_1}{l_1^2} & \dfrac{4E_1I_1}{l_1}+\dfrac{4E_3I_3}{l_2} \end{bmatrix}$$

图 4-13 中左侧所受的杆端弯矩的公式有

$$\overline{\boldsymbol{F}_p^2} = \begin{bmatrix} 0 \\ -\dfrac{ql_2}{2} \\ -\dfrac{ql_2^2}{12} \\ 0 \\ -\dfrac{ql_2}{2} \\ \dfrac{ql_2^2}{12} \end{bmatrix} \tag{4-52}$$

$$则\ \boldsymbol{P}^2 = -\boldsymbol{T}^{2\mathrm{T}}\,\overline{\boldsymbol{F}_p^2} = -\begin{bmatrix} 0 & -1 & 0 & 0 & 0 & 0 \\ 1 & 0 & 0 & 0 & 0 & 0 \\ 0 & 0 & 1 & 0 & 0 & 0 \\ 0 & 0 & 0 & 0 & -1 & 0 \\ 0 & 0 & 0 & 1 & 0 & 0 \\ 0 & 0 & 0 & 0 & 0 & 1 \end{bmatrix} \begin{bmatrix} 0 \\ -\dfrac{ql_2}{2} \\ -\dfrac{ql_2^2}{12} \\ 0 \\ -\dfrac{ql_2}{2} \\ \dfrac{ql_2^2}{12} \end{bmatrix} = \begin{bmatrix} -\dfrac{ql_2}{2} \\ 0 \\ \dfrac{ql_2^2}{12} \\ -\dfrac{ql_2}{2} \\ 0 \\ -\dfrac{ql_2^2}{12} \end{bmatrix}$$

又因为

$$\boldsymbol{\lambda}^2 = \begin{bmatrix} 1 \\ 2 \\ 3 \\ 0 \\ 0 \\ 0 \end{bmatrix}$$

故有

$$\boldsymbol{P} = \begin{bmatrix} -\dfrac{ql_2}{2} \\ 0 \\ \dfrac{ql_2^2}{12} \\ 0 \\ 0 \\ 0 \end{bmatrix}$$

解基本方程得

$$
\begin{bmatrix}
\dfrac{E_1A_1}{l_1}+\dfrac{12E_2I_2}{l_2^3} & 0 & -\dfrac{6E_2I_2}{l_2^2} & -\dfrac{E_1A_1}{l_1} & 0 & 0 \\[2mm]
0 & \dfrac{12E_1I_1}{l_1^3}+\dfrac{E_2A_2}{l_2} & \dfrac{6E_1I_1}{l_1^2} & 0 & -\dfrac{12E_1I_1}{l_1^3} & \dfrac{6E_1I_1}{l_1^2} \\[2mm]
-\dfrac{6E_2I_2}{l_2^2} & \dfrac{6E_1I_1}{l_1^2} & \dfrac{4E_1I_1}{l_1}+\dfrac{4E_2I_2}{l_2} & 0 & -\dfrac{6E_1I_1}{l_1^2} & \dfrac{2E_1I_1}{l_1} \\[2mm]
-\dfrac{E_1A_1}{l_1} & 0 & 0 & \dfrac{E_1A_1}{l_1}+\dfrac{12E_3I_3}{l_2^2} & 0 & \dfrac{6E_3I_3}{l_2^2} \\[2mm]
0 & -\dfrac{12E_1I_1}{l_1^3} & -\dfrac{6E_1I_1}{l_1^2} & 0 & \dfrac{12E_1I_1}{l_1^3}+\dfrac{E_3A_3}{l_2} & -\dfrac{6E_1I_1}{l_1^2} \\[2mm]
0 & -\dfrac{6E_1I_1}{l_1^2} & \dfrac{2E_1I_1}{l_1} & \dfrac{6E_3I_3}{l_2^2} & \dfrac{6E_1I_1}{l_1^2} & \dfrac{4E_1I_1}{l_1}+\dfrac{4E_3I_3}{l_2}
\end{bmatrix}
\begin{bmatrix} u_A \\ v_A \\ \theta_A \\ u_B \\ v_B \\ \theta_B \end{bmatrix}
=
\begin{bmatrix} -\dfrac{ql_2}{2} \\[2mm] 0 \\[2mm] \dfrac{ql_2^2}{12} \\[2mm] 0 \\[2mm] 0 \\[2mm] 0 \end{bmatrix}
$$

解得

$$
\begin{bmatrix} u_A \\ v_A \\ \theta_A \\ u_B \\ v_B \\ \theta_B \end{bmatrix}
=
\begin{bmatrix}
\dfrac{E_1A_1}{l_1}+\dfrac{12E_2I_2}{l_2^3} & 0 & -\dfrac{6E_2I_2}{l_2^2} & -\dfrac{E_1A_1}{l_1} & 0 & 0 \\[2mm]
0 & \dfrac{12E_1I_1}{l_1^3}+\dfrac{E_2A_2}{l_2} & \dfrac{6E_1I_1}{l_1^2} & 0 & -\dfrac{12E_1I_1}{l_1^3} & \dfrac{6E_1I_1}{l_1^2} \\[2mm]
-\dfrac{6E_2I_2}{l_2^2} & \dfrac{6E_1I_1}{l_1^2} & \dfrac{4E_1I_1}{l_1}+\dfrac{4E_2I_2}{l_2} & 0 & -\dfrac{6E_1I_1}{l_1^2} & \dfrac{2E_1I_1}{l_1} \\[2mm]
-\dfrac{E_1A_1}{l_1} & 0 & 0 & \dfrac{E_1A_1}{l_1}+\dfrac{12E_3I_3}{l_2^2} & 0 & \dfrac{6E_3I_3}{l_2^2} \\[2mm]
0 & -\dfrac{12E_1I_1}{l_1^3} & -\dfrac{6E_1I_1}{l_1^2} & 0 & \dfrac{12E_1I_1}{l_1^3}+\dfrac{E_3A_3}{l_2} & -\dfrac{6E_1I_1}{l_1^2} \\[2mm]
0 & -\dfrac{6E_1I_1}{l_1^2} & \dfrac{2E_1I_1}{l_1} & \dfrac{6E_3I_3}{l_2^2} & \dfrac{6E_1I_1}{l_1^2} & \dfrac{4E_1I_1}{l_1}+\dfrac{4E_3I_3}{l_2}
\end{bmatrix}^{-1}
\begin{bmatrix} -\dfrac{ql_2}{2} \\[2mm] 0 \\[2mm] \dfrac{ql_2^2}{12} \\[2mm] 0 \\[2mm] 0 \\[2mm] 0 \end{bmatrix}
$$

求各杆的杆端弯矩。

(1) 对于单元一有

$$
\overline{\boldsymbol{F}^1}=\boldsymbol{F}^2=\boldsymbol{K}^2\Delta^2=
\begin{bmatrix}
\dfrac{E_1A_1}{l_1} & 0 & 0 & -\dfrac{E_1A_1}{l_1} & 0 & 0 \\[2mm]
0 & \dfrac{12E_1I_1}{l_1^3} & \dfrac{6E_1I_1}{l_1^2} & 0 & -\dfrac{12E_1I_1}{l_1^3} & \dfrac{6E_1I_1}{l_1^2} \\[2mm]
0 & \dfrac{6E_1I_1}{l_1^2} & \dfrac{4E_1I_1}{l_1} & 0 & -\dfrac{6E_1I_1}{l_1^2} & \dfrac{2E_1I_1}{l_1} \\[2mm]
-\dfrac{E_1A_1}{l_1} & 0 & 0 & \dfrac{E_1A_1}{l_1} & 0 & 0 \\[2mm]
0 & -\dfrac{12E_1I_1}{l_1^3} & -\dfrac{6E_1I_1}{l_1^2} & 0 & \dfrac{12E_1I_1}{l_1^3} & -\dfrac{6E_1I_1}{l_1^2} \\[2mm]
0 & \dfrac{6E_1I_1}{l_1^2} & \dfrac{2E_1I_1}{l_1} & 0 & -\dfrac{6E_1I_1}{l_1^2} & \dfrac{4E_1I_1}{l_1}
\end{bmatrix}
\begin{bmatrix} u_A \\ v_A \\ \theta_A \\ u_B \\ v_B \\ \theta_B \end{bmatrix}
$$

$$(4\text{-}53)$$

(2)对于单元二：先求 $\boldsymbol{F}^2$，然后再求 $\overline{\boldsymbol{F}^2}$ 。

$$\boldsymbol{F}^2 = \boldsymbol{K}^2\Delta^2 + \boldsymbol{F}_p^2$$

$$= \begin{bmatrix} \dfrac{12E_2I_2}{l_2^{3}} & 0 & -\dfrac{6E_2I_2}{l_2^{2}} & -\dfrac{12E_2I_2}{l_2^{3}} & 0 & -\dfrac{6E_2I_2}{l_2^{2}} \\ 0 & \dfrac{E_2A_2}{l_2} & 0 & 0 & -\dfrac{E_2A_2}{l_2} & 0 \\ -\dfrac{6E_2I_2}{l_2^{2}} & 0 & \dfrac{4E_2I_2}{l_2} & \dfrac{6E_2I_2}{l_2^{2}} & 0 & \dfrac{2E_2I_2}{l_2} \\ -\dfrac{12E_2I_2}{l_2^{3}} & 0 & \dfrac{6E_2I_2}{l_2^{2}} & \dfrac{12E_2I_2}{l_2^{3}} & 0 & \dfrac{6E_2I_2}{l_2^{2}} \\ 0 & -\dfrac{E_2A_2}{l_2} & 0 & 0 & \dfrac{E_2A_2}{l_2} & 0 \\ -\dfrac{6E_2I_2}{l_2^{2}} & 0 & \dfrac{2E_2I_2}{l_2} & \dfrac{6E_2I_2}{l_2^{2}} & 0 & \dfrac{4E_2I_2}{l_2} \end{bmatrix} \begin{bmatrix} u_A \\ v_A \\ \theta_A \\ 0 \\ 0 \\ 0 \end{bmatrix} + \begin{bmatrix} -\dfrac{ql_2}{2} \\ 0 \\ \dfrac{ql_2^{2}}{12} \\ 0 \\ 0 \\ 0 \end{bmatrix}$$

$$(4\text{-}54)$$

则可求出

$$\overline{\boldsymbol{F}^2} = \boldsymbol{T}\boldsymbol{F}^2$$

(3)对于单元三有

$$\boldsymbol{F}^3 = \boldsymbol{K}^3\Delta^3 = \begin{bmatrix} \dfrac{12E_3I_3}{l_3^{3}} & 0 & -\dfrac{6E_3I_3}{l_3^{2}} & -\dfrac{12E_3I_3}{l_3^{3}} & 0 & -\dfrac{6E_3I_3}{l_3^{2}} \\ 0 & \dfrac{E_3A_3}{l_3} & 0 & 0 & -\dfrac{E_3A_3}{l_3} & 0 \\ -\dfrac{6E_3I_3}{l_3^{2}} & 0 & \dfrac{4E_3I_3}{l_3} & \dfrac{6E_3I_3}{l_3^{2}} & 0 & \dfrac{2E_3I_3}{l_3} \\ -\dfrac{12E_3I_3}{l_3^{3}} & 0 & \dfrac{6E_3I_3}{l_3^{2}} & \dfrac{12E_3I_3}{l_3^{3}} & 0 & \dfrac{6E_3I_3}{l_3^{2}} \\ 0 & -\dfrac{E_3A_3}{l_3} & 0 & 0 & \dfrac{E_3A_3}{l_3} & 0 \\ -\dfrac{6E_3I_3}{l_3^{2}} & 0 & \dfrac{2E_3I_3}{l_3} & \dfrac{6E_3I_3}{l_3^{2}} & 0 & \dfrac{4E_3I_3}{l_3} \end{bmatrix} \begin{bmatrix} u_B \\ v_B \\ \theta_B \\ 0 \\ 0 \\ 0 \end{bmatrix}$$

$$(4\text{-}55)$$

解得

$$\overline{F^3} = TF^3$$

最终得到弯矩图如图 4-14 所示。

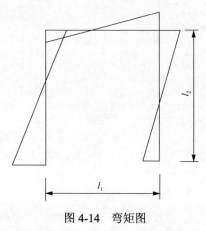

图 4-14　弯矩图

　　考虑到简化的刚架模型主要受弯矩的作用比较大，因而剪应力与轴力的影响忽略不计，经分析覆岩层采空区沉降有 3 种可能性存在，分别如下所述。

　　(1) 先减速处于稳定状态，然后再加速直至垮落 (表 4-6)：

$$a(t) = \beta_0 t + \beta_1 \tag{4-56}$$

令 $a(t) = 0$，则 $t = -\dfrac{\beta_1}{\beta_0}$，式中，$\beta_1 < 0$、$\beta_0 > 0$。

表 4-6　构造应力作用下覆岩第一种沉降状态

时间	$(-\infty, t)$	t	$(t, +\infty)$
覆岩加速度状态	减速 (稳定)	—	加速 (垮落、破坏)

覆岩层顶板下沉速度为

$$v(t) = \int_0^t a(t)\mathrm{d}t = \frac{1}{2}\beta_0 t^2 + \beta_1 t + \beta_2 \tag{4-57}$$

覆岩层顶板下沉时间函数为

$$\phi(t) = \int_0^t v(t)\mathrm{d}t = \frac{1}{6}\beta_0 t^3 + \frac{1}{2}\beta_1 t^2 + \beta_2 t + \beta_3 \tag{4-58}$$

覆岩层顶板沉降模型为

$$w(x,t) = w_m \left(1 - \frac{x^2}{r^2} \right)^n \left(\frac{1}{6}\beta_0 t^3 + \frac{1}{2}\beta_1 t^2 + \beta_2 t + \beta_3 \right) \tag{4-59}$$

(2)根据采空区覆岩层顶板移动的规律分析可知，覆岩层顶板先加速下沉、在稳定一段时间后再塌陷。因而可以把加速度分为 3 个阶段：第一阶段是加速度值大于零，即加速下降；第二阶段为稳定阶段，可以认为加速度小于等于零；第三阶段为破坏阶段，即加速度大于零。假设加速度的公式简化为简单的数学公式，为二次多项式函数：

$$a(t) = \beta_0 t^2 + \beta_1 t + \beta_2 \tag{4-60}$$

式中，$\beta_0 > 0$。

令 $a(t) = 0$，解得

$$t_1 = \frac{-\beta_1 - \sqrt{\beta_1^2 - 4\beta_0\beta_2}}{2\beta_0}$$

$$t_2 = \frac{-\beta_1 + \sqrt{\beta_1^2 - 4\beta_0\beta_2}}{2\beta_0}$$

则覆岩层沉降的加速度变化情况见表 4-7：

表 4-7　构造应力作用下覆岩第二种沉降状态

时间	$(-\infty, t_1)$	t_1	(t_1, t_2)	t_2	$(t_2, +\infty)$
覆岩加速度状态	加速(沉降)	—	减速(稳定)	—	加速(沉降)

则覆岩层顶板的沉降速度为

$$v(t) = \int_0^t a(t)\,\mathrm{d}t = \frac{1}{3}\beta_0 t^3 + \frac{1}{2}\beta_1 t^2 + \beta_2 t + \beta_3 \tag{4-61}$$

覆岩层顶板的时间函数为

$$\phi(t) = \int_0^t v(t)\,\mathrm{d}t = \frac{1}{12}\beta_0 t^4 + \frac{1}{6}\beta_1 t^3 + \frac{1}{2}\beta_2 t^2 + \beta_3 t + \beta_4 \tag{4-62}$$

最终覆岩层的沉降模型为

$$w(x,t) = w_\mathrm{m}\left(1 - \frac{x^2}{r^2}\right)^n \left(\frac{1}{12}\beta_0 t^4 + \frac{1}{6}\beta_1 t^3 + \frac{1}{2}\beta_2 t^2 + \beta_3 t + \beta_4\right) \qquad (4\text{-}63)$$

式中，$w(x,t)$ 为某点在 t 时刻的下沉量，m；$w_\mathrm{m}\left(1 - \dfrac{x^2}{r^2}\right)^n$ 为沉降盆地沿走向或倾向主断面上沉降稳定后的剖面函数；r 为沉降影响半径，m；n 为沉降曲线形态参数；β_0、β_1、β_2、β_3、β_4 为常数；t 为下沉时间。

(3)矿柱的支撑能力较强，采空区主要处于动态的区域为覆岩层顶板。由于简化的模型中覆岩层顶板厚度较厚，根据其自身的力学性质分析可知，覆岩层承受挤压变形的能力非常强，采空区覆岩层沉降最终会达到稳定状态。这是由厚实的覆岩层顶板上部之间各个部分比较良好的承受压力抵消了其他因素的应力作用造成的。

综上分析建立合适的覆岩层沉降模型为

$$w(x,t) = w_\mathrm{m}\left(1 - \frac{x^2}{r^2}\right)^n \phi(t) \qquad (4\text{-}64)$$

式中，$\phi(t)$ 为时间函数，且 $\phi(t) \in [0,1]$，由于采空区覆岩层沉降的动态过程随时间而变化，刚开采时覆岩处于稳定状态，不发生沉降；经过一段时间，随着采空区的增大加速下沉，最后由于覆岩层变形沉降阻力变大而处于稳定状态，可将此过程简化为数学表达式：

$$a(t) = -\beta_0 t^2 + \beta_1 t + \beta_2 \qquad (4\text{-}65)$$

式中，$\beta_0 > 0$。

令 $a(t) = 0$，则有

$$t_1 = \frac{\beta_1 - \sqrt{\beta_1^2 + 4\beta_1\beta_2}}{2\beta_0}$$

$$t_2 = \frac{\beta_1 + \sqrt{\beta_1^2 + 4\beta_1\beta_2}}{2\beta_0}$$

式中，$\sqrt{\beta_1^2 + 4\beta_1\beta_2} < 0$，具体分析见表4-8。

表4-8　构造应力作用下覆岩第三种沉降状态

时间	$(-\infty, t_1)$	t_1	(t_1, t_2)	t_2	$(t_2, +\infty)$
覆岩加速度状态	减速(稳定)	—	加速(沉降)	—	减速(稳定)

因此覆岩层顶板沉降的速度为

$$v(t) = \int_0^t a(t)\,\mathrm{d}t = -\frac{1}{3}\beta_0 t^3 + \frac{1}{2}\beta_1 t^2 + \beta_2 t + \beta_3 \tag{4-66}$$

覆岩层顶板沉降时间函数为

$$\phi(t) = \int_0^t v(t)\,\mathrm{d}t = -\frac{1}{12}\beta_0 t^4 + \frac{1}{6}\beta_1 t^3 + \frac{1}{2}\beta_2 t^2 + \beta_3 t + \beta_4 \tag{4-67}$$

但建立这样的时间函数是从数学的角度考虑，由前述限制条件可知 $\phi(t) \in [0,1]$，因而覆岩层顶板达到稳定状态时的时间函数模型为

$$w(x,t) = w_{\mathrm{m}}\left(1 - \frac{x^2}{r^2}\right)^n \times \left[-\phi(t)\right] \tag{4-68}$$

4.4　构造应力+自重应力覆岩沉降模型构建

根据矿山采空区实际的应力分布可知，采空区上部顶板承受覆岩层自重应力，采空区矿柱或围岩承受水平构造应力，因此可将整个采空区的受力简化成图 4-15 所示。

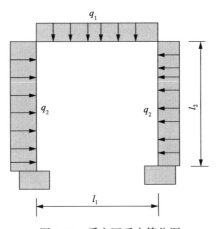

图 4-15　采空区受力简化图

如图 4-15 所示，采空区矿柱或围岩及顶部都承受力的作用，将采空区顶部覆岩层的长度记为 l，弹性模量记为 E_1，惯性矩记为 I_1，承受的均布荷载记为 q_1；

同理将矿柱的高度记为 h，弹性模量记为 E_2，惯性矩记为 I_2，承受的水平均布构造力记为 q_2。

采用结构力学力法中的对称原理进行受力分析，详见图 4-16～图 4-20。

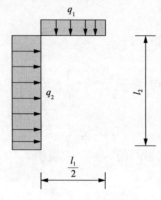

图 4-16　对称结构受力图

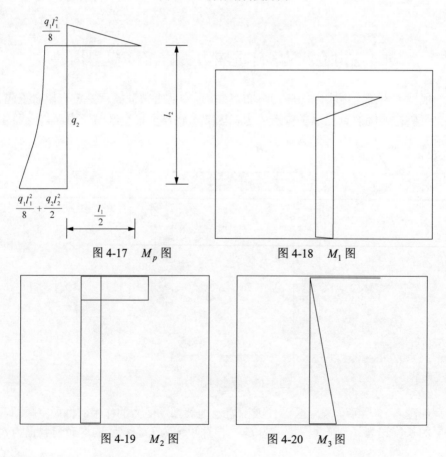

图 4-17　M_p 图　　　　　　　　图 4-18　M_1 图

图 4-19　M_2 图　　　　　　　　图 4-20　M_3 图

则有

$$\delta_{22} = \sum \int \frac{\overline{M_2}^2}{EI} \mathrm{d}s = \frac{1 \times \dfrac{l}{2} \times 1}{E_1 I_1} + \frac{1 \times h \times 1}{E_2 I_2} = \frac{l}{2E_1 I_1} + \frac{h}{E_2 I_2} \tag{4-69}$$

$$\Delta_{2p} = \sum \int \frac{\overline{M_2} M_p}{EI} \mathrm{d}s = -\left[\frac{\dfrac{1}{3} \times \dfrac{q_1 l^2}{8} \times \dfrac{l}{2} \times 1}{E_1 I_1} + \frac{\left(\dfrac{1}{3} \times h \times \dfrac{q_2 h^2}{2} + \dfrac{q_1 l^2}{8} \times h \right) \times 1}{E_2 I_2} \right] \tag{4-70}$$

$$= -\left(\frac{q_1 l^3}{48 E_1 I_1} + \frac{q_2 h^3}{6 E_2 I_2} + \frac{q_1 l^2 h}{8 E_2 I_2} \right)$$

$$\delta_{33} = \sum \int \frac{\overline{M_3}^2}{EI} \mathrm{d}s = \frac{\dfrac{1}{2} \times h \times h \times \dfrac{2}{3} \times h}{E_2 I_2} = \frac{h^3}{3 E_2 I_2} \tag{4-71}$$

$$\delta_{23} = \delta_{32} = \sum \int \frac{\overline{M_2 M_3}}{EI} \mathrm{d}s = \frac{\dfrac{1}{2} \times h \times h \times 1}{E_2 I_2} = \frac{h^2}{2 E_2 I_2} \tag{4-72}$$

$$\Delta_{3p} = \sum \int \frac{\overline{M_3} M_p}{EI} \mathrm{d}s = -\frac{\dfrac{1}{2} \times h \times h \times \dfrac{2}{3} \times \dfrac{q_1 l^2}{8} + \dfrac{1}{3} \times \dfrac{q_2 h^2}{2} \times h \times \dfrac{3}{4} \times h}{E_2 I_2} \tag{4-73}$$

$$= -\left(\frac{q_1 l^2 h^2}{24 E_2 I_2} + \frac{q_2 h^4}{8 E_2 I_2} \right)$$

$$\begin{cases} X_2 \delta_{22} + X_3 \delta_{23} + \Delta_{2p} = 0 \\ X_2 \delta_{32} + X_3 \delta_{33} + \Delta_{3p} = 0 \end{cases} \tag{4-74}$$

解得

$$X_2 = \frac{\dfrac{q_1 l^3 h}{6 E_1 I_1} + \dfrac{q_1 l^2 h^2}{8 E_2 I_2} - \dfrac{q_2 h^4}{24 E_2 I_2}}{\dfrac{hl}{E_1 I_1} - \dfrac{h^2}{2 E_2 I_2}}$$

$$X_3 = \cfrac{\dfrac{q_1 l^2 h^2 + 3q_2 h^4}{8E_2 I_2} - \dfrac{3h^2}{2E_2 I_2} \times \cfrac{\dfrac{q_1 l^3 h}{6E_1 I_1} + \dfrac{q_1 l^2 h^2}{8E_2 I_2} - \dfrac{q_2 h^4}{24E_2 I_2}}{\dfrac{hl}{E_1 I_1} - \dfrac{h^2}{2E_2 I_2}}}{\dfrac{h^3}{E_2 I_2}}$$

$$M = \overline{M_2} X_2 + \overline{M_3} X_3 + M_p$$

则采空区所受弯矩图如图 4-21 所示。

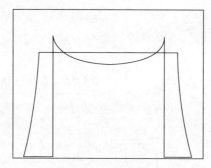

图 4-21　采空区 M 图

由弯矩图分析可知矿柱承受的弯矩比覆岩层顶板承受的弯矩大,因而矿柱会因弯矩作用先从最底部破坏断裂从而导致整个采空区覆岩层垮落。

根据覆岩层顶板移动的规律分析可知,覆岩层顶板先加速下沉、在稳定一段时间后再塌陷。因而可以把加速度分为 3 个阶段:第一阶段是加速度值大于零,即加速下降;第二阶段为稳定阶段,可以认为加速度小于等于零;第三阶段为破坏阶段,即加速度大于零。假设加速度的公式简化为简单的数学公式,为二次多项式函数:

$$a(t) = \beta_0 t^2 + \beta_1 t + \beta_2 \tag{4-75}$$

式中, $\beta_0 > 0$ 。

令 $a(t) = 0$,解得

$$t_1 = \frac{-\beta_1 - \sqrt{\beta_1^2 - 4\beta_0 \beta_2}}{2\beta_0}$$

$$t_2 = \frac{-\beta_1 + \sqrt{\beta_1^2 - 4\beta_0 \beta_2}}{2\beta_0}$$

则覆岩层沉降的加速度变化情况见表4-9。

表 4-9 构造应力和自重应力作用下覆岩沉降状态

时间	$(-\infty, t_1)$	t_1	(t_1, t_2)	t_2	$(t_2, +\infty)$
覆岩加速度状态	加速(沉降)	—	减速(稳定)	—	加速(沉降)

则覆岩层顶板的沉降速度为

$$v(t) = \int_0^t a(t)\mathrm{d}t = \frac{1}{3}\beta_0 t^3 + \frac{1}{2}\beta_1 t^2 + \beta_2 t + \beta_3 \tag{4-76}$$

覆岩层顶板的时间函数为

$$\phi(t) = \int_0^t v(t)\mathrm{d}t = \frac{1}{12}\beta_0 t^4 + \frac{1}{6}\beta_1 t^3 + \frac{1}{2}\beta_2 t^2 + \beta_3 t + \beta_4 \tag{4-77}$$

最终覆岩层的沉降模型为

$$w(x,t) = w_\mathrm{m}\left(1 - \frac{x^2}{r^2}\right)^n \left(\frac{1}{12}\beta_0 t^4 + \frac{1}{6}\beta_1 t^3 + \frac{1}{2}\beta_2 t^2 + \beta_3 t + \beta_4\right) \tag{4-78}$$

式中，$w(x,t)$ 为某点在 t 时刻的下沉量，m；$w_\mathrm{m}\left(1 - \dfrac{x^2}{r^2}\right)^n$ 为沉降盆地沿走向或倾向主断面上沉降稳定后的剖面函数；r 为沉降影响半径，m；n 为沉降曲线形态参数；β_0、β_1、β_2、β_3、β_4 为常数；t 为下沉时间。

4.5 覆岩沉降动态模型

一些学者对 Knothe 时间函数进行了研究[9-11]，其表达式为

$$w(t) = w_\mathrm{m}(x)\left(1 - \mathrm{e}^{-ct}\right) \tag{4-79}$$

式中，$w_\mathrm{m}(x)$ 为沉降区沿走向或倾向主断面上沉降达到稳定状态后的剖面函数；c 为岩性参数。

根据文献[15]，沉降区走向或倾向主断面上沉降稳定后的剖面函数，可用如下的数学模型表示：

$$w_\mathrm{m}(x) = w_\mathrm{m}F(x) \tag{4-80}$$

1871 年,比利时的 Dumont 建议把覆岩下沉表示为 $w = m\cos\alpha$(m 为矿层厚度,m;α 为矿层倾角,(°)):

$$w_{\mathrm{m}} = mk_1\cos\alpha \tag{4-81}$$

式中,w_{m} 为地表下沉量,m;m 为矿层厚度,m;k_1 为下沉系数,可根据实测计算确定;α 为矿层倾角,(°)。

$$F(x) = \left(1 - \frac{x^2}{r^2}\right)^n \tag{4-82}$$

式中,r 为沉降影响半径,m;n 为沉降曲线形态参数。

为了表示方便,将时间函数定义为 $\varphi(t)$:

$$\varphi(t) = \left(1 - \mathrm{e}^{-ct}\right) \tag{4-83}$$

式(4-79)可表示为

$$w(t) = w_{\mathrm{m}}\varphi(t) \tag{4-84}$$

当 $0 \leqslant t < \infty$ 时,式(4-83)中的 $\varphi(t) \in [0, 1)$,式(4-84)的时间函数 $w(t)$ 是在[0, 1)区间的线性函数,表明 $w(t)$ 与 w_{m} 之间属于线性关系。通过对式(4-79)求时间的二阶导数可得覆岩下沉的加速度,该值为负数,即当 $t = 0$ 时覆岩下沉的加速度达到负的最小值,此过程反应出 Knothe 时间函数所描述的覆岩下沉是一个逐渐衰减的过程,这与工程实际不相符。在矿山现场覆岩沉降过程中,时间函数 $w(t)$ 与沉降剖面函数 w_{m} 之间是非线性的变化关系,即当 $0 \leqslant t < \infty$ 时,时间函数 $w(t)$ 在[0, 1)区间属于非线性变化。

刘玉成和庄艳华[11]为了研究符合覆岩下沉的动态过程,在式(4-79)中加入了一个幂指数 k:

$$w(t) = w_{\mathrm{m}}(x)\left(1 - \mathrm{e}^{-ct}\right)^k \tag{4-85}$$

式中,k 为拟合参数。

$$\varphi(t)^k = \left(1 - \mathrm{e}^{-ct}\right)^k \tag{4-86}$$

$$w(t) = w_{\mathrm{m}}(x)\varphi(t)^k \tag{4-87}$$

当 $0 \leqslant t < \infty$ 时,$\varphi(t) \in [0, 1)$,由式(4-87)的时间函数 $w(t)$ 是在[0, 1)区间的幂函数,即 $w(t)$ 与 $w_{\mathrm{m}}(x)$ 属于幂函数关系,通过对式(4-87)求时间的一阶和二阶导数,分别得出下沉速度和加速度为

$$v(t) = \frac{dw(t)}{dt} = w_m(x)kce^{-ct}\left(1-e^{-ct}\right)^{k-1} \tag{4-88}$$

$$a(t) = \frac{d^2w(t)}{dt^2} = kc^2w_m(x)\left[(k-1)\left(1-e^{-ct}\right)^{k-2}e^{-2ct} - e^{-ct}\left(1-e^{-ct}\right)^{k-1}\right] \tag{4-89}$$

当 $a(t)=0$，则有

$$\begin{cases} t=0 \\ t=-\dfrac{1}{c}\ln\dfrac{1}{k} \\ t=+\infty \end{cases} \tag{4-90}$$

式(4-90)的 3 个 t 值将覆岩下沉速度变化分为 3 个变化阶段，不同时间段的沉降量、沉降速度和沉降加速度之间的变化关系见表 4-10。

表 4-10 沉降量、沉降速度和沉降加速度在不同时间段的变化[11]

时间	0	$(0,t_0)$	t_0	(t_0,∞)	∞
沉降沉量	0	增长	$W_m(x)\left(k-\dfrac{1}{k}\right)^k$	增长	最大
沉降速度	0	加速	$W_m(x)c\left(k-\dfrac{1}{k}\right)^{k-1}$	减速	0
沉降加速度	0	>0	0	<0	0

通过对式(4-85)求时间的三阶导数可得

$$w'''(t) = w_m(x)kc^3e^{-ct}\left(1-e^{-ct}\right)^{k-1} - k(k-1)c^3\left(e^{-ct}\right)^2\left(1-e^{-ct}\right)^{k-2} \\ -2k(k-1)c^3\left(e^{-ct}\right)^2\left(1-e^{-ct}\right)^{k-2} + k(k-1)(k-2)c^3\left(e^{-ct}\right)^3\left(1-e^{-ct}\right)^{k-3} \tag{4-91}$$

将 $t=-\dfrac{1}{c}\ln\dfrac{1}{k}$ 代入式(4-91)可得

$$w'''(t) = -2w_m(x)c^3\left(\frac{k-1}{k}\right)^{k-1}\left(\frac{1}{k-1}\right) < 0 \tag{4-92}$$

将式(4-90)中的 3 个 t 值代入沉降加速度式(4-89)，可得到：当 t 为 0 到 $-\left(\dfrac{1}{c}\right)\ln\left(\dfrac{1}{k}\right)$ 时，$a(t)>0$；当 t 从 $-\left(\dfrac{1}{c}\right)\ln\left(\dfrac{1}{k}\right)$ 到 ∞ 时，$a(t)<0$。根据微分法求函

数极值原理可知，当 $t = -\left(\dfrac{1}{c}\right)\ln\left(\dfrac{1}{k}\right)$ 时，沉降速度达到最大值，此时的速度为

$$v(t)_{\max} = w_{\mathrm{m}}(x)c\left(1 - \frac{1}{k}\right)^{k-1} \tag{4-93}$$

速度达到最大值时刻的沉降量为

$$w = w_{\mathrm{m}}(x)\left(1 - \frac{1}{k}\right)^{k} \tag{4-94}$$

刘玉成和庄艳华[11]改进后的 Knothe 时间函数模型对描述深部开采覆岩沉降过程具有合理性。将剖面函数式(4-81)、式(4-82)和时间函数式(4-83)代入动态过程模型式(4-80)，可得出覆岩沉降的动态过程模型：

$$w(x,t) = w_{\mathrm{m}}\left(1 - \frac{x^2}{r^2}\right)^{n}\left(1 - \mathrm{e}^{-ct}\right)^{k} \tag{4-95}$$

若沉降盆地模型 $w(x,y)$ 可确定[15]，则整个沉降盆地内任意点任意时刻的沉降量可表示为

$$w(x,y,t) = w_{\mathrm{m}}\left(1 - \frac{x^2}{a^2} - \frac{y^2}{b^2}\right)^{n}\left(1 - \mathrm{e}^{-ct}\right)^{k} \tag{4-96}$$

4.6　基于时空关系的采空区覆岩沉降动态预测模型构建

4.6.1　采空区覆岩沉降动态预测模型构建

在刘玉成和庄艳华[11]提出的动态模型的基础上，作者对地表下沉的动态过程模型的时间函数 $\varphi(t)$ 进行重建，结合矿山采空区地表下沉的变化规律，先对采空区覆岩地表沉降进行分析，尤其是加速度的分析。采空区覆岩层沉降时先加速后减速下沉达到稳定状态，最终突然加速导致采空区塌陷，因而采空区覆岩层下沉的加速度趋势应该是先为正后为负再为正，即 $a(t) < 0$、$a(t) > 0$、$a(t) < 0$，覆岩沉降状态见表 4-11。

表 4-11　覆岩沉降状态

时间	$(0, t_0)$	t_0	(t_0, t_1)	t_1	(t_1, ∞)
覆岩加速度状态	负	—	正	—	负

根据加速度变化情况得出关于加速度与时间之间的函数关系：

$$a(t) = -\beta_0 t^2 + \beta_1 t + \beta_2$$

式中，$\beta_0 > 0$。

对加速度进行积分得出采空区覆岩层下沉的速度公式：

$$v(t) = \int_0^t a(t)\,\mathrm{d}t = -\frac{1}{3}\beta_0 t^3 + \frac{1}{2}\beta_1 t^2 + \beta_2 t + \beta_3$$

最终得出采空区覆岩层下沉的时间公式

$$\phi(t) = \int_0^t v(t)\,\mathrm{d}t = -\frac{1}{12}\beta_0 t^4 + \frac{1}{6}\beta_1 t^3 + \frac{1}{2}\beta_2 t^2 + \beta_3 t + \beta_4$$

对刘玉成和庄艳华[11]建立的动态模型中：

$$\varphi(t) = \left(1 - \mathrm{e}^{-0.0027t}\right)^{5.3} \tag{4-97}$$

通过时间函数我们得出 t 与 $\varphi(t)$ 之间的一组数据，如图 4-22 所示。

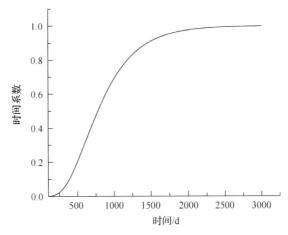

图 4-22　时间 t 与时间系数 $\varphi(t)$ 之间散点图及拟合的多项式趋势线

利用 Matlab 软件进行多项式拟合，详细参数见表 4-12。

$$f(t) = p_1 t^4 + p_2 t^3 + p_3 t^2 + p_4 t + p_5 \tag{4-98}$$

其中拟合系数置信区间中都没有 0 出现，$R^2 = 0.9932$，函数可用。

表 4-12　　Matlab 多项式拟合结果

拟合系数	拟合系数置信区间
$p_1 = 1.013 \times 10^{-13}$	$(9.862 \times 10^{-14}, 1.04 \times 10^{-13})$
$p_2 = -5.942 \times 10^{-10}$	$(-6.106 \times 10^{-10}, -5.777 \times 10^{-10})$
$p_3 = 8.872 \times 10^{-7}$	$(8.544 \times 10^{-7}, 9.2 \times 10^{-7})$
$p_4 = 0.0003285$	$(0.0003042, 0.0003527)$
$p_5 = -0.07347$	$(-0.07872, -0.06821)$

该动态模型构建过程如下：

测量出要预测矿山的采空区影响半径 r，建立二维坐标系，以覆岩未沉降时为 0 点，以地表水平面为 x 轴，以垂直于采空区中心点竖直向下为 $w_m(x)$ 轴，以采空区覆岩最大沉降点为对称中心（图 4-23）。

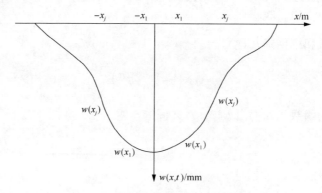

图 4-23　采空区覆岩沉降轮廓示意图

根据测量的实际需要，在距采空区中心不同的距离选取一定数量的监测点，分别记为 $x_1, x_2, x_3, \cdots$，其中 x 值是该监测点与采空区中心点的水平距离，可通过实测得到。

矿山开采后，每间隔一定时间测量一次这些点的沉降量 $w_m(x,t)$，然后通过公式 $n = \dfrac{\ln \dfrac{w(x_1,t)}{w(x_2,t)}}{\ln \dfrac{r^2 - x_1^2}{r^2 - x_2^2}}$ 确定参数 n，通过 $w_m = \dfrac{w_m(x,t)}{\left(1 - \dfrac{x^2}{r^2}\right)^n}$ 求出最终沉降量 w_m，根据每段时间测量出的 $w_m(x,t)$ 求出 $a(t)$，并根据该矿山沉降的加速度值的正负变化情况，再确定矿山沉降属于哪种类型。根据研究覆岩沉降分为 4 类：①匀速下沉；②加速下沉直至塌陷；③开始加速下沉，然后减速下沉，最终达到稳定状态；④开始加速下沉，后减速下沉，然后再加速下沉直至塌陷。然后根据已测数据代入与 4 种覆岩沉降类型依次对应的公式：

(1) $\phi(t) = \int_0^t v(t)\,\mathrm{d}t = \int_0^t \int_0^u a(t)\,\mathrm{d}u\mathrm{d}t = \beta_1 t + \beta_0$;

(2) $\phi(t) = \int_0^t v(t)\,\mathrm{d}t = \int_0^t \int_0^u a(t)\,\mathrm{d}u\mathrm{d}t = \beta_0 + \beta_1 t + \beta_2 t^2$;

(3) $\phi(t) = \beta_0 + \beta_1 t + \beta_2 t^2 + \beta_3 t^3 + \beta_4 t^4$ ，且 $t \in [0, t_1)$;

(4) $\phi(t) = \beta_0 + \beta_1 t + \beta_2 t^2 + \beta_3 t^3 + \beta_4 t^4$ ，且 $t \in [0, t_2)$ 。

从中求出时间系数的 $\beta_i (i = 0,1,2,3,4)$ ，最后根据公式 $w_{\mathrm{m}}(x) =$ $w_{\mathrm{m}}\left(1 - \dfrac{x^2}{r^2}\right)^n \sum\limits_{i=0}^{k} \beta_i t^i$ 进行矿山沉降动态时空关系预测。式中，$\varphi(t)$ 为时间函数；$w_{\mathrm{m}}\left(1 - \dfrac{x^2}{r^2}\right)^n$ 为沉降盆地沿走向或倾向主断面上沉降稳定后的剖面函数；r 为沉降影响半径，m；n 为沉降曲线形态参数；β_0、β_1、β_2、β_3、β_4 为常数；t 为下沉时间，d。

将采空区覆岩沉降最终达到稳定状态的几何模型简化为类似半球形空间（图 4-23），以采空区覆岩未沉降时的地表为参考平面，以过采空区中心点的垂直剖面为研究对象，通过分析该平面可知采空区中心点的沉降量最大，参考平面上距采空区中心点的距离越大，则该点处的垂直沉降量越小。在采空区覆岩沉降过程中，各点的沉降量随沉降时间的增加而增加。

通过研究和总结归纳，矿山覆岩沉降大致分以下 4 种类型：

(1) 匀速下沉。

此时加速度 $a(t) = 0$ ，速度 $v(t)$ 为常数：

$$\phi(t) = \int_0^t v(t)\,\mathrm{d}t = \int_0^t \int_0^u a(t)\,\mathrm{d}u\mathrm{d}t = \beta_1 t + \beta_0 \tag{4-99}$$

(2) 加速下沉直至塌陷。

此种情况是覆岩受开采扰动突然沉降，将沉降加速度假设为常数，且 $a(t) > 0$ ：

$$\phi(t) = \int_0^t v(t)\,\mathrm{d}t = \int_0^t \int_0^u a(t)\,\mathrm{d}u\mathrm{d}t = \beta_0 + \beta_1 t + \beta_2 t^2 \tag{4-100}$$

(3) 开始加速下沉，然后减速下沉，最终达到稳定状态。

$$\phi(t) = \beta_0 + \beta_1 t + \beta_2 t^2 + \beta_3 t^3 + \beta_4 t^4 \quad t \in [0, t_1) \tag{4-101}$$

(4) 开始加速下沉，后减速下沉，然后再加速下沉直至塌陷，即加速度先为正 $a(t) > 0$ 、后为负 $a(t) < 0$ 、再为正 $a(t) > 0$ ，经过一段时间塌陷。

$$\phi(t) = \beta_0 + \beta_1 t + \beta_2 t^2 + \beta_3 t^3 + \beta_4 t^4 \quad t \in [0, t_2) \tag{4-102}$$

其中式(4-103)和式(4-104)中 $t_1 < t_2$。

通过上述 4 种沉降类型分析，Knothe 所建立的时间函数模型与工程实际不符，刘玉成和庄艳华[11]所建立的动态过程模型只适用于第 3 种沉降类型。因此，本书建立了基于时空关系的矿山采空区覆岩沉降动态预测模型：

$$w_{\mathrm{m}}(x) = w_{\mathrm{m}}\left(1 - \frac{x^2}{r^2}\right)^n \phi(t) \tag{4-103}$$

式中，$\phi(t) = \sum_{i=0}^{k} \beta_i t^i$。

从理论分析出发该模型主要研究矿山沉降的动态过程，因此 $\phi(t)$ 是一个系数，用于描述矿山覆岩动态沉降变化过程，覆岩沉降最终稳定时，$w_{\mathrm{m}}(x) = w_{\mathrm{m}}\left(1 - \frac{x^2}{r^2}\right)^n$，此时 $\phi(t) = 1$；覆岩未沉降时，$w_{\mathrm{m}}(x) = 0$，此时 $\phi(t) = 0$，则 $\phi(t) \in [0,1]$。在公式的推导过程中，$\phi(t) = \sum_{i=0}^{k} \beta_i t^i$、$a(t) = \left(\sum_{i=0}^{k} \beta_i t^i\right)'' = \sum_{i=2}^{k} i(i-1)\beta_i t^{i-2}$ 之间是互逆关系。

$\phi(t)$ 的确定与矿山沉降的速度 $v(t)$ 和加速度 $a(t)$ 相关。该模型的优点是根据覆岩沉降的速度 $v(t)$ 和加速度 $a(t)$ 的正负变化可以得出相应的 k 值，可以满足上述 4 种覆岩沉降类型的动态沉降预测。

因此，基于时空关系的矿山采空区覆岩沉降动态预测最终模型[16]：

$$w_{\mathrm{m}}(x) = w_{\mathrm{m}}\left(1 - \frac{x^2}{r^2}\right)^n \sum_{i=0}^{k} \beta_i t^i \tag{4-104}$$

式中各参数意义同上所述。

4.6.2　模型验证

以刘玉成和庄艳华[11]研究的重庆南桐矿二井三区沉降作为工程案例进行验证，并以该矿山的实测数据为依据。

测量出要预测矿山的采空区影响半径 r。以该矿山覆岩未沉降时为 0 点，以覆岩层地表水平面为 x 轴，以垂直于采空区中心点的竖直向下为 $w_{\mathrm{m}}(x)$ 轴，建立二维坐标系，以采空区覆岩最大沉降点为对称中心，取覆岩垂直剖面的一半为研究对象，采空区影响半径 $r = 425\mathrm{m}$。

根据测量的实际需要，在距采空区中心不同的距离选取一定数量的监测点，分别记为 $x_1, x_2, x_3, \cdots$，其中 x 值指该监测点与采空区的水平距离，可通过实测得到。对该矿山取监测点的坐标分别为 0、42.5、85、127.5、170、212.5、255、297.5、340、382.5、425。

矿山开采后在一定时间范围内，每隔一段时间实地测量一次监测点沉降量，通过沉降量和实测的时间先求出该矿山沉降的加速度值的正负变化情况，再确定矿山沉降属于哪种类型，然后将已测数据代入模型中求出时间系数的 $\beta_i(i=0,1,2,3,4)$，最后根据具体模型进行矿山沉降动态时空关系预测。对该矿山每间隔 300d 测量一次各测点的沉降量，沉降开始时各测点的沉降量为 0(表 4-13)，覆岩沉降稳定时实测沉降曲线如图 4-24[11]所示。

表 4-13　矿山监测点实测沉降量

时间/d	距中心点距离/m										
	0	42.5	85	127.5	170	212.5	255	297.5	340	382.5	425
300	17.36	16.59	14.45	11.36	7.92	4.75	2.33	0.83	0.17	0.01	0
600	122.12	116.72	101.63	79.891	55.72	33.46	16.39	5.90	1.23	0.06	0
900	241.14	230.47	200.67	157.74	110.03	66.07	32.36	11.65	2.43	0.13	0
1200	318.00	303.94	264.63	208.03	145.10	87.14	42.68	15.36	3.20	0.17	0
1500	358.04	342.20	297.95	234.22	163.37	98.11	48.05	17.30	3.60	0.20	0
1800	377.12	360.44	313.83	246.70	172.08	103.33	50.61	18.22	3.80	0.21	0
2100	385.87	368.80	321.11	252.42	176.07	105.73	51.73	18.64	3.88	0.21	0
2400	389.81	372.57	324.40	255.00	177.87	106.81	52.32	18.83	3.92	0.21	0
2700	391.58	374.26	325.86	256.16	178.68	107.30	52.56	18.92	3.94	0.21	0
3000	392.36	375.01	326.52	256.67	179.04	107.51	52.66	18.95	3.95	0.22	0
3300	392.71	375.35	326.81	256.90	179.20	107.61	52.71	18.97	3.95	0.22	0
覆岩稳定时实测沉降量	393	375.62	327.05	257.09	179.33	107.69	52.75	18.99	3.96	0.22	0

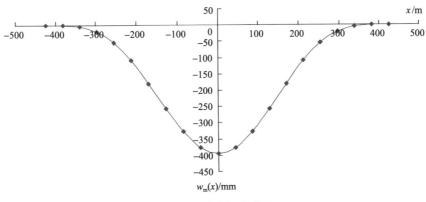

图 4-24　实测沉降曲线

经实测可知各点从开始沉降到几乎不再沉降经历的时间大概为 3300d 左右，

首先确定沉降模型 $w_{\mathrm{m}}(x) = w_{\mathrm{m}}\left(1 - \dfrac{x^2}{r^2}\right)^n$ 中各参数的值，经测定最终覆岩稳定时中心点沉降量是 $w_{\mathrm{m}} = 393\mathrm{mm}$，沉降影响半径 $r = 425\mathrm{m}$，解得 $n = 4.5$，因此该矿区的沉降模型为

$$w_{\mathrm{m}}(x) = 393 \times \left(1 - \frac{x^2}{425^2}\right)^{4.5}$$

上述分析过程是空间部分的分析，对于动态时间的分析有

$$\phi(t) = \frac{w_{\mathrm{m}}(x,t)}{w_{\mathrm{m}}\left(1 - \dfrac{x^2}{r^2}\right)^n}$$

则由 $v(t) = \dfrac{\phi(t + \Delta t) - \phi(t)}{\Delta t}$ 和 $a(t) = \dfrac{v(t + \Delta t) - v(t)}{\Delta t}$ 分别求出每隔 300d 覆岩沉降的时间系数 $\phi(t)$ 和沉降加速度 $a(t)$ 的值，见表 4-14。

表 4-14　矿山沉降时间与时间系数和沉降加速度系数的关系

沉降时间/d	时间系数 $\phi(t)$	沉降加速度系数 $a(t)$
300	0.0442	0.000121
600	0.311	−0.00036
900	0.614	−0.00031
1200	0.809	−0.00018
1500	0.911	−0.000088
1800	0.960	−0.000041
2100	0.982	−0.000019
2400	0.992	−0.0000083
2700	0.996	−0.0033

通过覆岩沉降加速度值的正负变化分析可知：覆岩开始沉降时的加速度为正值，即 $a(t) > 0$；覆岩沉降一段时间后的加速度为负值，即 $a(t) < 0$，得出 $k = 4$，取加速度的数学模型为二次函数 $a(t) = \sum\limits_{i=0}^{2} a_i t^i = a_0 + a_1 t + a_2 t^2$，其中 $t \in [0, 3000)$。

则 $\phi(t) = \sum\limits_{i=0}^{4} \beta_i t^i = \beta_0 + \beta_1 t + \beta_2 t^2 + \beta_3 t^3 + \beta_4 t^4$，$t \in [0, 3000)$。

经求解得

$\beta_0 = -0.07347, \beta_1 = 3.285 \times 10^{-3}, \beta_2 = 8.872 \times 10^{-7}, \beta_3 = -5.942 \times 10^{-10}, \beta_4 = 1.013 \times 10^{-13}$

$$w(x,t) = w_m(x)\phi(t)$$

$$= 393 \times \left(1 - \frac{x^2}{425^2}\right)^{4.5} \times (1.013 \times 10^{-13}t^4 - 5.942 \times 10^{-10}t^3 + 8.872 \times 10^{-7}t^2$$

$$+ 3.285 \times 10^{-3}t - 0.07347)$$

上式即为利用式(4-104)所建立的该矿基于时空关系的覆岩沉降动态预测模型，其预测结果与实测结果较吻合(图4-25)。

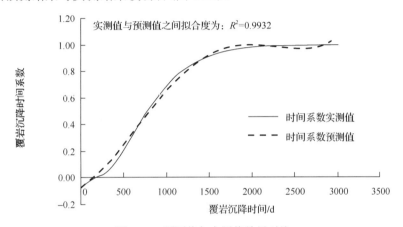

图 4-25 预测值与实测值结果对比

因而得出重庆南桐矿二井三区动态沉降模型公式：

$$w(x,t) = w_m(x)[-\phi(t)]$$

$$= 393 \times \left(1 - \frac{x^2}{425^2}\right)^{4.5} \times \left(\begin{array}{l} 1.013 \times 10^{-13}t^4 - 5.942 \times 10^{-10}t^3 \\ +8.872 \times 10^{-7}t^2 + 3.285 \times 10^{-3}t - 0.07347 \end{array}\right)$$

$$a(t) = -1.013 \times 10^{-12}t^2 + 3.625 \times 10^{-9}t - 1.7744 \times 10^{-6}$$

令 $a(t) = 0$ ，则有

$$\begin{cases} t_0 = 585\text{d} \\ t_1 = 2993\text{d} \end{cases}$$

新构建的动态沉降预测模型对矿山采空区覆岩沉降状态的预测结果是覆岩先稳定一段时间，再加速下沉，经过一段时间的减速沉降直到在2993d后渐渐趋于稳定状态(表4-15)。这与矿山实测沉降稳定时间基本一致，表明该矿山覆岩最终处于稳定状态，没有发生塌陷。

表 4-15 矿山覆岩沉降状态

时间/d	(0,585)	583	(585,2993)	2993	(2993,+∞)
加速度	—	—	$a(t) < 0$	—	$a(t) > 0$
速度	减速	—	加速	—	减速

参 考 文 献

[1] 李铀, 白世伟, 杨春和, 等. 矿山覆岩移动特征与安全开采深度[J]. 岩土力学, 2005, 26(1): 27-32.

[2] 付华. 崩落法开采引起的地表塌陷与滑移机理研究[D]. 武汉: 中国科学院武汉岩土力学研究所, 2017.

[3] 刘宝琛, 廖国华. 地表移动的基本规律[M]. 北京: 中国工业出版社, 1965.

[4] 曾卓乔. 地表移动计算负指数函数法参数的物理意义及其正确运用[J]. 矿山测量, 1980, 2: 28-35.

[5] 王小华. 基于 Weibull 时间序列函数与负指数法的地表动态沉陷预计方法研究[D]. 太原: 太原理工大学, 2016.

[6] 何国清, 杨伦, 凌赓娣, 等. 矿山开采沉陷学[M]. 徐州: 中国矿业大学出版社, 1991.

[7] Brauner G. Subsidence due to underground mining. Part 1. Theory and practices in predicting surface deformation[J]. International Journal of Rock Mechanics and Mining Sciences and Geomechanics Abstracts, 1974, 11(3): 58.

[8] 李文秀, 赵胜涛, 梁旭黎. 薄冲击层下磷矿开采地表移动分析的 Laplace 函数方法[J]. 化工矿物与加工, 2005, 34(3): 21-24.

[9] Cui X M. Prediction of progressive surface subsidence above Longwall Coal Mining using a time function[J]. International Journal of Rock Mechanics and Mining Sciences, 2001, 38(7): 1057-1063.

[10] 崔希民, 缪协新, 赵英利, 等. 论地表移动过程的时间函数[J]. 煤炭学报, 1999, 24(5): 453-455.

[11] 刘玉成, 庄艳华. 地下采矿引起的地表下沉的动态过程模型[J]. 岩土力学, 2009, 30(11): 3406-3410.

[12] 孙训方, 方孝淑, 关来泰. 材料力学(I)[M]. 5版. 北京: 高等教育出版社, 2013.

[13] 龙驭球, 包世华, 袁驷. 结构力学(I)[M]. 3版. 北京: 高等教育出版社, 2012.

[14] 何国清, 马伟民, 王金庄. 威布尔分布型影响函数在地表移动计算中的应用: 用碎块体理论研究岩移基本规律的探讨[J]. 中国矿业学院学报, 1982, 11(1): 1-20.

[15] Johnson K L. Contact Mechanics[M]. Cambridge: Cambridge University Press, 1985.

[16] 赵康, 赵晓东, 赵奎, 等. 基于时空关系的矿山采空区覆岩沉降动态预测方法: 中国, 201310647965. 5[P]. 2016-09-28.

5 金属矿山覆岩破坏冒落高度预测

采空区覆岩破坏的高度，不仅是水体下采矿的重要参数，而且对于高应力矿山冲击地压控制、采矿方法及开采程序的选择都有重要作用[1,2]。例如，在选取控制地压及顶板覆岩支护时，在留设永久矿柱支护时其尺寸大小的选取，不仅决定了矿产资源的回采率和资源的利用率，而且会降低经济效益，尤其是在贵金属矿山；在选择用人工矿柱支护时，不仅要考虑其尺寸的大小，还要考虑其强度的大小，强度过大会造成混凝土材料的严重浪费，过小强度会造成强度不足达不到支护效果，从而引起安全生产事故。只有在知道采空区覆岩破坏的高度及范围的情况下，才能选定何种采矿方法，如选取充填法采矿时，只有充分了解采空区覆岩的破坏高度及范围，才能决定选取全部充填法还是局部充填，另外充填体的尺寸，以及充填料水泥、砂子等材料配比等都决定了矿山投资成本的大小。冒落高度是采空区覆岩破坏高度的一部分，覆岩的冒落冲击力更大，破坏性更强，发生时间短暂，会给工作人员、生产设备等造成毁灭性破坏，所以研究冒落区的高度和范围显得尤为重要。而目前针对金属矿山的冒落区域和高度的研究较少，在理论研究和实际应用方面都很不成熟。

量纲分析是在物理领域中建立数学模型的一种方法，它是在经验和实验的基础上，利用物理定律的量纲齐次原则，确定各物理量之间的关系[3]。自然界一些现象和工程中的问题都可以用一系列物理量进行描述。为了寻求这些现象或问题之间的规律，首先，应把所研究问题涉及的物理量按属性进行分类；其次，找出不同类物理量之间具有什么样的相互关系；最后，进一步找出某些物理量与另外一些物理量之间所存在的因果关系。尤其是在研究新现象或比较复杂的问题时，应对现象或问题中蕴涵的物理环节、关系和过程进行深入分析，根据物理学中的一些基本规律，明确有哪些参数对现象或问题起主要决定作用，然后分析这些参数的作用轻重程度，且需要注意只有同类物理量才能进行比较大小。通过进一步分析研究确定因果关系，从而在数学上给出尽量比较明确的函数关系。

如前面所述，金属矿山地质条件极其复杂，地下开采导致采空区覆岩破坏的影响因素也较多，这些因素对覆岩破坏的影响程度及其破坏规律如何，没有一个明确的定量关系，因此将量纲分析的优点应用到金属矿山覆岩破坏规律和区域研究是比较适合的。量纲分析法在岩土工程领域的应用已初显成效[4,5]，但目前将该方法应用到金属矿山采空区覆岩破坏规律方面研究的文献鲜有报道[6]，因此，本章将量纲分析法应用到金属矿山覆岩破坏的研究也是一种尝试和探索。

5.1　金属矿山采空区覆岩破坏高度影响因素

作者通过查阅大量金属矿山采空区覆岩冒落资料、现场实测、数值模拟研究等多种手段对金属矿山覆岩冒落进行分析，得出对金属矿山覆岩破坏高度影响较大的有以下几个因素：采矿方法、矿体厚度、开采深度、构造应力、采空区尺寸、覆岩岩性、覆岩岩性结构、覆岩断层结构和时间等[6]。

1. 采矿方法和矿体厚度

不同的采矿方法导致采空区覆岩破坏的发育高度及其变化规律不同。例如，采用房柱法开采矿体时，假如不对采空区进行处理，采空区覆岩最大下沉值为矿体开采高度的 45%左右；假如只对采空区进行局部充填，则覆岩最大下沉值为矿体开采高度的 5.5%～9%；假如利用充填条带方法时，覆岩最大下沉值为矿体开采高度的 0.3%～0.6%。由此可知，充填采矿法是控制采空区覆岩破坏最有效的方法，而崩落采矿法是对采空区覆岩破坏最为严重的方法。

矿体厚度决定了开采高度，也影响了采矿方法的选择，不同的开采高度和不同的采矿方法决定了覆岩垮落高度和塑性区的高度不同。

2. 开采深度和构造应力

随着地下矿山开采深度越来越深，采空区覆岩不但要承受上覆岩体给予的自重应力，同时构造应力也越来越大，尤其是水平构造应力对覆岩的破坏起着关键作用，因此构造应力对覆岩的破坏规律有重要的作用。

3. 采空区尺寸

现场实测和数值模拟研究表明：采空区尺寸越大，上覆岩体破坏高度和冒落的可能性就越大，且体积和范围也越大；采空区覆岩破坏高度与采空区工作面最小长度(走向或倾斜长度)最为密切，一般情况下覆岩破坏区的塑性区高度与工作面的倾斜长度相当。当工作面走向长度一定，但没有达到充分采动长度(矿体沿走向和倾斜开采长度均未达到或只有一个方向达到 1 倍开采深度)时，其塑性区高度随着走向长度的增加而增大；当其走向长度达与倾斜长度相同时，其破坏高度达到最大，之后其破坏高度不再随开采尺寸的增加而变大。塑性区域的形状不再是典型的"马鞍形"而是"拱形"。

4. 覆岩岩性与结构

岩石的特性根据其单轴抗压强度可大致划分为 5 种类型，即坚硬岩、较坚硬岩石、较软岩、软岩和极软岩,岩石的坚硬程度体现出了岩石破坏的难易程度。例如,对于较坚硬的花岗岩类岩石,其矿体被开采后容易使压应力和拉应力积聚升高,覆岩破坏垮落后,其上覆岩体仍可起到一定的支撑作用,使垮落充分发展,微裂隙不易闭合,且易向更高处发展,岩体透水性增大。对于较软弱的黏土类材料,在开采破坏中压应力和拉应力难以聚集升高,常以塑性变形、剪切破坏和拉破坏为主。岩石容重大小取决于岩石的矿物成分、孔隙发育程度和含水量,它在一定程度上反映出岩石力学性质的优劣。一般情况下,岩石容重越大,其力学性质越好,反之则越差。岩石的硬度系数(普氏硬度系数)是为了描述岩石的坚固性这个概念,用来表示岩石在破碎时的难易程度,对于硬度系数大的岩石越不易破碎,其破坏所需要的能量也就越大。岩石的碎胀性是指岩石破碎之后的体积比原体积增大的性质。碎胀性可用碎胀系数来表示(松散系数),对于一般岩石,其松散系数为 1.2~2.0。越是坚硬的岩石其破碎后松散系数会越大,松散系数的大小主要由破碎之后岩石的粒度组成和块度的形状决定。松散系数越大,覆岩破坏后体积膨胀也越大,更有利于将采空区充填满,这样越易阻止上覆岩体继续垮落。

作者对一些矿山采空区的实地调查发现岩性结构的不同对上覆岩体的破坏发育程度也不同。虽然金属矿山地质条件极其复杂,不像煤矿那样具有层状,但是为了研究方便,仍然将金属矿山采空区上覆岩体分为上、下部位进行表述,下部指接触采空区悬空部分的覆岩区域,上部是指在悬空覆岩之上的部分。上覆岩体岩性大致有以下几种组合:坚硬岩-坚硬岩、坚硬岩-软岩、软岩-坚硬岩、软岩-软岩。

(1)下部坚硬岩-上部坚硬岩:上覆岩体整体稳定性较好,但是在开采扰动条件下,下部岩体能发生块状垮落,其覆岩的下沉量比较小。采空区和垮落区自身的空间几乎全靠垮落下来的岩石碎胀充填,垮落过程发展较充分,上部岩体裂隙扩展,透水性增强,塑性区域高度最大。

(2)下部坚硬岩-上部软岩:下部悬空覆岩发生垮落后,上部软岩立即下沉,减少了采空区和垮落区自身的空间,所以垮落过程发育不充分,塑性区高度比较小。

(3)下部软岩-上部坚硬岩:下部悬空覆岩垮落的发育、发生、下沉速度、下沉量都很小。采空区和垮落区自身的空间几乎都是靠冒落的碎胀岩块进行充填。所以,垮落的发展比较充分。塑性区最高点一般都能到达上部坚硬岩,根据坚硬岩的物理力学强度的不同,上部覆岩要么不垮落仅弯曲下沉,要么长久不破坏移动,使塑性区最高点到达软岩和硬岩的接触面;要么发生垮落,导致塑性区最高点继续发展。

(4)下部软岩-上部软岩:上覆岩层整体稳定性差,采空区形成后顶板立即垮落。在垮落的发育、发生、发展过程中,覆岩整体下沉量较大,采空区和垮落区自身空间因覆岩整体下沉而不断减小,所以,垮落过程发展不充分,裂隙形成后易于闭合,塑性区高度也较小。

5. 覆岩断层结构

上覆岩体断层、裂隙构造是影响覆岩移动破坏重要的地质影响因素。当开采工作面接近断层、裂隙带时，常发生抽冒型垮落，可一直到达地表，形成塌陷坑；当断层的宽度较小，且闭合或胶结时，对覆岩破坏和移动影响不是很大；当断层未被胶结或有软弱夹层存在时，开采扰动造成的应力场二次分布易造成上覆岩体沿断面滑动。

6. 时间效应

根据实测，时间效应对采空区覆岩破坏高度有一定的影响。边界上覆岩层破坏规律的黏弹塑性分析中的时间效应也证明了这点。根据塑性区高度发展的时间过程，在塑性区域还未发育到最大高度之前，塑性区高度随时间而增加。针对易产生小面积冒落的中硬覆岩，在矿山回采后一般 1~2 个月时间内，塑性区达到最大值；对于坚硬覆岩，塑性区高度到达最大值的时间会更长一些；而软弱覆岩，塑性区高度达到最大值的时间较短，一般为 20 天左右。对于产生大面积垮落的采空区一般是在 6 个月时间，有的甚至更长。当塑性区高度发育到最大值以后，随着时间的增长，由于受重力和构造应力作用出现稳定甚至有所降低，其降低幅度与覆岩的岩性及力学特性密切相关。当覆岩为坚硬岩体时，塑性区最大高度基本不随时间变化。

5.2　金属矿山覆岩冒落区域分析

矿山的开采是一门经验性很强的工艺技术，岩石材料本身就具有非均质性，再加上金属矿山地质条件具有极其复杂性和不可预知性。因此，仅仅通过一些定量的计算公式、力学模型或者一些简化后的数值分析方法都无法很好地解决真正的工程实际问题。目前比较有效的解决矿山实际问题的方法就是工程类比法，即借鉴一些近似地质条件的矿山的做法和措施。尽管不同的矿山地质及开采条件不尽相同，但是这些来自工程实际得出的方法和措施具有一定的可借鉴性和实用性。

目前金属矿山覆岩垮落规律的研究资料较少，仅有的几篇文献在研究垮落区范围时仍采用煤矿中的一些公式。众所周知，人们对煤矿冒落带的范围和高度的研究取得了一系列研究成果[7-11]，并给出了一些定量关系。

一般冒落带高度 h_m 的数学表达式：

$$h_m = \sum_{i=1}^{n} h_i = \frac{h - S_A}{k - 1} \tag{5-1}$$

式中，n 为采空区已冒落的岩层数；h_i 为已冒落岩层厚度，m；h 为采高，m；k 为岩石松散系数；S_A 为老顶下位岩梁触矸处沉降值，m。该公式通过累计求和的方式将不同层的垮落高度进行计算，但未涉及矿体倾角等影响因素。

有研究者给出了改进后的冒落带高度的计算公式：

$$h_m = \frac{M}{(k-1)\cos\alpha} \tag{5-2}$$

式中，h_m 为冒落带高度，m；M 为开采法线厚度，m；α 为矿体倾角，(°)；k 为冒落矿石松散系数。

该公式简洁明了，但是涉及影响破坏高度的因素较少，会导致预测结果的不可靠性及误差偏离实际。

为了能使预测的结果更符合实际，矿山顶板冒落断面形状一般都是不规则的，呈半椭圆形的断面较多，所以得出：

$$h_m = \frac{M}{\pi(k-1)\cos\alpha} \tag{5-3}$$

该公式虽然考虑了冒落断面形状，但其缺陷仍然是涉及影响破坏高度的因素不够全面。

当矿山在充分采动条件下，冒落矿石的体积等于采空区体积和冒落岩层的自身体积之和，当然这种情况是在极限状态下较理想化的一种假设。从体积均衡的角度可得

$$h_m + M = h_m k \tag{5-4}$$

由上式可得

$$h_m = \frac{M}{k-1} \tag{5-5}$$

式中，h_m 为冒落高度，m；M 为开采法线厚度，m；k 为冒落矿石松散系数。

在实际的矿山开采中，采空区覆岩会产生一定的下沉量，这样采空区的总体体积就缩小了，因而导致冒落高度降低，另外采出的矿石很难全部放出。因此可将式(5-5)修改为

$$h_m = \frac{M(1-F) - S_{\max}}{k-1} \tag{5-6}$$

式中，F 为采空区矿岩平均充满率，%；$S_{\max}$ 为地表最大下沉量，m。

　　不同的采矿方法导致采空区上覆岩体的冒落高度也不相同,用全部垮落法采矿时,根据经验在矿层倾角为0°～54°时,当岩石抗压强度小于20MPa时,冒落高度为1～2m;当岩石抗压强度为20～40MPa时,冒落高度为3～4m;当岩石抗压强度为40～60MPa时,冒落高度为4～5m。当矿层倾角为55°～85°、岩石抗压强度小于40MPa时,冒落高度为0.5m。这些经验公式比较简洁,但考虑影响冒落高度因素较少,这势必与工程实际情况有出入。

　　通过对式(5-1)～式(5-6)的分析,并结合前面金属矿山覆岩破坏高度影响因素的剖析发现:上述公式在研究覆岩垮落高度时考虑的影响因素过少,仅考虑了矿体厚度(开采法线厚度)、岩石的碎胀性、矿体倾角、矿石充满率这些因素,很多重要的影响因素没有考虑进去,如覆岩的岩性、采矿方法、开采深度、构造应力、采空区尺寸等影响因素。这样得出的估算公式与矿山实际有出入是必然的结果。

5.3　基于量纲分析的金属矿山覆岩冒落规律及预测

　　人们在研究一些复杂问题时,可以借助现有的物理、数学模型和方程。但是在这个缤纷复杂的世界中,人类对自然界的认识是有限的,很多复杂的问题,无法利用现有的数学方程或定量关系来表述,需要采用量纲分析的方法来分析问题,设计出合适的模型实验来揭示问题的物理实质,进而确定因果关系。本节从统计学的角度,利用量纲分析的方法对金属矿山采空区覆岩垮落高度进行研究。

5.3.1　物理量的选取与解析

　　通过前述对金属矿山采空区覆岩破坏高度影响因素的研究可知:采矿方法、矿体厚度、开采深度、构造应力、采空区尺寸、覆岩岩性、岩性结构、断层结构等对金属矿山覆岩破坏高度,尤其是垮落高度的影响比较显著。下面就本节研究所牵涉的研究物理量进行解析和说明:①采矿方法。由于采矿方法在定量化研究方面不好量化,本次研究中暂不考虑。②矿体厚度(d)。矿体厚度在某种程度上决定了采空区的高度,采空区的高度越高,垮落后的碎石需要充填的采空区体积越大。③构造应力(σ_h)。随着开采深度(h)的增加构造应力越来越大,而且构造应力也是构成覆岩产生应力集中的重要因素。④采空区尺寸(S)。采空区范围越大越易造成覆岩垮落,另外随着采空区范围的增大,垮落后的碎岩充填满采空区的可能性就越小,这样垮落区和塑性区的高度有可能继续发育、扩展。⑤覆岩岩性。由于岩性对覆岩的影响是决定性的,本次研究中选取了岩石容重(γ)和岩石松散系数(k)作为研究物理量,岩石容重体现出了岩石本身力学性质的优劣,岩石松散系数表征了岩石破碎后充填采空区体积的能力,这两个物理量都对垮落区高度及塑性区高度有一定的影响。⑥岩性结构。岩性结构是覆岩中不同性质岩石通过不同组合形式构成的，金属矿山中采空区上覆岩体不如煤矿那样具有明显的层状结构，所以岩性结构不易划分，在这里用覆岩的硬度系数（f）来表述覆岩的整体岩性结构。⑦断层结构。由于断层结构在定量的关系式中不易表述，暂不考虑。

5.3.2 量纲模型构建

用函数表示上述关系为：

$$f(\gamma, f, k, d, h, \sigma_h, S, H) = 0 \tag{5-7}$$

式中，H 为垮落高度，m；γ 为岩石容重，kN/m^3，在量纲分析时视为 MPa；f 为覆岩的硬度系数；d 为矿体厚度，m；h 为开采深度，m；σ_h 为构造应力，MPa；S 为采空区尺寸，m^2。

式(5-7)中共有 8 个物理量，其中它们的量纲单位详见表 5-1。

表 5-1 量纲单位表

物理量		岩石容重 $\gamma/(\text{kN/m}^3)$	覆岩的硬度系数 f	松散系数 k	矿体厚度 d/m	开采深度 h/m	构造应力 σ_h/MPa	采空区尺寸 S/m^2	垮落高度 H/m
量纲	$[F]$	1	0	0	0	0	1	0	0
	$[L]$	–3	0	0	1	1	–2	2	1

确定量纲矩阵：

$$\begin{bmatrix} [F] \\ [L] \end{bmatrix} = \begin{bmatrix} 1 & 0 & 0 & 0 & 0 & 1 & 0 & 0 \\ -3 & 0 & 0 & 1 & 1 & -2 & 2 & 1 \end{bmatrix} \tag{5-8}$$

根据量纲和谐原理，确定 π 数，其中选取构造应力 σ_h、矿体厚度 d 为基本量纲，写成量纲矩阵形式：

$$\begin{bmatrix} [F] \\ [L] \end{bmatrix} = \begin{bmatrix} 1 & 0 & 1 & 0 & 0 & 0 & 0 & 0 \\ -2 & 1 & -3 & 0 & 0 & 1 & 2 & 1 \end{bmatrix} \tag{5-9}$$

结合 Matlab 软件对量纲进行分析：

$$>> A = [1\ 0\ 1\ 0\ 0\ 0\ 0\ 0; -2\ 1\ -3\ 0\ 0\ 1\ 2\ 1]$$

$$A = \begin{matrix} 1 & 0 & 1 & 0 & 0 & 0 & 0 & 0 \\ -2 & 1 & -3 & 0 & 0 & 1 & 2 & 1 \end{matrix}$$

$$>> \quad A = \mathrm{sym}(A)$$

$$A = \begin{bmatrix} 1 & 0 & 1 & 0 & 0 & 0 & 0 & 0 \\ -2 & 1 & -3 & 0 & 0 & 1 & 2 & 1 \end{bmatrix} \tag{5-10}$$

$$>> \mathrm{null}(A)$$

$$\mathrm{ans} = \begin{bmatrix} -1 & 0 & 0 & 0 & 0 & 0 \\ 1 & 0 & 0 & -1 & -2 & -1 \\ 1 & 0 & 0 & 0 & 0 & 0 \\ 0 & 1 & 0 & 0 & 0 & 0 \\ 0 & 0 & 1 & 0 & 0 & 0 \\ 0 & 0 & 0 & 1 & 0 & 0 \\ 0 & 0 & 0 & 0 & 1 & 0 \\ 0 & 0 & 0 & 0 & 0 & 0 \end{bmatrix} \tag{5-11}$$

由式(5-11)可以得出：

$$\begin{bmatrix} \pi_1 \\ \pi_2 \\ \pi_3 \\ \pi_4 \\ \pi_5 \\ \pi_6 \end{bmatrix} = \begin{bmatrix} \sigma_h & d & \gamma & f & k & h & S & H \\ -1 & 1 & 1 & 0 & 0 & 0 & 0 & 0 \\ 0 & 0 & 0 & 1 & 0 & 0 & 0 & 0 \\ 0 & 0 & 0 & 0 & 1 & 0 & 0 & 0 \\ 0 & -1 & 0 & 0 & 0 & 1 & 0 & 0 \\ 0 & -2 & 0 & 0 & 0 & 0 & 1 & 0 \\ 0 & -1 & 0 & 0 & 0 & 0 & 0 & 1 \end{bmatrix} \tag{5-12}$$

由式(5-12)可以得出 6 个无量纲 π 数，如下：

$$\pi_1 = \frac{\gamma \cdot d}{\sigma_h}, \quad \pi_2 = f, \quad \pi_3 = k, \quad \pi_4 = \frac{h}{d}, \quad \pi_5 = \frac{S}{d^2}, \quad \pi_6 = \frac{H}{d}$$

因此，覆岩垮落量纲方程可以写成：

$$F\left(\frac{\gamma \cdot d}{\sigma_h}, f, k, \frac{h}{d}, \frac{S}{d^2}, \frac{H}{d} \right) = 0 \tag{5-13}$$

5.3.3　覆岩垮落高度与各因素物理量的关系

本节是作者经过查阅大量金属矿山冒落统计资料，同时也到矿山进行实测的结果。但是遗憾的是这个方面的资料较匮乏，由于地下采空区垮落后，极有可能引起后续的继续垮落和其他次生灾害发生，人员到现场实地测量垮落区的高度等参数是很不安全的，另外由于对金属矿山垮落高度的研究较少，目前此方面的数据极少。表 5-2 是一些金属矿山的采空区覆岩垮落高度与其他各影响因素的统计数据，这些金属矿山开采方法多采用房柱法，矿体倾角基本上在 0°～35°。

表 5-2　金属矿山影响覆岩垮落高度各因素物理量统计表

矿名	岩石容重 γ/MPa	覆岩硬度系数 f	松散系数 k	矿体厚度 d/m	开采深度 h/m	构造应力 σ_h/MPa	采空区范围 S/m²	垮落高度 H/m
锡矿山南矿中部[12]	24.6	4.5	1.402	6	100	11.14	30000	12
云锡松树脚1#矿体[12]	25	8	1.329	9	400	24.46	135500	15
柏杖子金矿[13]	28	17	1.57	18	80	10.252	5000	65
云锡松树脚4#矿[14]	26	12.5	1.5	9	312.5	20.575	2000	36
小铁山矿[15]	24	4	1.54	15	750	40	200	5
广西高峰矿业有限责任公司100#矿体[16]	23.95	8	1.46	24.7	64	9.542	1800	49.2
西石门铁矿[17]	25.3	6	1.501	25	175	14.47	1000	6.2
三叉矿[18]	26	4	1.51	1.6	68.9	9.76	578	3.52
青山矿[18]	25	8.5	1.6	2.5	55	9.142	780	4.5
小水矿[18]	26	3	1.46	5	30	8.032	1080	5
红透山铜矿7#采区[19]	26.5	13	1.8	2.65	770	40.888	495	3
梅山铁矿[20]	25	8	1.55	134	100	11.14	5500	68
西林矿[21]	25.3	8	1.57	350	200	15.58	45000	120
车江铜矿[22]	24.5	6	1.3	2	88.5	10.63	102000	3.2
荆襄磷矿[22]	28	10.5	1.4	4	135	12.694	36000	8

　　注：①由于牵涉物理参数较多，所引用文献中提供的参数大都不全面，很多参数又经过网上搜索、参阅相关的报告，有的甚至是到现场调研才得到的，在此并未一一列出；

　　②对于矿山岩石容重、覆岩硬度系数、松散系数是通过查找相关列表获得的，矿体厚度、垮落高度若没明确给出具体数据，仅给出范围的，一般取其平均值；

③构造应力按最大构造应力求得[23]，其公式为 $\sigma_h = 6.7 + 0.0444h$ (MPa)，h 为开采深度。

对表 5-2 中的数据进行整理可以得到无量纲量的 π 值（表 5-3）。

表 5-3　各无量纲量的 lgπ 值

矿名	lgπ_1	lgπ_2	lgπ_3	lgπ_4	lgπ_5	lgπ_6
锡矿山南矿中部	1.12	0.65	0.15	1.22	2.92	0.30
云锡松树脚 1#矿体	0.96	0.90	0.12	1.65	3.22	0.22
柏杖子金矿	1.69	1.23	0.20	0.65	1.19	0.56
云锡松树脚 4#矿	1.06	1.10	0.18	1.54	1.39	0.60
小铁山矿	0.95	0.60	0.19	1.70	−0.05	−0.48
广西高峰矿业有限责任公司 100#矿体	1.79	0.90	0.16	0.41	0.47	0.30
西石门铁矿	1.64	0.78	0.18	0.85	0.20	−0.61
三叉矿	0.63	0.60	0.18	1.63	2.35	0.34
青山矿	0.83	0.93	0.20	1.34	2.10	0.26
小水矿	1.21	0.48	0.16	0.78	1.64	0.00
红透山铜矿 7#采区	0.23	1.11	0.26	2.46	1.85	0.05
梅山铁矿	2.48	0.90	0.19	−0.13	−0.51	−0.29
西林矿	2.75	0.90	0.20	−0.24	−0.43	−0.46
车江铜矿	0.66	0.78	0.11	1.65	4.41	0.20
荆襄磷矿	0.95	1.02	0.15	1.53	3.35	0.30

经过 Matlab 计算后，对无量纲关系拟合截图如图 5-1 所示。

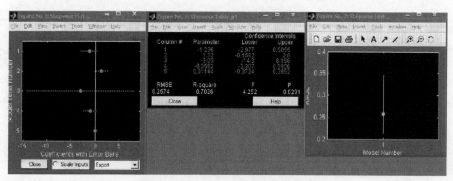

图 5-1　MATLAB 计算结果拟合截图

根据程序的计算结果可以得出如下方程[24]：

$$\lg\frac{H}{d} = 2.1185 - 1.2359\lg\frac{\gamma \cdot d}{\sigma_h} + 1.3204\lg f - 3.0502\lg k - 0.9582\lg\frac{h}{d} + 0.0114\lg\frac{S}{d^2}$$

$$(5\text{-}14)$$

其中，相关系数 $R^2 = 0.703$。

从相关系数可知，金属矿山采空区上覆岩体垮落高度与矿体厚度、开采深度、构造应力、采空区尺寸、覆岩岩性和岩性结构的相关性比较密切。这些因素的变化对采空区上覆岩体垮落高度的影响比较显著。

5.4　工　程　应　用

针对上述得出的金属矿山采空区上覆岩体垮落高度与矿体厚度、开采深度、构造应力、采空区尺寸、覆岩岩性和岩性结构的定量关系，为了检验该公式的正确性与实用性，本节选取了 3 个金属矿山进行相关验证。

5.4.1　工程实例 1

课题组对焦冲金矿覆岩垮落高度进行了测量和研究。该金矿位于安徽省铜陵县，主要矿种为金、硫。矿床被圈定为两个矿体，其中 I 为主矿体，II 为次要矿体，矿体走向为 55°，倾向南东，倾角为 10°～30°，矿脉厚度为 5～8m，平均为6m，地表平均标高为 160m，矿体顶板以硅质岩和大理岩为主，$f = 14～16$。在−460m中段开采 05 采场时，采空区顶板跨落高度达 6.2m（图 5-2），采空区面积约为 400m^2，具体相关物理参数见表 5-4。

图 5-2　顶板冒落后采场封闭

表 5-4　金属矿山覆岩垮落高度计算值与实测值对比表

矿名	岩石容重 γ /MPa	覆岩硬度系数 f	松散系数 k	矿体厚度 d /m	开采深度 h /m	构造应力 σ_h /MPa	空区范围 S /m²	垮落高度实测值 H /m	垮落高度计算值 H_1 /m
乳山金矿[25]	25	14	1.68	2.73	505	29.122	58000	5.5	6.08
红透山铜矿 11#采场[19]	26.5	13	1.8	2.65	770	40.888	618	4.37*	4.03
焦冲金矿	28.0	15	1.60	6.00	620	22.000	400	6.20	6.57

*该矿山垮落面积为 50～70m²，平均面积取 60m²，将其垮落水平截面视为圆形，由 $S=\pi r^2$ 可得 $r=4.37$，即垮落高度为 4.37m。

5.4.2　工程实例 2

乳山金矿位于胶东牟平区，1970 年开始投资生产，该矿金青顶矿区地表标高为+120m，主矿体是Ⅱ矿体，赋存于 4-21 线间 F₃ 断裂的转弯处，赋存标高为–807～+120m，长为 140～470m，矿体厚度为 0.27～7.4m，平均厚度为 2.73m。矿体顶底板围岩均已发生蚀变，原岩主要为黑云母花岗岩，其局部为斜长角闪岩和角闪斜长片麻岩残留体，围岩蚀变较发育，f=13～15。当–385m 中段开采 02 采场时，出现的矿体围岩沉帮冒落厚度达 5～6m，矿体顶板垮落面积达 10m²，采空区面积为 5800 万 m²，具体相关物料参数见表 5-4[25]。

5.4.3　工程实例 3

红透山铜矿位于辽宁省抚顺市清原满族自治县红透山镇，矿体平均厚度在 2.3～3m，矿石与围岩属中等稳固，开采深度距地表 770m，重应力场作用较显著，矿石类型属于黄铁矿型黄铜矿，f=12，上下盘围岩为片麻岩，f=12～14。由于深部地压较大，采矿发生大面积垮落的可能性很大。根据该矿对垮落区统计，11#采区采场面积为 618m²，共发生 4 次垮落，其中规模较大的一次垮落面积为 50～70m²，具体相关物料参数见表 5-4[19]。

通过对表 5-4 中垮落高度实测值和计算预测值可知，乳山金矿中垮落高度计算值与现场实测值的误差为 10.5%；红透山铜矿 11#采场的垮落高度计算值与实测值误差为 7.8%；焦冲金矿采空区垮落高度计算值与现场实测值的误差为 6.0%；3 个矿山平均垮落高度的计算值与实测值平均误差在 8.0%左右。因此，式(5-14)可作为金属矿山采空区覆岩垮落高度的一种预测方法，可为海洋、河流等水体下采矿参数的选取提供依据；同时也可以作为矿山冲击地压控制、采矿方法及开采程序的选择提供参考。

参 考 文 献

[1] 曹野, 宋波, 潘建仕, 等. 基于数值模拟的顶板围岩损伤过程动力响应信号的能量分析[J]. 岩石力学与工程学报, 2009, 28(增 1): 3137-3145.

[2] Xu Z M, Sun Y J, Dong Q H, et al. Predicting the height of water-flow fractured zone during coal mining under the Xiaolangdi Reservoir[J]. Mining Science and Technology, 2010, 20(3): 434-438.

[3] 谈庆明. 量纲分析[M]. 合肥: 中国科学技术大学出版社, 2005.

[4] Butterfield R. Dimensional analysis for geotechnical engineers[J]. Geotechnique, 1999, 49(3): 357-366.

[5] 魏作安, 许江举, 万玲. 应用量纲分析法建立抗滑桩间距的计算模型[J]. 岩土力学, 2006, 27(增): 1129-1132.

[6] 赵康, 赵奎, 石亮. 基于量纲分析的金属矿山覆岩垮落高度预测研究[J]. 岩土力学, 2015, 36(7): 2021-2026.

[7] 刘天泉. 防水煤(岩)柱合理留设的应力分析计算[M]. 北京: 煤炭工业出版社, 1998.

[8] 郑志军. 特厚煤层巷道顶板冒顶机理与控制技术研究[D]. 太原: 太原理工大学, 2017.

[9] 尹增德. 采动覆岩破坏特征及其应用研究[D]. 泰安: 山东科技大学, 2007.

[10] 宋振骐, 陈立良, 王春秋, 等. 综采放顶煤安全开采条件的认识[J]. 煤炭学报, 1995, 20(4): 356-360.

[11] 张军, 王建鹏, 杨文光. 综采工作面冒落高度模糊综合预测模型研究[J]. 中国矿业大学学报, 2014, 43(3): 426-431.

[12] 李铀, 白世伟, 杨春和, 等. 矿山覆岩移动特征与安全开采深度[J]. 岩土力学, 2005, 26(1): 27-32.

[13] 卢清国, 蔡美峰. 采空区下方厚矿体安全开采的研究与决策[J]. 岩石力学与工程学报, 1999, 18(1): 86-91.

[14] 杨重工. 采空区上部山体稳定性剖析[J]. 云南冶金, 1985, 2: 8-17.

[15] 吴壮军. 声发射技术在采场冒顶中的应用研究[J]. 云南冶金, 2000, 6: 1-3.

[16] 邓建明. 100 号矿体特大事故隐患的预防对策及治理措施[J]. 采矿技术, 2005, 5(Z1): 89-91.

[17] 陈庆凯, 任凤玉, 李清望, 等. 采空区顶板冒落防治技术措施的研究[J]. 金属矿山, 2002, 10: 7-13.

[18] 黄金寿. 缓倾斜层状矿体开采引起的冒落带和导水裂隙带分析[J]. 中国锰业, 1990, 1: 5-11.

[19] 王志方. 留法法分采方案实践[J]. 有色矿山, 1991, 4: 27-29.

[20] 贡锁国. 梅山铁矿安山岩型顶板冒落规律分析[J]. 矿业快报, 2002, 14: 8-10.

[21] 冶金工业部长沙有色冶金设计院技术情报科. 冶金矿山地压活动概况与设计中应注意的问题[J]. 有色金属(采矿部分), 1976, 6: 15-30.

[22] 周崇仁. 矿柱回采与空区处理[M]. 北京: 冶金工业出版社, 1989.

[23] Stephansson O, Sarkka P , Myrvang A. State of stress in Fennoscandia[C]//Stephansson O. Proceedings of the International Symposium on Rock Stress and rock stress measurements, Stockholm, 1986: 21-32.

[24] 赵康, 石亮, 赵奎, 等. 基于量纲原理的金属矿山采空区覆岩垮落高度预测方法: 中国, 201410088576.8[P]. 2018-04-24.

[25] 陈国平. 乳山金矿深部开采面临的问题及对策[J]. 采矿技术, 2002, 2(2): 29-31.

6 采空区顶板覆岩强度折减法安全判别研究

房柱式空场采矿法是我国目前金属矿山普遍采用的采矿方法[1-3]，依靠顶板和矿柱形成相互作用的共同承载结构来进行地压管理与控制，可实现矿石的安全、高效开采。顶板破坏规律和矿柱自身力学性能是房柱法采矿中采场结构参数设计优化的基础。在矿山实际开采过程中，爆破震动、地下水等因素的动态干扰，导致现场及室内所测定的岩体力学参数不够准确，因此，也导致在对采空区顶板破坏规律预测和覆岩移动控制方面受到很大限制。数值模拟方法因能较好地考虑介质的各向异性、非均质特性、不连续性及围岩复杂的边界条件等复杂地质条件而得到广泛应用。有限元强度折减法在边坡稳定性分析中得到了较好的应用，并获得了一系列的研究成果[4-6]。与传统的极限平衡法相比，该方法不仅满足了力的平衡条件，同时还考虑了材料的应力应变关系，在模型进行计算时不需要做任何假设，就能得出任意形状的临界滑动面和与其相对应的最小安全系数，另外还能时刻反映边坡失稳及塑性区的发展贯通过程。近几年来，一些学者[7-10]将这种在边坡中应用较广泛的方法运用到地下大型洞室群的整体稳定性评价及采空区顶板安全厚度预测，并达到了一定的目的。

为了充分回收矿产资源，常采用人工矿柱代替原生矿柱这种人为改变采空区围岩力学分布的方法以确保围岩稳定。本章基于材料强度储备概念，分别就人工矿柱和原生矿柱支护下对金属矿山采空区覆岩顶板强度进行折减，并对其稳定性进行研究。将覆岩稳定性安全系数定义为覆岩实际剪切强度和抗拉强度与折减之后临界破坏的剪切强度和抗拉强度之比。运用FLAC[3D]有限差分程序，对顶板覆岩黏聚力、内摩擦角和抗拉强度进行折减。主要研究顶板覆岩的破坏形态、破坏规律和破坏的演化过程，通过对黏聚力、内摩擦角和抗拉强度的折减可确定顶板的临界破坏强度，以采空区顶板中央张拉性塑性区贯通作为临界破坏判别标准。采用二分法遍历搜索出符合收敛条件的安全系数，实现采场空区顶板稳定性的定量性评价。

6.1 金属矿山采空区覆岩强度折减原理及破坏标准

6.1.1 计算原理和本构模型

1. 计算原理

FLAC[3D]有限差分软件采用了混合离散法和动态松弛法，这与有限元软件不同[11,12]。显式差分方法是将变量关于空间和时间的一阶导数都采取有限差分法来近似，提高了计算速度。混合离散技术可以更加精确、有效地模拟材料的塑性破坏和塑性流动，因此，这种处理方法在力学上比常规的有限元法数值积分更加合理。动态松弛方法采取质点运动方程来求解，通过阻尼，运动衰减到平衡状态，更加符合岩体状态变化规律。

1) 有限差分近似

如图 6-1 所示，节点编号为 1~4，与节点 n 相对应的面编号为 n，任一点的速率分量为 v_i，则有

$$\int_V v_{i,j} \mathrm{d}V = \int_S v_i \boldsymbol{n}_j \mathrm{d}S \tag{6-1}$$

式中，V 为四面体的体积，m^3；S 为四面体的外表面；$\boldsymbol{n}_j$ 为外表面单位法向向量分量。

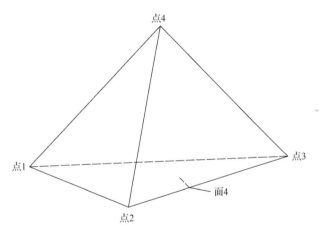

图 6-1 四面体

常应变单元的 v_i 为线性分布，$\boldsymbol{n}_j$ 在每个面上均是常量。节点 l 的变量用上标 l 表示，面 l 的变量用上标 (l) 表示，则式 (6-1) 化为

$$v_{i,j} = -\frac{1}{3V} \sum_{i=1}^{4} v_i^l \boldsymbol{n}_j^{(l)} S^{(l)} \tag{6-2}$$

2) 运动方程

节点运动方程：

$$\frac{\partial v_i^l}{\partial t} = \frac{F_i^l(t)}{m^l} \tag{6-3}$$

式中，$F_i^l(t)$ 为 t 时刻 l 节点在 i 方向的不平衡力分量；m^l 为 i 节点的集中质量。

3) 应变、应力及节点不平衡力

每一步的单元应变增量为

$$\Delta e_{ij} = \frac{1}{2}\left(v_{i,j} + v_{j,i}\right)\Delta t \tag{6-4}$$

求出单元应变增量之后，其应力增量可由本构方程推导出，节点不平衡力可由虚功原理求出[13]。

4) 阻尼力

为了使系统震动逐渐衰减到平衡状态，在式(6-3)中加入了非黏性阻尼，可变化为

$$\frac{\partial v_i^l}{\partial t} = \frac{F_i^l(t) + f_i^l(t)}{m^l} \tag{6-5}$$

则阻尼力 $f_i^l(t)$ 为

$$f_i^l(t) = -\alpha \left| F_i^l(t) \right| \mathrm{sign}(v_i^l) \tag{6-6}$$

式中，α 为阻尼系数，一般默认值为 0.8。

$$\mathrm{sign}(v_i^l) = \begin{cases} +1 & (y > 0) \\ -1 & (y < 0) \\ 0 & (y = 0) \end{cases} \tag{6-7}$$

2. 本构模型

FLAC^{3D} 计算程序中提供了空模型、弹性模型和塑性模型组成的 10 种基本的本构关系模型，这些模型都能通过相同的迭代计算格式得到解决：当给出前一步的应力条件和当前步的整体应变增量数据时，就能够计算出对应的应变增量和新的应力条件[14]。下面简要介绍本章数值模拟中采用的本构模型的理论基础。

1) 空单元模型

被剥落或开挖的材料常用空单元来描述，其应力为 0，该单元上没有质量力（重力）的作用。在模拟计算的过程中，空单元可以在任何阶段转化为具有不同材

料特性的单元，例如本次研究开挖后回填。

2) 莫尔-库仑塑性模型

覆岩破坏主要有两种形式：一种是岩体受上部荷载作用，覆岩产生大变形导致剪切破坏；另一种是由于覆岩中出现拉应力，当覆岩中的拉应力超出岩体的抗拉强度时，覆岩体内出现拉破坏区，随着拉破坏区的逐渐扩大，最终覆岩垮落。于是选用既能考虑剪切破坏又能考虑拉伸破坏的 Mohr-Coulomb 准则进行计算。Mohr-Coulomb 模型常用来描述岩土体材料的剪切破坏。模型中的破坏包络线、Mohr-Coulomb 强度准则(剪切屈服函数)和拉破坏准则(拉屈服函数)相对应。

(1) 增量弹性定律。

$FLAC^{3D}$ 分析程序在运行 Mohr-Coulomb 模型的过程中，用到了主应力 σ_1、σ_2 和 σ_3，以及平面外应力 σ_{zz}。主应力及其方向可通过应力张量分量得出，且排序如下(压应力为负)：

$$\sigma_1 \leqslant \sigma_2 \leqslant \sigma_3 \tag{6-8}$$

对应的主应变增量 Δe_1、Δe_2 和 Δe_3 可分解为

$$\Delta e_i = \Delta e_i^e + \Delta e_i^p \qquad i = 1,3 \tag{6-9}$$

式中，e、p 分别为弹性部分和塑性部分，且在弹性变形阶段，塑性应变不为零。

根据主应力和主应变，胡克定律的增量表达式为

$$\left. \begin{array}{l} \Delta\sigma_1 = \alpha_1 \Delta e_1^e + \alpha_2 \left(\Delta e_2^e + \Delta e_3^e \right) \\ \Delta\sigma_2 = \alpha_1 \Delta e_2^e + \alpha_2 \left(\Delta e_1^e + \Delta e_3^e \right) \\ \Delta\sigma_3 = \alpha_1 \Delta e_3^e + \alpha_2 \left(\Delta e_1^e + \Delta e_2^e \right) \end{array} \right\} \tag{6-10}$$

式中，$\alpha_1 = K + 4G/3$；$\alpha_2 = K - 2G/3$；K 为剪切模量；G 为体积模量。

(2) 屈服函数。

根据式(6-8)的排序，对平面 (σ_1, σ_3) 中的破坏准则进行了描述(图 6-2)。由 Mohr-Coulomb 屈服函数可得到点 A 到点 B 的破坏包络线为

$$f^s = \sigma_1 - \sigma_3 N_\varphi - 2c\sqrt{N_\varphi} \tag{6-11}$$

点 B 到点 C 的拉破坏函数为

$$f^t = \sigma^t - \sigma_3 \tag{6-12}$$

式中，φ 为内摩擦角，(°)；c 为黏聚力，MPa；σ^t 为抗拉强度，MPa。

$$N_\varphi = \frac{1+\sin\varphi}{1-\sin\varphi} \tag{6-13}$$

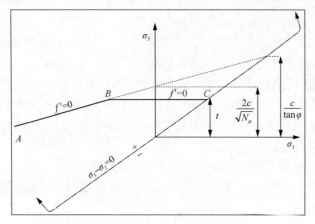

图 6-2　Mohr-Coulomb 强度准则[15]

　　在剪切屈服函数中仅有最大主应力和最小主应力起作用，而中间主应力不起作用。对于内摩擦角 $\varphi \neq 0°$ 的材料，它的抗拉强度不能超过 σ_{max}^t，公式为

$$\sigma_{max}^t = \frac{C}{\tan\varphi} \tag{6-14}$$

6.1.2　强度折减法实现原理

　　强度折减法最早由 Zienkiewicz 用于边坡稳定性分析，我国学者郑颖人和赵尚毅[16]将该方法发展为有限元极限分析方法。因其定义的安全系数的物理意义明确，且又易与其他一些计算方法联合应用，受到大量学者和工程技术人员的青睐，成为新一代岩土体工程设计方法的发展方向。曹文贵等[17]将强度折减有限元法用于桩基下岩溶顶板稳定性的研究，获得到了满意效果。将强度折减法与数值分析方法结合起来，不但可以获得物理意义明确且备受工程人员关心的安全系数，同时还可以获得应力场、位移场及塑性区分布规律。

　　抗剪强度折减系数(shear strength reduction factor，SSRF)的定义为：在外荷载保持不变的情况下，岩体所发挥的最大抗剪强度与外荷载在岩体中所产生的实际剪应力之比[18]。本节以数值分析方法为手段，引入强度折减技术来研究金属矿山采空区覆岩稳定性问题。强度折减法的基本原理是将采空区覆岩强度参数 C、φ 同时除以一个折减系数 F_s，得到一组新的强度参数值(式 6-15、式 6-16)，然后用折减后的虚拟抗剪强度指标 C_F 和 φ_F 取代原来的抗剪强度指标 C 和 φ，并代入 FLAC 计算程序进行研究分析，通过不断地调整折减系数 F_s，直到采空区覆岩达到临界状态，破坏垮塌，此时对应的折减系数 F_s 即为其安全系数。

$$C_F = C / F_s \tag{6-15}$$

$$\varphi_F = \arctan(\tan\varphi / F_s) \tag{6-16}$$

$$\tau_{fF} = C_F + \sigma\tan\varphi_F \tag{6-17}$$

式中，C_F 为折减后岩体虚拟的黏聚力，MPa；φ_F 为折减后顶板岩体虚拟的内摩擦角，(°)；τ_{fF} 为折减后的抗剪强度，MPa；σ 为剪切面上的法向应力，MPa。

6.1.3 强度折减法破坏判据

强度折减理论在实现过程中，需要确定临界破坏判据。如何确定采空区覆岩发生垮落时临界破坏的强度折减系数是研究问题的关键所在，也是有限元计算中比较棘手的问题，即如何定义采空区覆岩破坏的判据较为重要。强度折减有限元分析一般在用于分析边坡稳定性时大多采用以下 3 种判据。

(1)自然求解过程收敛性。即在指定的收敛条件下，若算法计算无法收敛、应力分布不能满足岩土体的破坏准则和总体平衡要求，则表明岩土体发生破坏。这种破坏判据的物理意义不是十分明确，需作一些人为假定。

(2)单元塑性区贯通。边坡失稳破坏过程是塑性区逐渐扩展直到贯通而进入完全塑性流动状态、丧失承载能力的过程。此判据认为随着折减系数的增大，坡体内部区域将产生不同程度的塑性变形，假如发生塑性变形的区域相互贯通，则表明边坡发生整体失稳。

(3)节点位移突变。当边坡进入极限状态时，必定是其中一部分岩土体材料相对于另一部分发生无限制的滑移。在坡体内部布设若干监测点，可发现这些点的位移随折减系数的增大而存在突变现象，以此作为失稳判据可反映边坡的变形过程。

根据传统弹塑性理论，顶板覆岩破坏有 2 种形式：

(1)在覆岩上部载荷作用下，顶板覆岩产生过大变形导致剪切破坏；

(2)由于顶板覆岩出现拉应力，当拉应力超出岩体的抗拉强度时，顶板覆岩出现拉破坏区，随着拉破坏区的不断扩大，最终会引起顶板垮落。

当顶板覆岩达到破坏状态时，顶板塑性区贯通，产生很大的且无限制的塑性流动，位移的收敛曲线逐渐向上发展，无法收敛于某一定值，因此，FLAC 程序无法找到既能满足静力平衡、又能满足应力-应变关系和强度准则的解。岩体抗拉强度较低，采场顶板中常常会出现拉应力集中，拉应力区是破裂最先产生的部位，采空区顶板中央拉应力的大小是反映采场空区顶板安全性的重要指标。不论是静力解的收敛标准，还是塑性区的贯通标准，都可以认为是顶板达到临界破坏的条件。通过对模型进行多次比较试算，本书模拟采用顶板中央产生的张拉性塑性区扩展贯通作为顶板临界破坏的判别标准。采用这一破坏判据物理意义明确，图形显示清楚，符合有限元分析的一般原理。

6.2　安全系数求解

利用有限元强度折减法求解金属矿山采空区覆岩的安全系数的实质是求算使采空区覆岩处于破坏临界状态时的折减系数，其为一优化问题。假如利用逐步折减强度参数来求解，则 FLAC 分析次数繁多，有时甚至难以实现。因此，本书采用二分法遍历搜索符合收敛条件的安全系数[19]，具体实施方法如图 6-3 所示。

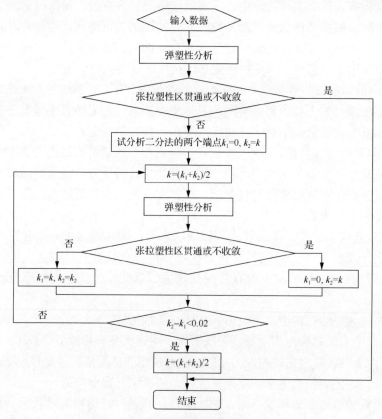

图 6-3　安全系数求解算法 N-S 流程图

6.3　采空区顶板覆岩强度安全判别

本次模拟主要是研究开采扰动下采空区顶板的力学状态及其变化。以焦冲金矿目前回采的-460m 中段(地表高度为+160m)为例，首先研究在人工矿柱支护下和原生矿柱支护下覆岩的应力场、位移场和破坏场，其次根据强度折减原理，对两种支护形式下采空区覆岩的稳定性及安全系数进行对比研究。

6.3.1 基本假设

本书利用强度折减理论，采用 FLAC^{3D} 程序对矿房开挖过程中采空区顶板覆岩稳定性进行分析，其基本假设如下：

(1)采空区围岩是均质各向同性的地下空间半无限体。

(2)模拟地下矿房开采的过程采用一次性开挖完毕的方法。

6.3.2 数值模拟方案建立与分析

焦冲金矿-460m 中段矿体走向长度为 90m(实际可采矿体约 70m)，矿体厚度为 6m，矿房宽 10m，矿柱宽 6m，沿矿体走向布置 6 个矿房、5 个矿柱。模型尺寸为 170m×92m×1m，模型为平面应变模型。模型采用等网划分，共有 15640 个单元，31806 个节点，模型如图 6-4 所示。

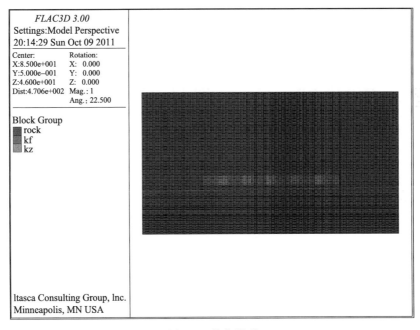

图 6-4　数值模型

根据室内试验岩石力学参数试验成果，参考《工程岩体分级标准》(GB/T 50218—2014)和《岩土工程勘察规范[2009 年版]》(GB 50021—2001)采用折减系数法确定岩体工程力学参数。岩体和人工矿柱物理力学参数如表 6-1。

表 6-1　岩体和人工矿柱物理力学参数

岩石名称	密度/(kg/m³)	弹性模量/MPa	黏聚力/MPa	摩擦角/(°)	泊松比	抗拉强度/MPa
围岩	2800	60000	15	45	0.2	7.5
矿体	2710	65000	15	42	0.19	7.5
人工矿柱	2100	230	0.171	35	0.25	0.01

　　同时考虑岩体自重应力和构造应力，来获得分析模型的初始应力场，研究区内的垂直应力随深度的线性变化，根据焦冲金矿矿体埋藏深度和平均岩体容重（ $\gamma =2800kg/m^3$ ）进行计算。考虑构造应力的影响，沿矿体走向的水平应力取垂直应力的 0.75 倍（ $\sigma_x = 0.75\sigma_z$ ）。模型底部表面为约束边界，模型四周和上部表面为单向边界[20]。在数值模拟结果中以压应力为负，拉应力为正；剪应力以逆时针为正，顺时针为负；位移与坐标轴方向相同时为正，相反时为负。

6.3.3　原生矿柱数值模拟结果与分析

　　1. 应力场分析

　　图 6-5 和图 6-6 是矿房开挖后，再次达到应力平衡时最大主应力、最小主应力整体分布图。从图 6-5 可以看出，矿床模型中从上至下，最大主应力逐渐增加。

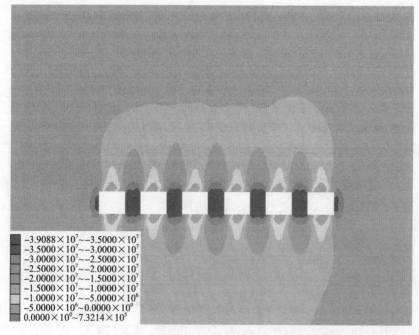

$-3.9088 \times 10^7 \sim -3.5000 \times 10^7$
$-3.5000 \times 10^7 \sim -3.0000 \times 10^7$
$-3.0000 \times 10^7 \sim -2.5000 \times 10^7$
$-2.5000 \times 10^7 \sim -2.0000 \times 10^7$
$-2.0000 \times 10^7 \sim -1.5000 \times 10^7$
$-1.5000 \times 10^7 \sim -1.0000 \times 10^7$
$-1.0000 \times 10^7 \sim -5.0000 \times 10^6$
$-5.0000 \times 10^6 \sim 0.0000 \times 10^0$
$0.0000 \times 10^0 \sim 7.3214 \times 10^5$

图 6-5　原始矿柱支护下的采空区围岩最大主应力分布图（单位：MPa）

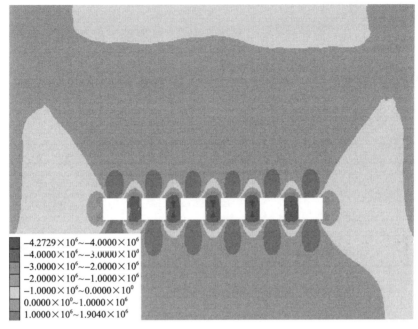

图 6-6 原始矿柱支护下的采空区围岩最小主应力分布图（单位：MPa）

最大拉应力出现在采空区顶板中央，最大压应力出现在采空区下部角点，最大剪应力出现在采空区顶板两侧。这表明采场开挖，上覆岩层受载荷作用，采场周围的支承点发生转移，引起采场围岩应力重新分布，在矿房四周形成支承压力带，围岩内出现应力集中，主要表现为：采场两侧和 4 个边角处出现压应力集中，顶、底板出现拉应力集中。

2. 位移场分析

图 6-7 和图 6-8 分别是矿房开挖后，覆岩水平方向位移和竖直方向位移整体分布图。由图 6-8 可知，采场空区顶板的位移最大，对称分布于采场空区两侧。矿房中间两个采场的竖直方向位移较其两侧的采场大。顶板水平方向位移较竖直方向位移小，对于整个采场来讲，竖直方向位移起到控制作用。

3. 塑性区分析

图 6-9 是采空区围岩塑性区整体分布图。从图中可以看出，由于岩体抗拉强度较低，采场顶板中往往会出现拉应力集中，采场空区顶板中央和底板出现张拉塑性破坏。采空区顶板两侧首先由于应力集中，产生剪切塑性破坏。这表明顶板岩层破坏有 2 种形式：

(1)在上部载荷作用下，顶板覆岩产生过大变形导致剪切破坏；

(2)由于顶板覆岩出现拉应力，当顶板覆岩中的拉应力超出岩体的抗拉强度时，顶板岩层出现拉破坏区，随着拉破坏区的不断扩大，最终引起顶板垮落。

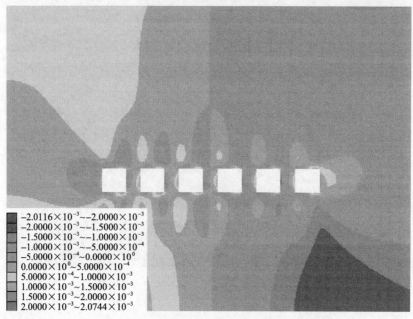

-2.0116×10⁻³~-2.0000×10⁻³
-2.0000×10⁻³~-1.5000×10⁻³
-1.5000×10⁻³~-1.0000×10⁻³
-1.0000×10⁻³~-5.0000×10⁻⁴
-5.0000×10⁻⁴~0.0000×10⁰
0.0000×10⁰~5.0000×10⁻⁴
5.0000×10⁻⁴~1.0000×10⁻³
1.0000×10⁻³~1.5000×10⁻³
1.5000×10⁻³~2.0000×10⁻³
2.0000×10⁻³~2.0744×10⁻³

图 6-7　采空区围岩水平方向位移分布图（单位：m）

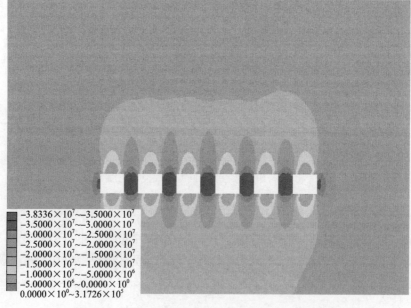

-3.8336×10⁷~-3.5000×10⁷
-3.5000×10⁷~-3.0000×10⁷
-3.0000×10⁷~-2.5000×10⁷
-2.5000×10⁷~-2.0000×10⁷
-2.0000×10⁷~-1.5000×10⁷
-1.5000×10⁷~-1.0000×10⁷
-1.0000×10⁷~-5.0000×10⁶
-5.0000×10⁶~0.0000×10⁰
0.0000×10⁰~3.1726×10⁵

图 6-8　采空区围岩竖直方向位移分布图（单位：m）

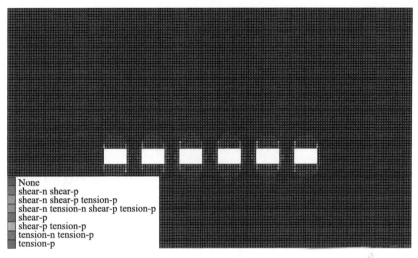

图 6-9　采空区围岩塑性区整体分布图

6.3.4　人工矿柱数值模拟结果与分析

1. 应力场分析

图 6-10 和图 6-11 是矿房开挖后，应力达到平衡时最大主应力和最小主应力整体分布图。从图 6-10 可以看出，整个模型围岩从上至下，最大主应力逐渐增加。从局部来看，顶板的应力场分布与原生矿柱支撑条件下是一致的，最大拉应力出

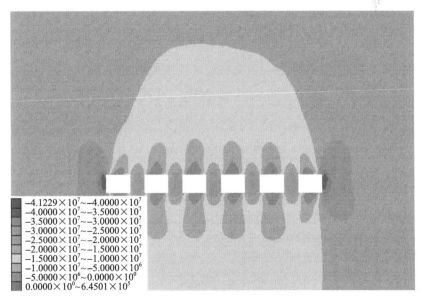

图 6-10　人工矿柱支护下采空区围岩最大主应力分布图(单位：MPa)

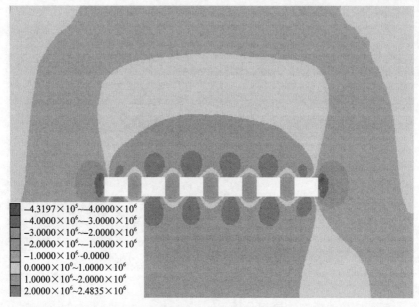

图 6-11　人工矿柱支护下采空区围岩最小主应力分布图(单位：MPa)

现在采空区顶板中央，最大压应力出现在采空区下部角点，最大剪应力出现在采空区顶板两侧。从整体来看，顶板的应力场分布不再是单纯以采场为单元的应力拱，而是在整个采场范围内通过单元应力拱组合形成一个超大应力拱。

2. 位移场分析

从图 6-12 可以看出，采场空区顶板在人工构筑矿柱的支撑下，顶板水平方向位移较竖直方向位移小。对于整个采场来讲，竖直方向位移起到控制作用。采场空区顶板的位移最大(图 6-13)，其总体沉降较原生矿柱条件下要大。

3. 塑性区分布

从人工矿柱支护下采空区围岩塑性区分布图(图 6-14)可知，一方面因岩体抗拉强度较低，采空区顶板中出现拉应力集中，采场空区顶板中央和底板出现张拉塑性破坏。采空区顶板两角处最先产生剪切塑性破坏。另一方面，因人工矿柱的承载能力较原生矿柱低，在应力重新分布过程中人工矿柱整体破坏，拉伸塑性破坏与剪切塑性破坏交替进行。从整体来看，中部采场塑性区范围较两侧采场大，有可能通过单元应力拱组合贯通，形成一个较大的拱形塑性区。

出现单元应力拱组合贯通的情况，将不利于采场围岩的支护，会降低采场的稳定性、安全性。对于构筑人工矿柱进行矿块回采的采场，其围岩体应进行分区、分阶段支护，并加强顶板安全性预警和覆岩移动监测。

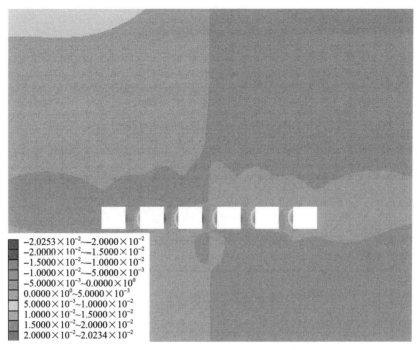

图 6-12　人工矿柱支护下采空区围岩水平方向位移分布图(单位：MPa)

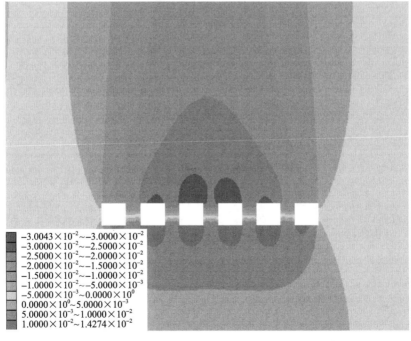

图 6-13　人工矿柱支护下采空区围岩竖直方向位移分布图(单位：MPa)

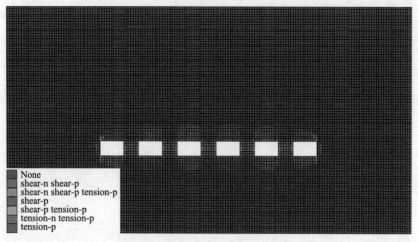

None
shear-n shear-p
shear-n shear-p tension-p
shear-p
shear-p tension-p
tension-n tension-p
tension-p

图 6-14　人工矿柱支护下采空区围岩塑性区分布图

6.3.5　原生矿柱支护下覆岩强度折减法的安全性

对建立的有限元模型，采用二分法折减强度参数，根据图 6-3 所示的安全系数求解算法 N-S 流程图进行计算，具体分析过程见表 6-2。

表 6-2　原生矿柱支护下顶板强度折减分析过程

分析次数	1	2	3	4	5	6	7	8	9	10
安全系数	1.00	5.00	3.00	4.00	3.50	3.25	3.49	3.47	3.40	3.46
黏聚力 /MPa	15.00	3.00	5.00	3.75	4.29	4.62	4.30	4.32	4.41	4.34
抗拉强度 /MPa	7.50	1.50	2.50	1.88	2.14	2.31	2.15	2.16	2.21	2.17
内摩擦角/(°)	45.00	11.31	18.43	14.04	15.95	17.10	15.99	16.08	16.39	16.12
张拉塑性区	不贯通	贯通	不贯通	贯通	贯通	不贯通	贯通	贯通	不贯通	不贯通

为说明原生矿柱支护下采空区顶板张拉塑性区扩展贯通情况，图 6-15～图 6-18 给出了安全系数分别为 1.00、3.00、3.25 和 3.48 时的塑性区分布图。从塑性区的分布可以看出，采场空区顶板中往往会出现拉应力集中，空区顶板中央和底板出现张拉塑性破坏。顶板两侧最先由于应力集中产生剪切塑性破坏。对于采用房柱法开采的金属矿山，由于矿房跨度过大，采场空区顶板的主要破坏形式为张拉性塑性破坏。通过以张拉性塑性区扩张贯通为顶板破坏判据的强度折减法，实现了采场空区顶板的安全性评价，得出焦冲金矿房柱法开采矿房在原生矿柱的支护条件下，采场顶板的安全系数为 3.48[21]。这一结果表明，在采场结构参数合理、岩体力学条件良好的情况下，可以确保矿山采场的安全。

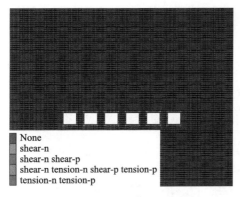

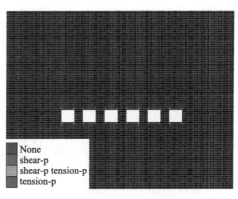

图 6-15　原生矿柱支护下塑性区
分布图(F_s=1.00)

图 6-16　原生矿柱支护下塑性区
分布图(F_s=3.00)

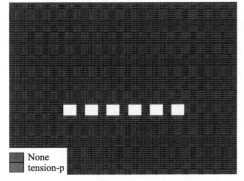

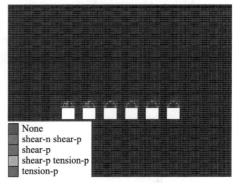

图 6-17　原生矿柱支护下塑性区
分布图(F_s=3.25)

图 6-18　原生矿柱支护下塑性区
分布图(F_s=3.48)

6.3.6　人工矿柱支护下覆岩强度折减法的安全性

由于焦冲金矿主要采取人工矿柱支护的方式来确保覆岩稳定，本小节重点研究人工矿柱支撑下的顶板力学状态，建立人工矿柱有限元模型，采用二分法折减强度参数，具体分析过程见表 6-3。

表 6-3　人工矿柱支护下顶板强度折减分析过程

分析次数	1	2	3	4	5	6	7	8	9	10
安全系数	1.00	5.00	1.10	4.50	2.50	3.50	1.50	2.00	1.20	1.42
黏聚力 /MPa	15.00	3.00	13.64	3.33	6.00	4.29	10.00	7.50	12.50	10.56
抗拉强度 /MPa	7.50	1.50	6.82	1.67	3.00	2.14	5.00	3.75	6.25	5.28
内摩擦角/(°)	45.00	11.31	42.27	12.53	21.80	15.95	33.69	26.57	39.81	35.15
张拉塑性区	不贯通	贯通	不贯通	贯通	贯通	贯通	贯通	贯通	不贯通	不贯通

为说明人工矿柱支护下采空区顶板张拉塑性区扩展贯通情况，图 6-19～图 6-22 给出了折减系数分别为 1.00、1.20、1.30 和 1.46 时的塑性区分布图。从塑性区的分布可以清晰地看出，人工矿柱支护下顶板的塑性区分布与原生矿柱不同，由于

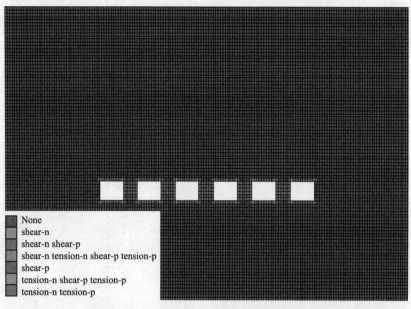

图 6-19　人工矿柱支护下塑性区分布图 (F_s=1.00)

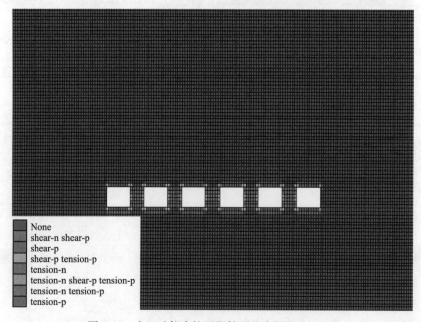

图 6-20　人工矿柱支护下塑性区分布图 (F_s=1.20)

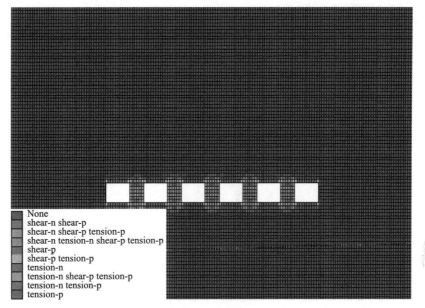

图 6-21　人工矿柱支护下塑性区分布图（F_s=1.30）

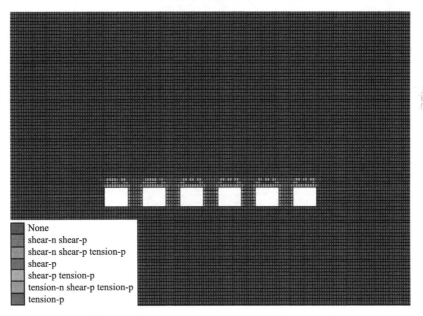

图 6-22　人工矿柱支护下塑性区分布图（F_s=1.46）

岩体抗拉强度较低，采场顶板中往往会出现拉应力集中，采场空区顶板中央和底板会出现张拉塑性破坏。采空区顶板两肩角侧最先产生剪切塑性破坏。从整体来看，中部采场塑性区范围较两侧采场大，有可能通过单元应力拱组合贯通，形成一个合并的大拱形塑性区。

　　通过以张拉性塑性区扩张贯通为顶板破坏判据的强度折减法，实现了采场空区顶板安全性的评价，得出焦冲金矿房柱法开采矿房在人工矿柱支护条件下，采场顶板的安全系数为 1.46。这一结果表明，采用人工构筑的充填体支护空场采矿法留下的空区，其安全性远不如原生矿柱。在人工矿柱支护下的顶板应力状态，即使在采场结构参数合理，岩体力学条件良好的情况下，也会出现单元矿房应力拱组合贯通，形成一个超大拱形塑性区的情况，将不利于采场围岩的支护，降低了采场的稳定性、安全性。对于构筑人工矿柱进行矿块回采的采场，其围岩体应进行分区、分阶段支护，并加强顶板安全性预警和覆岩位移的监测。

参 考 文 献

[1] 付建新, 宋卫东, 谭玉叶. 双层采空区重叠率对隔离顶柱稳定性影响分析及其力学模型[J]. 采矿与安全工程学报, 2018, 35(1): 58-63.

[2] Zhao K, Gu S J, Yan Y J, et al. Rock mechanics characteristics test and optimization of high efficiency mining in dajishan tungsten mine[J]. Geofluids, 2018: 1-11.

[3] 熊晓荣. 房柱法开采缓倾斜磷矿采场变形破坏机制及稳定性研究[D]. 北京: 中国科学院大学, 2018.

[4] 陈国庆, 黄润秋, 石豫川, 等. 基于动态和整体强度折减法的边坡稳定性分析[J]. 岩石力学与工程学报, 2014, 33(2): 243-256.

[5] 肖特, 李典庆, 周创兵, 等. 基于有限元强度折减法的多层边坡非侵入式可靠度分析[J]. 应用基础与工程科学学报, 2014, 22(4): 718-732.

[6] 孙超伟, 柴军瑞, 许增光, 等. 基于 Hoek-Brown 强度折减法的边坡稳定性图表法研究[J]. 岩石力学与工程学报, 2018, 37(4): 838-851.

[7] 梁正召, 龚斌, 吴宪锴, 等. 主应力对洞室围岩失稳破坏行为的影响研究[J]. 岩石力学与工程学报, 2015, 34(增1): 3176-3186.

[8] 仇文革, 孙克国, 郑强, 等. 隧道上方挖填方受初始埋深的影响分区研究[J]. 土木工程学报, 2017, (增1): 8-13.

[9] 江权, 冯夏庭, 向天兵. 基于强度折减原理的地下洞室群整体安全系数计算方法探讨[J]. 岩土力学, 2009, 30(8): 2483-2488.

[10] 林杭, 曹平, 李江腾, 等. 采空区临界安全顶板预测的厚度折减法[J]. 煤炭学报, 2009, 34(1): 57-61.

[11] Cundall P A, Board M A. Microcomputer program for modeling largest-rain plasticity problems[C]//Swoboda C.Numerical Methods in Geomechanics. Proceedings of the 6th International Conference On Numerical Methods in Geomechanics, Innsbruck, 1988: 2101-2108.

[12] 彭文斌. FLAC^{3D} 实用教程[M]. 北京: 机械工业出版社, 2008.

[13] 寇晓东, 周维垣, 杨若琼. FLAC-3D 进行三峡船闸高边坡稳定分析[J]. 岩石力学与工程学报, 2001, 20(1): 6-10.

[14] 陈育民, 徐鼎平. FLAC/FLAC^{3D}基础与工程实例[M]. 北京: 中国水利水电出版社, 2009.

[15] Itasca Consulting Group. User's Guide[M]. Minnesota: Itasce Consulting Group, 2002.

[16] 郑颖人, 赵尚毅. 有限元强度折减法在土坡与岩坡中的应用[J]. 岩石力学与工程学报, 2004, 23(19): 3381-3388.

[17] 曹文贵, 程晔, 赵明华. 公路路基岩溶顶板安全厚度确定的数值流形方法研究[J]. 岩土工程学报, 2005, 27(6): 621-625.

[18] 赵尚教, 郑颖人, 时卫民, 等. 用有限元强度折减法求边坡稳定安全系数[J]. 岩土工程学报, 2002, 24(3): 343-346.

[19] 赵康, 严雅静, 赵红宇. 人工矿柱支护下顶板稳定性强度折减计算软件 1.0: 中国, 2016SR385674[P]. 2016-12-21.

[20] 赵康, 赵红宇, 严雅静. 基于强度折减法的采空区覆岩安全判别计算软件 1.0: 中国, 2016SR290385[P]. 2016-10-12.

[21] 赵康, 张俊萍, 严雅静. 一种采空区顶板稳定性判别方法: 中国, 201510166676.2[P]. 2017-10-13.

7 人工矿柱支护下覆岩移动机理及防治技术

矿柱是矿山地下开采支护采空区围岩稳定和顶板控制的一种重要的、经济有效的方式之一。矿山中的矿柱可分为原生矿柱和人工矿柱两种[1,2]：原生矿柱是在矿山的开采过程中，直接将矿岩留设在井下，不进行开采和回收；人工矿柱多是在稀有、贵重金属矿山中使用，由于矿石的品位和价值较高，利用人工构建一定尺寸的充填材料代替采出的矿石，以此来改变采空区围岩的应力环境，支撑覆岩和控制围岩变形[3,4]。

在设计人工矿柱时，不但要考虑复杂地质条件和结构尺寸的影响，同时还要考虑作为人工矿柱充填料的材料配比、设计强度、充填施工工艺等因素，所以比原生矿柱设计和留设时要复杂得多，往往会因为某一项因素考虑不周全导致人工矿柱达不到支护顶板稳定的效果，不但造成材料的浪费，更重要的是影响了安全生产的开展。

虽然有一些学者对人工矿柱在金属矿山地下开采的支护作用及效果方面进行了一定的研究，但仍有一些问题急需解决[5-7]。在矿山应用人工矿柱支护措施时，最关键的是人工矿柱的设计强度能否达到要求，能否有效控制覆岩的移动。但是人工矿柱的设计强度到底多大才能达到工程支护要求，目前还有没明确的设计依据，一般都是采取经验类比方法进行设计。因为人工矿柱承载覆岩的力学机理与原生矿柱差异较大，所以，本章就人工矿柱承载覆岩的力学机理进行探讨和研究。

7.1 人工矿柱承载力学机理

7.1.1 矿柱强度载荷理论述评

矿柱的承载能力大小与下面几个因素关系密切：矿柱矿石自身的强度(抗压强度、抗剪强度)、矿房与矿柱的尺寸大小、矿柱的高宽比例、地质构造因素等，其中地质构造因素对矿柱承载能力影响较大。人们在对矿柱进行设计时，主要关心的是其强度大小和矿柱需承担的载荷，如何确定矿柱的强度和其需要承担载荷的大小一直是人们研究的重点。本节对目前较常用的一些矿柱强度理论进行总结和分析[8-12]。

20 世纪初期，美国学者 Danieis 和 Moore 通过对煤岩岩样进行室内强度试验后，发现岩样尺寸越大其强度越小，以及在岩样宽度保持不变时高度越大其强度也越小的现象[8]。1911 年 Bunting 将这两种现象分别称为岩样的"尺寸效应"和"形状效应"，以此提出了计算矿柱强度的 Bunting 经验公式[13]，该公式的精髓是有效区域强度理论的代表，它的提出对后来矿柱强度的研究产生了重要影响。格罗布拉尔于 1970 年将矿柱核区强度与其实际所受应力联系在一起，确定了核区内不同区域的强度。核区强度不等理论认为矿柱尺寸和形状的不同，导致矿柱核区各处强度也各异。即便核区所受平均应力高于其极限值，因岩石材料破裂颗粒之间的相互摩擦力，也不一定会导致矿柱立即发生彻底破坏，很有可能导致核区与采空区顶底板的连接性遭到破坏，也有可能导致矿柱突出或者采空区顶底板在矿柱边缘移位。Wilson[14]于 1972 年基于上述核区强度不等理论的思想，从三维角度提出了"两区约束理论"。该理论的优点是建立在三维空间的基础上，更加与实际情况相吻合，受到了研究者的青睐，但其不足之处是一些参数的经验算法和取值存在缺陷。我国学者白矛和刘天泉[15]于 1983 年将采空区沿走向的剖面看作边界作用具有均布载荷的无限大板中一个很扁的椭圆孔口，根据弹性断裂力学理论，建立了大板裂隙理论，该理论也有不足，如仅适用于条带开采方法。

根据对矿体巷道两帮围岩应力分布和应力极限平衡区的研究，国内外学者对极限平衡理论进行了大量研究。极限强度理论认为，当矿柱所承受的上覆载荷超过矿柱的承载能力(矿柱强度)时，矿柱就会发生失稳破坏。因此，正确估算矿柱所承受覆岩的载荷，是矿柱设计的主要依据。国内外就如何计算矿柱所承受的载荷，进行了研究并提出了一些假设和理论，包括压力拱理论、太沙基荷载理论、经典荷载公式等[16,17]。

1. 压力拱理论

该理论是由英格兰开采支护委员会最早提出(1930～1954 年)的，主要用于开采沉降控制，在设计矿柱时根据覆岩的厚度来确定矿柱尺寸。因采空区上方压力拱的形成，覆岩的载荷只有一小部分(开采层面与拱周边之间包含的岩层的质量)作用到直接顶板上，其他大部分覆岩质量会向采区两侧岩体(拱脚)转移。一般认为最大压力拱的形状为椭圆形，其高度在采场工作面上下方分别约为其工作面宽度的 2 倍。

2. 有效区域理论

该理论假设矿柱要承受覆岩的所有质量，即矿柱除了要承受矿柱正上方覆岩的质量以外，还要承受矿柱四周采空区一半面积的覆岩的质量。下面就有代表性的经典载荷公式作简要介绍[18]。

假定矿柱仅承受均匀的垂直应力作用，且该应力在采空区范围内保持常数，于是得出矿柱所受平均载荷的计算公式：

$$P = \frac{q}{1-\rho} \tag{7-1}$$

或

$$P = \gamma H \frac{(L+b)(a+b)}{La} \qquad (7\text{-}2)$$

式中，P 为矿柱承受平均载荷，MPa；γ 为覆岩的平均容重，kN/m^3；q 为开采前覆岩垂直应力，MPa；ρ 为采出率；H 为开采空间深度，m；a 为矿柱宽度，m；L 为矿柱长度，m。

$$\rho = \frac{aL}{(a+b)(L+b)}$$

该载荷理论由于简便而被广泛应用。但是该公式既没有考虑覆岩物理力学特性和矿柱布设位置的影响，也没有考虑岩体水平构造应力的作用，因此其计算载荷值比工程实际高 40%。

3. 太沙基载荷理论

前面几种荷载理论均有不同的缺点，常导致计算结果差别较大，因此，有研究人员在压力拱理论和经典公式的基础上，考虑了矿柱尺寸效应因素，提出了利用简化的太沙基理论[19]估算矿柱可能承受覆岩载荷的等效厚度：

$$H_p = \beta(2a + h) \qquad (7\text{-}3)$$

式中，H_p 为矿柱承受岩体载荷的等效覆岩厚度，m；β 为载荷系数，可由覆岩特性和原岩应力查表获得；a 为矿柱所能分摊顶板载荷的最大宽度，m；h 为矿柱高度，m。

由于该理论基本考虑了影响载荷的几个因素，且比较简便，应用前景较好。

上述无论是矿柱强度的理论还是矿柱载荷能力的公式，其研究对象和出发点都是针对煤矿的，而针对金属矿山的矿柱强度和载荷理论与公式鲜有出现。随着金属矿山开采深度和开采空间规模的不断加深增大，很有必要对金属矿山矿柱的强度和承载能力进行研究。

7.1.2 人工矿柱承载机理

人工矿柱作为在稀有、贵重金属矿山中重要的通过人为因素改变围岩力学环境的支护手段，也是充分回收矿产资源的措施。它虽然与原生矿柱具有同样的支护作用，但是它支撑覆岩的机理与原生矿柱却不同。原生矿柱是在矿石开采时根据采矿设计直接留设的原矿岩来支撑覆岩的稳定性，而人工矿柱是根据设计要求将矿柱位置的原矿石采出后，再将混凝土材料制作成能满足设计强度和尺寸要求的混凝土支柱。由于制作材料和工序的不同，二者作用机理不同。原生矿柱是直接支撑覆岩的部分载荷,属于主动支护结构[20]。而人工矿柱因制作工艺(如接顶效果不好、矿柱制作过程充填不实导致有空气等)、材料配比强度达不到预期要求,会导致覆岩顶板或上盘围岩变形弯曲下沉一定距离,与人工矿柱顶部充分接触压实后才将其自身重力作用到人工矿柱上。人工矿柱属于被动受力,以被动反作用的方式作用于上覆围岩,从而有效地控制覆岩的变形移位,有效阻碍了覆岩破坏的继续进行,将覆岩的势能吸收和转移到自身及顶板中,确保了矿山安全生产的进行。因此,人工矿柱不可能像原生矿柱那样主动承担上覆围岩的载荷,另外由于受施工工艺、人为因素及其自身力学特性的限制,也不可能像原生矿柱那样提供足够的支撑力。

在利用房柱法对矿体进行开采时,一般采用两步间隔回采,即先对设计好的矿柱进行回采,然后利用混凝土材料对矿柱实施整体充填,待人工矿柱强度达到设计要求后再回采矿房。当对矿柱进行回采时,矿柱上覆顶板应力释放,向两侧矿房转移;当对矿房进行回采时,由原来矿房所承担矿体中的应力将重新进行二次分布,胶结充填的人工矿柱变为支撑主体,起到支撑覆岩破坏变形、控制地压的作用[21]。人工矿柱承载应力机理模型如图7-1所示[1]。

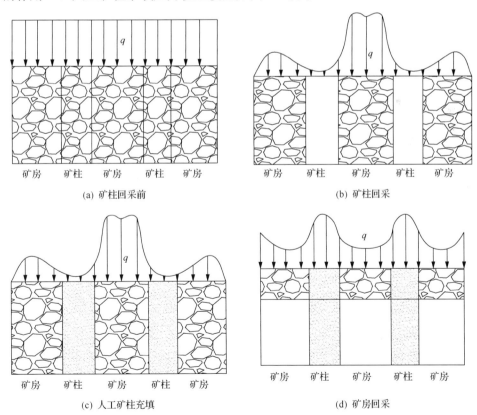

(a) 矿柱回采前　　　　　　　　　　　　(b) 矿柱回采

(c) 人工矿柱充填　　　　　　　　　　　(d) 矿房回采

图 7-1　人工矿柱承载应力机理模型

　　根据前面章节对采空区覆岩破坏特性的研究，并结合普氏地压理论可知，在矿山深部采动条件下，采空区覆岩的应力重新分布后可形成一个"拱形"卸压区。该区域内的应力远远低于原岩应力或上覆岩体的重力[22]。通过理论研究和现场大量实践表明，当两个相邻矿房被采空后，其之间的矿柱因屈服而出现大的压缩变形，其空区覆岩也将随之出现大的弯曲下沉。当弯曲下沉发展到一定程度时，两个相邻空区上方原来较小的免压拱就有可能渐趋合并，从而在屈服矿柱的上方形成一个较大的免压拱。由于人工矿柱弹性模量远小于原生矿柱，人工矿柱一旦承载将会出现较大的压缩变形，随着覆岩顶板下沉，原来被矿柱分隔的矿房顶板上方较小的免压拱渐趋合并，如此反复，直到在整个采空区上方形成较大的免压拱（图 7-2）。因此，要确保人工矿柱不发生失稳破坏，只需使人工矿柱能承受免压拱塑性区范围内覆岩的质量即可。

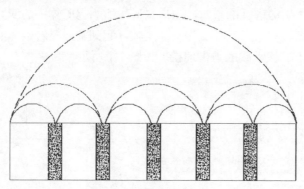

图 7-2　采空区覆岩免压拱合并过程

　　由此上述分析可知，人工矿柱的承载机理是一种被动让压的支护方式，其力学作用主要是阻碍采空区覆岩的进一步移动和变形，改善其受力状态、改变其受力分布，有效吸收和转移了覆岩的能量释放，有助于提高覆岩顶板的稳定性。人工矿柱支撑的是采场免压拱内的塑性区质量，而非覆岩全部质量。

7.2　人工矿柱尺寸参数与防治覆岩移动效果

7.2.1　人工矿柱合理结构参数

　　对于人工矿柱的合理设计，很多学者在数学建模方面已经做了大量的研究工作，一些研究者认为人工矿柱的作用是承受采空区覆岩地压，设计时要求矿柱具有支撑围岩的作用，因此，采用了传统原生矿柱设计的方法，如利用面积承载理论来设计人工矿柱的尺寸参数[23]。这种设计经常使人工矿柱尺寸设计过大，且随着矿山的深部开采，这种方法得到的人工矿柱尺寸明显很不合理。所以，对人工矿柱的合理尺寸必须要有新的计算思路和方法。

在人工假柱式的房柱采矿法中，人工矿柱的长度一般为中段的斜长，高度为矿体的厚度，两者均由矿体的赋存条件决定。所以对于人工矿柱宽度的设计是该采矿方法结构参数设计的关键。

根据人工矿柱承载机理，首先应确定免压拱塑性区范围内覆岩的质量。根据普氏地压理论，塑性区的半径 R_p 可表示为[1,21]

$$R_p = R_0 \left[\frac{(P_0 + c\cot\varphi)(1 - \sin\varphi)}{c\cot\varphi} \right]^{\frac{1-\sin\varphi}{2\sin\varphi}} \tag{7-4}$$

式中，R_0 为开挖半径，m；P_0 为开采深度的垂直自重应力，MPa；c 为岩体内聚力，MPa；φ 为岩体内摩擦角，(°)。

免压拱单位长度内顶压的集度载荷：

$$q_d = \gamma \left(R_p - \frac{h}{2} \right) \tag{7-5}$$

式中，q_d 为免压拱单位长度内顶压的集度载荷，MPa；γ 为围岩的容重，kN/m^3；h 为开采空间的高度，m。

在计算时应以最大范围计算开采跨度内的总载荷，所以必须考虑开采的整个跨度，以得到人工矿柱上方开采跨度范围内的总载荷 Q_d：

$$Q_d = q_d \times L \tag{7-6}$$

对 R_0、P_0 进行计算：

$$R_0 = \sqrt{\left(\frac{L}{2} \right)^2 + \left(\frac{h}{2} \right)^2} \tag{7-7}$$

$$P_0 = \gamma H \tag{7-8}$$

式中，L 为开采空间跨度即矿柱长度，m，即矿体沿走向的总长度；H 为开采深度，m。

将式(7-7)、式(7-8)代入式(7-4)，得到 R_p。

根据强度理论，人工矿柱的宽度主要由自身的强度、矿柱所承载的压力及自重 3 个因素决定。由于受充填工艺及现场条件的影响，人工矿柱强度值必须通过对试验测试值进行折减得到：

$$\sigma \leqslant \frac{S_p}{n} = [\sigma] \tag{7-9}$$

式中，S_p 为人工矿柱试样实验室测试强度值，MPa；σ 为人工矿柱平均应力，MPa；n 为强度折减系数，由现场实际情况及施工工艺决定，n 取 1.5～2。

取人工矿柱单位长度进行计算：

$$\frac{Q_d + NQ_m}{NB} \leqslant \sigma \tag{7-10}$$

式中，N 为人工矿柱的个数；B 为人工矿柱的宽度，m；Q_m 为每个矿柱单位长度的自重，kN。

$$Q_m = Bh\gamma_1 \tag{7-11}$$

式中，γ_1 为人工矿柱的容重，kN/m^3。

将式(7-4)～式(7-11)联立，解得人工矿柱的宽度的计算公式：

$$B = \frac{n\gamma L[(L^2 + h^2)^{\frac{1}{2}} \cdot \left(\dfrac{(\gamma H + c\cot\varphi)(1-\sin\varphi)}{c\cot\varphi}\right)^{\frac{1-\sin\varphi}{2\sin\varphi}} - h]}{2N(S_p - nh\gamma_1)} \tag{7-12}$$

考虑到矿柱的几何形状比，如宽高比对矿柱承载力的影响，对矿柱的宽度进行修正[24]：

$$B_{修正} = B\sqrt{\frac{h}{B}} = \sqrt{Bh} \tag{7-13}$$

根据式(7-12)和式(7-13)得到人工矿柱的宽度的计算公式，在设计矿柱的宽度时，须取不同的人工矿柱个数，对矿柱的宽度进行试算，对比实际合理矿房矿柱的布置，并最终确定最合理的人工矿柱的宽度。

7.2.2　人工矿柱稳定性关键因素

从前章节推导出的人工矿柱的宽度计算公式(7-12)和式(7-13)可以看出，当矿岩、充填体物理力学性质和充填工艺确定以后，人工矿柱的宽度只与矿体的产状关系密切，即矿体的开采深度、走向长度和厚度对人工矿柱尺寸参数影响较大，因为该类采矿方法比较适用于水平或缓倾斜矿体，所以可忽略倾角对其的影响。另外式(7-13)已根据矿体的厚度对矿柱的宽度尺寸的影响进行了修正，所以不再考虑矿体厚度对人工矿柱尺寸参数的影响。矿柱的最佳个数可通过式(7-12)和式(7-13)试算而得到。

　　通过上述研究分析，人工矿柱合理宽度的主要影响因素是矿体回采跨度和回采深度。为了进一步研究其各自的影响度，将矿岩和充填体物理力学参数、矿体厚度作为常量(根据某矿山实测值)，将矿体开采跨度 L 和回采深度 H 作为变量，分别将二者中一个参数固定不变，另一参数以 10m 的步距依次增加，开采跨度取值分别为 50m、60m、70m、80m、90m、100m、110m、120m、130m、140m；开采深度取值分别为 610m、620m、630m、640m、650m、660m、670m、680m、690m、700m。将人工矿柱个数分别取 4、5、6，将以上常量和变量代入式(7-12)和式(7-13)进行计算。根据计算结果得出变化曲线，如图 7-3 所示。

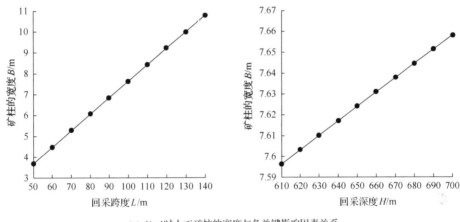

(a) $N=4$ 时人工矿柱的宽度与各关键影响因素关系

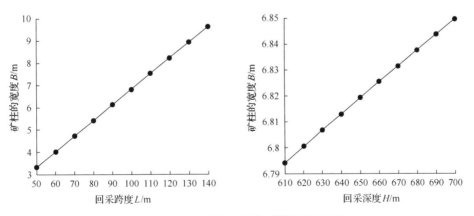

(b) $N=5$ 时人工矿柱的宽度与各关键影响因素关系

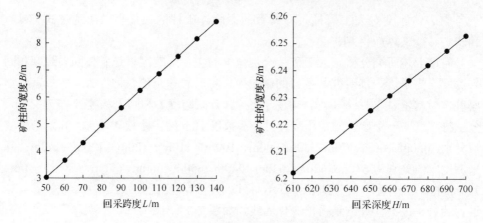

(c) $N=6$时人工矿柱的宽度与各关键影响因素关系

图 7-3　不同 N 值条件下人工矿柱的宽度与不同关键影响因素变化关系

从图 7-3 可以看出，人工矿柱个数 N 取不同值时，其宽度随走向长度和深度的增加而渐增。从图 7-3 的曲线分析可知，其变化趋势基本一致(斜率变化不大)，表明 N 的取值对人工矿柱的宽度的变化趋势影响较小，而矿体回采跨度与回采深度才是影响人工矿柱合理尺寸的关键因素。若要判断这两个关键因素对人工矿柱的影响度，则需要研究分析人工矿柱的宽度随各关键因素影响的变化率。因此，假设不同回采跨度时对应的人工矿柱的宽度为 B_n，不同回采深度时对应人工矿柱的宽度为 B_n'。于是人工矿柱的宽度随回采跨度和回采深度的变化率分别可以表示为

$$Pe_{n-1} = \frac{B_n - B_{n-1}}{B_{n-1}} \quad (n \geqslant 2) \tag{7-14}$$

$$Pe_{n-1}' = \frac{B_n' - B_{n-1}'}{B_{n-1}'} \quad (n \geqslant 2) \tag{7-15}$$

将上述计算结果代入式(7-14)和式(7-15)可得到不同 N 值时人工矿柱的宽度随回采跨度的变化率曲线 Pe 及随回采深度的变化率曲线 $P'e$。

从图 7-4 分析可知，当人工矿柱个数 N 取 4、5、6 三个不同值时，人工矿柱的宽度随其回采跨度和回采深度的变化率的数值及其变化趋势均保持一致，此规律表明 N 的取值不会改变回采跨度和回采深度对人工矿柱的宽度的影响。对变化率取相同的数量级，从曲线图上可知，当回采跨度不同时人工矿柱的宽度的变化率曲线(斜率变化较大)要明显陡于不同回采深度时人工矿柱的宽度的变化率曲线。从实际数值上对比分析也可发现前者的变化率数值要明显大于后者。该变化结果清楚地表明：回采跨度对人工矿柱的宽度的影响度要远远大于回采深度对人

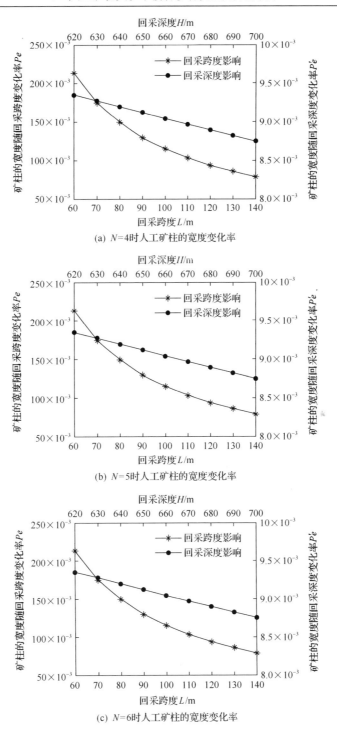

(a) $N=4$时人工矿柱的宽度变化率

(b) $N=5$时人工矿柱的宽度变化率

(c) $N=6$时人工矿柱的宽度变化率

图7-4　不同N值时人工矿柱的宽度随关键影响因素变化率曲线

工矿柱的宽度的影响度。为了便于进一步研究，将这一过程进行量化，分别计算出两种不同因素对人工矿柱的宽度的影响度并进行对比分析。不同跨度和深度导致人工矿柱的宽度的变化率不一致，所以分别取其变化率的平均值作为影响度，分别定义为 Ye 和 Ye' 。

回采跨度对人工矿柱的宽度的影响度[1]：

$$Ye = \frac{\sum Pe}{n} = \frac{Pe_1 + Pe_2 + \cdots + Pe_n}{n} \tag{7-16}$$

回采深度对人工矿柱的宽度的影响度：

$$Ye' = \frac{\sum Pe'}{n} = \frac{Pe'_1 + Pe'_2 + \cdots + Pe'_n}{n} \tag{7-17}$$

将前面计算得到的不同影响因素下的变化率分别代入式(7-16)和式(7-17)得到：

$$Ye = 0.1270$$

$$Ye' = 0.000479$$

从上面的计算结果可以看出，回采跨度对人工矿柱的宽度的影响度要远远大于回采深度的影响度。因此，在该类型矿体深部开采时，矿体走向长度即回采跨度是设计人工矿柱的宽度时主要考虑的因素。

7.2.3 防治覆岩移动效果现场试验

本小节以焦冲金矿为例，对上述研究成果的适用性和可行性进行验证。该金矿为了充分回收矿产资源采用人工混凝土矿柱代替原生矿柱的房柱法进行采矿，每个开采中段沿矿体走向划分为矿房和矿柱，回采分两步进行：第一步先回采矿柱，然后对矿柱实施整体混凝土充填；第二步回采矿房。目前，该矿山–430m 中段和–460m 中段已经进行回采，地表高度为 160m。其覆岩及充填体物理力学参数见表 7-1。

表 7-1 覆岩和充填体物理力学参数

岩石类别	抗压强度/MPa	弹性模量/MPa	黏聚力/MPa	内摩擦角/(°)	密度/(kg/m³)
覆岩	103	60000	15	45	2800
充填体	2.11	230	0.17	35	2100

矿山–430m 中段矿体走向长度为–85m，–460m 中段矿体走向长度为–65m，矿

体倾角的平均值为 30°，在开采之前为确定其合理的矿块结构参数，必须先确定人工矿柱的合理尺寸，将表 7-1 覆岩和充填体物理力学参数、开采深度和开采跨度分别代入式(7-12)和经修正后的公式(7-13)，选取不同的 N 值进行试算，最终得到如下结果[1]。

–430m 中段矿柱的合理尺寸：

$$B_{-430} = 6.6015$$

–460m 中段矿柱的合理尺寸：

$$B_{-460} = 5.7713$$

为了便于施工及出于安全考虑，对人工矿柱计算值取整，得到–430m 中段和–460m 中段矿块的合理结构参数见表 7-2。

表 7-2   –430m 和–460m 中段矿块的合理结构参数设计

中段/m	矿块结构参数			
	矿柱个数/个	矿柱的宽度/m	矿房个数/个	矿房的宽度/m
–430	4	6.6	5	11.7
–460	3	5.8	4	11.9

从表 7-2 中的参数可看出，虽然–460m 中段回采深度比–430m 中段大，但回采跨度却比–430m 中段小，根据前面的理论分析得出回采宽度的影响度要远大于回采深度的影响度。根据推导的式(7-12)和式(7-13)得出–460m 中段人工矿柱合理宽度小于–430m 中段，为了验证这一设计的实用性和合理性及是否能满足安全生产的需要，必须对现场实际数据进行监测，因此在研究中段根据研究需要布设不同的监测仪器。为了研究人工矿柱结构参数优化后的支护效果，在现场采用覆岩应力、位移和声发射相结合的综合监测方法。

应力监测利用振弦式应力计监测人工矿柱的应力变化状态，在矿山现场–430m 中段和–460m 中段一期矿柱回采完毕后，充填人工矿柱之前在分条上山底部布置混凝土压力计，二期矿房回采过程及回采完毕后持续记录混凝土压力计的监测值，通过监测结果掌握人工矿柱应力变化大小和应力变化率，进而判断可能发生应力集中而产生破坏的区域，为分析人工矿柱或覆岩可能发生破坏及破坏范围提供一定的参考依据。如果应力值的变化率突然增加或应力值即将达到覆岩极限强度时可作为人工矿柱或覆岩的失稳判据。

采用 VWM 型振弦式多点位移计对–430m 中段和–460m 中段矿房采空区顶板沉降进行监测(图 7-5)，在矿房采空区顶板钻凿监测钻孔，通过监测可得采空区顶板的相对下沉量、垮落程度或破坏范围，当监测钻孔较深时，一般将位移量较小的孔底视作监测基准点。若多点位移计测得的多个监测点的变化率或位移值突然增大则可作为覆岩可能发生失稳破坏的判据。

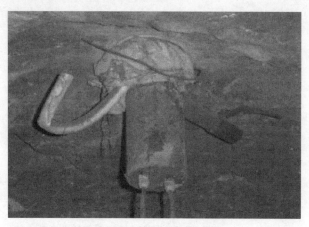

图 7-5　多点位移计埋设现场

　　声发射监测采用自主研发的 PXAE 智能声发射连续监测仪进行监测，由于−430m 中段跨度较大，仅对该中段矿房采空区围岩关键部位的稳定性进行监测（图 7-6）。由于岩石材料分子发生破裂时会释放能量而产生弹性波，即产生所谓的声发射信号，信号能量的大小和频率的高低与覆岩的受力状态和内部破裂情况关系密切。当覆岩破裂失稳来临之前声发射信号都会有一个急剧增加的过程，通常利用声发射大事件、总事件和能率作为岩体可能发生失稳破坏的判据。

图 7-6　采空区围岩关键部位声发射监测

两个中段采用混凝土压力计连续进行了 9 个月(–430m 中段从 2008 年 1 月开始,–460m 中段从 2009 年 1 月开始)的应力监测。矿房空区顶板连续进行了 8 个月(–430m 中段从 2009 年 8 月开始,–460m 中段从 2010 年 4 月开始)的沉降监测。–430m 中段矿房采空区围岩关键部位声发射监测选取一个有代表性的区段进行,各监测仪器的布置如图 7-7 所示。

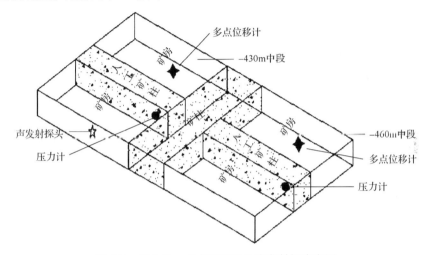

图 7-7　压力计、多点位移计及声发射探头布置

从应力监测曲线(图 7-8)来看[1],当对两侧矿房进行回采时,人工矿柱上部承受顶板压力持续增大,随着矿房回采完毕,压力值变化曲线逐渐趋于平缓,此结果印证了人工矿柱承载覆岩时其垂直压力变化分布规律(图 7-1)。从监测的数值来看,–430m 中段人工矿柱最大垂直应力为 0.78MPa,–460m 中段人工矿柱最大垂直应力值为 0.43MPa,通过对比前述根据公式设计的矿柱尺寸,–430m 中段人工矿柱的宽度要大于–460m 中段,这主要是由于–430m 中段开采跨度大于–460m 中

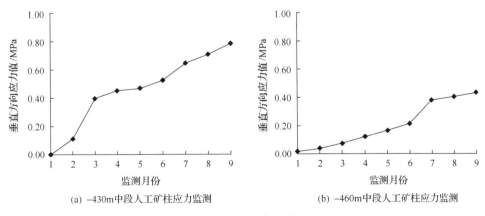

(a) –430m中段人工矿柱应力监测　　　　　(b) –460m中段人工矿柱应力监测

图 7-8　压力计监测结果

段。因此，从现场监测数据上对比来看，开采跨度对人工矿柱的宽度的影响要大于开采深度。

从顶板多点位移计监测的位移数据(图 7-9)来看，在矿房回采初期的几个月，顶板沉降变化较大，沉降不稳定，沉降量也较大，随着矿房覆岩的应力分布转移到矿柱上之后，矿房顶板沉降量降低，且逐步趋于平稳。此结果表明无论人工矿柱的宽度的大小，二者控制采空区覆岩移动的规律是一样的，均是初期位移沉降量较大，且沉降数据突跳较严重，随着覆岩应力转移分布渐趋稳定，其采空区顶板的沉降变化也逐步稳定，且能满足安全需要。距孔底的距离不同，相对位移沉降量也不同。距孔底越远(也即距孔口越近)，相对位移沉降量越大说明覆岩距采空区自由面越近的部位越易发生位移沉降。两个中段矿房顶板沉降不同主要表现在：一是采空区回采跨度大时，顶板下沉量越大，如–430m 中段的最大相对沉降量为 4.4mm，而–460m 中段最大相对沉降量为 2.7mm。从沉降监测曲线可以看出，跨度越大，其沉降量突跳就越大(–430m 中段两次监测数据绝对差值最大的约为0.8mm，–460m 中段两次监测数据绝对差值最大的约为 0.5mm)，表明其变化较大，不稳定性较强。二是采空区回采跨度越大，位移沉降曲线波动的周期越长，产生该现象的原因主要是跨度大导致顶板应力重新分布过程较长，且应力重新分布过程中出现应力向不同方向的转移，随着时间的推移最终逐渐集中到两侧的矿柱上方；而跨度小时，应力重新分布的过程时间较短，应力分布转移更具有规律性，更易朝着应力的着力点——矿柱两侧转移。

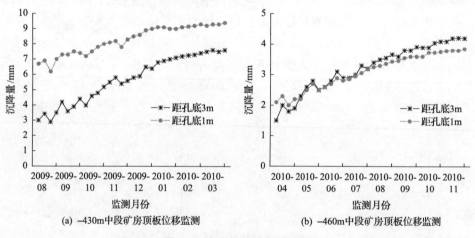

(a) –430m中段矿房顶板位移监测　　　　　　(b) –460m中段矿房顶板位移监测

图 7-9　多点位移计监测结果

由于–430m 中段跨度较大，不稳定性因素较多，此次声发射监测仅在此中段采空区关键部位围岩上布设。本小节仅选取某一段时间声发射探头监测的数据进行分析。从表 7-3 可知，在没有外界采动干扰时段，只有少许零星的声发射信号出现，并且其声发射能量较小，声发射现象持续时间较短，未频繁发生，可认为该监测点采空区围岩是稳定的。

表 7-3　声发射监测部分数据

监测时间	大事件数/Φ	总事件数/N	能率/E	备注	监测时间	大事件数/Φ	总事件数/N	能率/E	备注
2010-01-12/00:10:44	0	0	0		2010-01-12/10:00:00	20	46	157	
2010-01-12/00:10:55	0	0	0		2010-01-12/10:00:10	5	16	39	
2010-01-12/00:11:05	0	0	0		2010-01-12/10:00:21	4	12	35	
2010-01-12/00:11:16	0	0	0		2010-01-12/10:00:32	3	15	39	凿岩
2010-01-12/00:11:27	0	0	0		2010-01-12/10:00:43	1	10	41	准备
2010-01-12/00:11:38	0	0	0		2010-01-12/10:00:54	0	1	4	时段
2010-01-12/00:11:49	0	0	0		2010-01-12/10:01:04	1	3	16	
2010-01-12/00:11:59	0	0	0		2010-01-12/10:01:15	0	0	0	
2010-01-12/00:12:10	0	0	0		2010-01-12/10:01:25	0	0	0	
2010-01-12/00:12:20	0	0	0		2010-01-12/10:35:41	67	186	692	
2010-01-12/00:12:31	0	0	0		2010-01-12/10:35:52	32	106	671	
2010-01-12/00:12:42	0	0	0		2010-01-12/10:36:03	45	78	725	
2010-01-12/00:12:53	0	0	0		2010-01-12/10:41:00	25	67	176	
2010-01-12/00:13:03	**1**	**3**	**6**		2010-01-12/10:41:10	47	120	0	
2010-01-12/00:20:00	0	0	0		2010-01-12/10:41:20	1	23	675	
2010-01-12/00:20:12	0	0	0		2010-01-12/10:41:31	99	168	951	
2010-01-12/00:20:23	0	0	0	无采动扰动时段	2010-01-12/10:41:42	89	143	832	
2010-01-12/00:20:33	0	0	0		2010-01-12/10:41:52	50	100	256	
2010-01-12/00:20:44	**1**	**1**	**1**		2010-01-12/10:42:03	47	66	0	
2010-01-12/00:20:55	0	0	0		2010-01-12/10:42:14	87	143	164	
2010-01-12/00:21:06	0	0	0		2010-01-12/10:42:25	99	146	240	
2010-01-12/00:21:16	0	0	0		2010-01-12/10:42:36	11	89	233	
2010-01-12/00:21:27	0	0	0		2010-01-12/10:42:46	37	66	386	凿岩
2010-01-12/00:21:38	0	0	0		2010-01-12/10:42:56	14	24	365	放炮
2010-01-12/00:21:48	0	0	0		2010-01-12/10:44:10	21	67	503	出矿
2010-01-12/00:21:59	0	0	0		2010-01-12/10:44:21	34	78	0	时段
2010-01-12/00:22:09	**3**	**5**	**7**		2010-01-12/10:44:32	55	167	647	
2010-01-12/00:22:21	0	0	0		2010-01-12/10:44:42	78	143	868	
2010-01-12/00:22:31	0	0	0		2010-01-12/10:44:53	99	169	1044	
2010-01-12/00:22:42	0	0	0		2010-01-12/10:45:04	98	140	988	
2010-01-12/00:22:53	0	0	0		2010-01-12/10:57:00	43	156	678	
2010-01-12/00:23:03	0	0	0		2010-01-12/10:57:10	67	157	967	
2010-01-12/00:30:01	0	0	0		2010-01-12/10:57:21	80	140	898	
2010-01-12/00:30:12	0	0	0		2010-01-12/10:57:32	43	67	654	
2010-01-12/00:30:23	0	0	0		2010-01-12/10:57:42	2	54	564	
2010-01-12/00:30:33	0	0	0		2010-01-12/10:57:53	23	43	303	
2010-01-12/00:30:44	0	0	0		2010-01-12/10:58:04	34	54	878	

7.3　人工矿柱防治覆岩移动机理

7.3.1　人工矿柱相似模型试验原理及相似准则

模型试验(或模拟研究)是以相似理论为基础,通过模型试验得到某些量与量之间的规律,然后再将所获得的规律推广到与之相似的同类(或异类)现象的实际对象中去应用的一项技术。依据相似定理:"彼此相似的现象,必有数值相同的相似准则",可知模型试验适于验证和探索物理现象,反映物理本质。通过对模型试验的研究,借以推断原型中可能发生的力学、位移及变形等现象机理或规律,从而解决工程生产中的实际问题。模型是根据原型来塑造的,且模型的几何尺寸多是按比例缩小的,因此制造容易,装拆方便,试验人员少,节省资金、人力和时间,较之原型试验经济;同时能够根据实际研究的需要,通过固定某些参数,改变另外一些参数有针对性地研究某一方面的问题,这样更有利于判别出哪些是决定试验的主导因素,哪些是次要因素,以便更有效地、有针对性地解决工程实践生产问题。

相似理论是说明自然界和工程中各种相似现象、相似性质与相似规律的理论,它的理论基础是关于相似的 3 个定理[25-28]。

1. 相似第一定理

相似第一定理(相似正定理)可表述为:"对相似的现象,其相似指标等于 1。"或表述为"相似现象其相似准则的数值相同"。这一定理不仅是对相似现象相似性质的一种说明,也是相似现象的必然结果。

该定理主要根据平衡微分方程和相容方程来研究弹性结构平面问题。

平衡微分方程:

$$\left.\begin{array}{l} \dfrac{\partial \sigma_x}{\partial x} + \dfrac{\partial \tau_{xy}}{\partial y} = 0 \\[3mm] \dfrac{\partial \sigma_y}{\partial y} + \dfrac{\partial \tau_{xy}}{\partial x} + \gamma = 0 \end{array}\right\} \tag{7-18}$$

相容方程:

$$\left(\dfrac{\partial^2}{\partial x^2} + \dfrac{\partial^2}{\partial y^2} \right)(\sigma_x + \sigma_y) = 0 \tag{7-19}$$

式中,σ_x、σ_y 分别为单元体上 x、y 方向的正应力,MPa;τ_{xy} 为单元体上的剪应

力，MPa；γ 为容重，kN/m³（当矿体埋深较浅时，地压可忽略）。

针对原型则有平衡微分方程：

$$\frac{\partial(\sigma_x)_\mathrm{p}}{\partial x_\mathrm{p}} + \frac{\partial(\tau_{xy})_\mathrm{p}}{\partial y_\mathrm{p}} = 0 \tag{7-20}$$

$$\frac{\partial(\sigma_y)_\mathrm{p}}{\partial y_\mathrm{p}} + \frac{\partial(\tau_{xy})_\mathrm{p}}{\partial x_\mathrm{p}} + \gamma_\mathrm{p} = 0 \tag{7-21}$$

相容方程：

$$\left(\frac{\partial^2}{\partial x^2} + \frac{\partial^2}{\partial y^2}\right)\left[(\sigma_x)_\mathrm{p} + (\sigma_y)_\mathrm{p}\right] = 0 \tag{7-22}$$

设几何相似常数 C_l：

$$C_l = \frac{x_\mathrm{p}}{x_\mathrm{m}} = \frac{y_\mathrm{p}}{y_\mathrm{m}} \tag{7-23}$$

应力相似常数 C_σ：

$$C_\sigma = \frac{(\sigma_x)_\mathrm{p}}{(\sigma_x)_\mathrm{m}} = \frac{(\sigma_y)_\mathrm{p}}{(\sigma_y)_\mathrm{m}} = \frac{(\tau_{xy})_\mathrm{p}}{(\tau_{xy})_\mathrm{m}} \tag{7-24}$$

容重相似常数 C_γ：

$$C_\gamma = \frac{\gamma_\mathrm{p}}{\gamma_\mathrm{m}} \tag{7-25}$$

式中，下标 p 表示原型；m 表示模型，下同。

由上述关系可推导出模型的平衡微分方程和相容方程：

$$\frac{C_\sigma}{C_l}\left[\frac{\partial(\sigma_x)_\mathrm{m}}{\partial x_\mathrm{m}} + \frac{\partial(\tau_{xy})_\mathrm{m}}{\partial y_\mathrm{m}}\right] = 0 \tag{7-26}$$

$$\sigma_\mathrm{p} = C_\sigma \sigma_\mathrm{m} \tag{7-27}$$

对于模型有

$$\frac{\partial(\sigma_x)_\mathrm{m}}{\partial x_\mathrm{m}} + \frac{\partial(\tau_{xy})_\mathrm{m}}{\partial y_\mathrm{m}} = 0 \tag{7-28}$$

$$\frac{\partial(\sigma_y)_{\mathrm{m}}}{\partial y_{\mathrm{m}}} + \frac{\partial(\tau_{xy})_{\mathrm{m}}}{\partial x_{\mathrm{m}}} + \gamma_{\mathrm{m}} = 0 \tag{7-29}$$

欲使模型与原型相似，须使式(7-20)与式(7-28)、式(7-21)与式(7-29)相等，即式(7-26)与式(7-28)、式(7-27)与式(7-29)相等。

由式(7-26)与式(7-28)相等，可得相似关系：

$$\frac{C_\sigma}{C_l} = 任意常数 \tag{7-30}$$

式(7-27)可转化为

$$\frac{C_\sigma}{C_l C_\gamma}\left[\frac{\partial(\sigma_y)_{\mathrm{m}}}{\partial y_{\mathrm{m}}} + \frac{\partial(\tau_{xy})_{\mathrm{m}}}{\partial x_{\mathrm{m}}}\right] + \gamma_{\mathrm{m}} = 0 \tag{7-31}$$

将式(7-31)与式(7-30)进行对比，可得相似关系：

$$\frac{C_\sigma}{C_l C_\gamma} = 1 \tag{7-32}$$

式(7-32)可以写成相似判据：

$$\frac{\sigma_{\mathrm{p}}}{l_{\mathrm{p}}\gamma_{\mathrm{p}}} = \frac{\sigma_{\mathrm{m}}}{l_{\mathrm{m}}\gamma_{\mathrm{m}}} = \prod \tag{7-33}$$

式中，σ_{p}、σ_{m}分别为原型和模型中的应力，MPa；l_{p}、l_{m}分别为原型和模型中的尺寸长度，m；γ_{p}、γ_{m}分别为原型和模型中的容重，kN/m^3；$\prod$为相似判据。

式(7-30)在不考虑研究对象体积力的条件下，应力相似常数C_σ与几何相似常数C_l之间不存在相互制约关系，其值可以任意选取。所以，在用平面弹性模型研究应力分析时，如果不计体积力，则可忽略相似指标所限定的制约关系，只要确保模型与原型的几何相似(包括载荷的分布条件、约束条件等)即可，可直接根据选定的应力相似比例关系将模型中的应力转换为原型中的应力：

$$\sigma_{\mathrm{p}} = C_\sigma \sigma_{\mathrm{m}} \tag{7-34}$$

2. 相似第二定理(π定理)

当一物理现象可由n个物理量的函数关系来描述，而这些物理量包括有m种基本因次(量纲)时，则可以用因次分析的方法获得$(n-m)$个无因次数群。而这个现象的特征可以用这$(n-m)$个无因次数群的关系形式来表示,即为 π 定理,其是因次分析的基本定理。

相似第二定理认为:"约束两相似现象的基本物理方程可以用量纲分析的方法转换成用相似准则形式表达的 π 方程,两个相似系统的 π 方程必须相同"。

通过上面的分析可得

$$C_\sigma = \frac{\dfrac{F_p}{S_p}}{\dfrac{F_m}{S_m}} = \frac{F_p l_m^2}{F_m l_p^2} \tag{7-35}$$

转化可得

$$F_m = \frac{F_p}{C_\gamma C_l^3} \tag{7-36}$$

式中,F_p 为原型载荷,N;F_m 为模型载荷,N;S_p 为原型面积,m^2;S_m 为模型面积,m^2。

在选择模型材料强度指标时,由于抗拉强度极限 C_σ、抗压强度极限 C_t、应力 σ 三者量纲一致,可用下列公式计算:

$$(\sigma_c)_m = \frac{l_m \gamma_m}{l_p \gamma_p}(\sigma_c)_p \tag{7-37}$$

$$(\sigma_t)_m = \frac{l_m \gamma_m}{l_p \gamma_p}(\sigma_t)_p \tag{7-38}$$

相似第二定理给我们提供了一种可能:当我们即使对所研究对象还不清楚其描述方程时,只要清楚对该现象有决定意义的物理量(影响因素),则可用 π 定理来确定相似准则(π 项式),从而为建立模型与原型之间的相似关系提供了依据。所以相似第二定理更广泛地概括了两个相似系统相似的条件,它为如何整理试验结果及对试验结果的应用与推广提供了可能与方便。

第二相似定理为模型设计提供了可靠的理论基础,是量纲分析的基本定理。

3. 相似第三定理(逆定理)

相似第三定理认为:"只有具有相同的单值条件和相同的主导相似准则时,现象才互相相似"。相似第三定理明确地规定了两个现象相似的必要和充分条件。

7.3.2　人工矿柱模型试验设计

通过前面章节对人工矿柱参数的优化设计及现场试验研究表明此优化方案是可行的。为了进一步研究力学环境再造条件下，人工矿柱不同结构参数及同种结构参数时人工矿柱与原生矿柱控制覆岩移动机理，本小节通过模型试验达到以下目的：

(1)通过相似模拟研究手段，对同一尺寸的原生矿柱与人工矿柱支护顶板进行研究，对比分析研究采空区顶板破坏与覆岩移动规律及机理的异同。

(2)研究不同尺寸人工矿柱支护顶板及控制覆岩移动的效果，在确保达到支护目的的前提下，节省充填材料，降低经济成本，为矿山人工矿柱参数优化及安全生产提供参考。

(3)研究同尺寸原生矿柱与人工矿柱、不同尺寸人工矿柱支护机理及破坏规律，以便有针对性地采取人为改变力学环境的有效措施对采空区顶板破坏及覆岩移动进行控制。

(4)研究同尺寸原生矿柱、人工矿柱，以及不同尺寸人工矿柱支护时，采空区顶板失稳、覆岩移动及破坏过程与声发射之间的关系，为矿山现场监测顶板变形及覆岩移动提供参考。

模型试验的设计尤为重要，它是保证模型试验的可靠性与真实性的前提条件。在模型设计中不仅仅是确定模型的相似条件，同时还应综合考虑各种因素，如模型材料、模型的类型、试验条件及模型制作条件等，以确定出适当的物理量的相似常数。相似条件是物理模拟的基础，一般正确地进行矿山模型试验应依据以下原则及注意相关事项。

(1)模型与原型几何相似。几何相似是同类模拟的基本条件。模型与原型几何相似是指与现象影响参数有关的可独立的几何量(如矿体尺寸、矿体厚度等)。对于非独立量(如应力等)，在模型设计中只要这些参数的相似常数能满足准则要求即可。在立体模型中，满足式(7-23)的要求，各个方向按比例制作；在平面模型试验中，一般将三维模型简化为平面模型(长度尺寸比另外两方向的尺寸大很多，在其中任取一截面，不同截面其受力条件均相同的结构，如长隧道、边坡等)来研究，只要保证平面尺寸几何相似即满足要求。作者认为特别需要注意的是根据研究内容的需要和受相关因素的影响，模型试验又分为相似模型试验和非相似模型试验[29]。例如，在研究尺寸较小的建(构)筑物时，对某些缩小构件的制作在材料或工艺上有困难，甚至根本无法实现时，可采取非完全几何相似的方法来解决问题。

(2)模型与原型的两系属于同一种性质的相似现象，可利用同一个微分方程来描述。在研究覆岩移动问题时，除了要满足几何尺寸、应变、应力相似条件，还应满足强度相似条件。即使模型材料与原型材料的强度曲线相似，这一条件在实际试验中也很难满足。因此，常采用取莫尔圆的包络线为直线，保证两直线型强度曲线相似即可，满足下列公式：

$$C_{\sigma_c} = \frac{(\sigma_c)_p}{(\sigma_c)_m} \tag{7-39}$$

$$C_{\sigma_t} = \frac{(\sigma_t)_p}{(\sigma_t)_m} \tag{7-40}$$

式中，C_{σ_c} 为抗压强度相似常数；C_{σ_t} 为抗拉强度相似常数。

特别需要注意的是岩层破坏在发展的过程中，弯曲变形破坏是主要影响因素，因此可根据弯曲强度相似的要求进行相似材料的选取，同时适当降低其他力学指标方面的要求，也能确保模型与矿山现场中的破坏规律与机理相似。

覆岩移动与破坏问题涉及运动学方面的理论知识，需满足牛顿第二定律，因此可得到与上述弹性力学平衡微分方程中推出的完全一致的相似指标，即

$$\frac{C_{\sigma_c}}{C_l C_\gamma} = 1 \tag{7-41}$$

$$\frac{C_{\sigma_t}}{C_l C_\gamma} = 1 \tag{7-42}$$

(3) 模型与原型的同类物理参数对应成比例，且比例为常数。该常数称为相似常数。即模型与原型间同名准数(准则的数值)相等。原型和模型的一切物理量在空间上相对应的各点和在时间上相对应的各瞬间，各自互成比例。对相似的现象，可以将一个现象的每一个物理量的大小，以一定的倍数转换成另一个现象对应点上的同名物理量的数值。

(4) 模型与原型的时间条件、初始条件与边界条件相似。时间相似即模型和原型在对应的时刻进行比较，要求相对应的时间成比例。根据几何相似常数 C_l 和时间相似常数 C_t 之间的关系，通过牛顿第二定律可得到其关系式：

$$C_t = \sqrt{C_l}$$

若研究问题涉及蠕变时，根据相似原理，须使模型与原型材料二者的蠕变过程相似。由于原型材料和模型材料都缺乏大量的试验数据，在实际研究中如何在试验设计时选取适当时间相似常数，是一个比较棘手的问题，也是目前需进一步深入研究的问题。

　　原型的初始自然状态就是所谓的初始条件，岩体的结构状态是其最重要的初始状态。在模型中需对以下初始条件进行考虑：①岩体结构特征；②岩体结构面的物理力学性质；③岩体结构面的分布特征，如产状、间距、粗糙度和开度等。由于岩体在原型中有各种不连续面，如节理、断层、裂隙，在模型试验时，应当先对哪些不连续面对所研究问题具有的决定性意义进行研究。一般情况下对主要的不连续面，应遵循几何相似条件进行模拟，而对系统的成组结构面，应根据地质调查统计结果进行优势结构面方位与间距的模拟。针对一些次要的结构面，可简化处理，一般将其考虑在岩体本身的力学性质之内，即采取降低不连续面所在区域岩石弹性模量和强度的方法来解决。

　　从理论上讲，在进行模型相似试验时，结构面的形状与尺寸大小应与整体模型保持相同的几何相似比例关系。但是，从变形的角度考虑，无论模型块体之间接触如何紧密，其间隙总是大于按原型缩制的要求，这样就有可能致使整个体系的变形量过大。为了确保模型与原型在总体上的变形相似，常适当地减小模型中不连续面的分布频率，即根据总体变形模量相似的要求调整砌块尺寸的大小。

　　在研究覆岩移动规律时，黏土夹层的厚度对与层理正交方向上的总变形量有非常明显的影响，所以当厚度不能忽略时，应当按几何相似条件设计模型试验中夹层的厚度。

　　边界条件相似即要求模型与原型在与外界接触区域内的各种条件保持相似，即要求约束条件相似、支承条件相似及边界受力情况相似。现实中的岩体处于三维应力状态，所以三维立体模型比较符合岩体的力学环境，但立体模型试验在技术和操作上的要求都比较高，为了便于开展试验，一般都将其简化为平面模型。在采用平面应变模型时需采取必要措施保证前后表面不产生变形。在研究软岩层或膨胀岩层时尤为重要，一般在模型架两侧用夹板控制以防止模型鼓出。

　　本次试验主要利用岩体平面相似模拟试验系统(ZYDL-YS120/100)(图 7-10)。长×宽×高=2.0m×0.3m×1.2m，为了降低边界效应的影响，结合研究矿体的实际尺寸，模型几何尺寸相似比例 $C_l = L_p/L_m = 200$，为了便于对比分析同一尺寸人工矿柱与原生矿柱、不同尺寸人工矿柱对顶板及覆岩移动的控制规律及机理的异同，本次试验将 3 个不同试验放在同一试验台分 3 段同时进行，中间用三合板材隔开。根据矿山目前实际开采情况对−460m 中段进行研究，该中段矿体厚度为 6m，模型台高度为 1.2m，根据该矿山实际地质条件，同时考虑到边界效应，将−460m 中段布置在模型台高度为 0.6m 处，模型试验示意图如图 7-10 所示。因模型架限制，上部岩层高度为 120m，其余上部岩层质量采用人工加压的方法代替。时间相似常数大致为 $C_t = \sqrt{C_l} = 14$，根据矿山实际生产情况，每天 3 班 24 小时进尺 2m，模拟试验时，每小时进尺约 0.6cm。本次试验采用的相似材料为河沙、水泥、石膏，按一定比例进行配比。经反复试验对比，原矿体容重为 4.2g/cm³，按比例配比后容重为 2g/cm³，容重相似常数为 C_γ=2.1；原充填体容重为 2g/cm³，模型试验中充填体容重为 0.95g/cm³；原型中上下盘围岩容重为 2.8g/cm³，模型中为 1.33g/cm³。根据设计方案尺寸和不同材料，结合矿山实际开采工艺流程，分别浇筑出矿房、原生矿柱和人工矿柱。$C_\sigma = C_\gamma \cdot C_l$，根据上述几何相似常数 C_l 与容重相似常数 C_γ，得到应力相似常数 C_σ =2.1×200=420。上盘围岩容重 γ=28kN/m³，高度 h=160+340=500m，垂直单位面积应力 σ_{pv}=γh=14000kN/m²，由前面的应力相似常数得到原型中垂直单位面积应力为 σ_{mv}=σ_{pv}/C_σ=33.3kN/m²，模型台截面积 s=2×0.3=0.6m²，模型台应提供载荷为 20kN。该矿山由于没有进行地应力测量，且参考附近矿山水平构造应力情况，水平构造应力按公式 $\sigma_{h,\min} = 0.8 + 0.0329H$ 计算，约为 22MPa，模型机应施加载荷 18.9kN。

在试验过程中，要综合利用多种测试仪器进行联合监测与耦合分析，才能达到最终试验的目的。覆岩位移采用拓普康科维 TKS202R 免棱镜 2 秒多功能全站仪进行监测，按一定尺寸间距将大头针布设在矿房空区覆岩，在距采空区较近的岩层监测点布置得密集一些；采用 SAEU2S 数字声发射检测系统(图 7-11)监测上覆岩层内部破裂声发射信息；采用 BZ2205C 程控电阻应变仪(图 7-12)监测采空区顶板、上覆岩层关键点及部分矿柱(每个方案从左边第三个矿柱)上的变形，每一组应变片由 3 个应变片组成，每组(按顺序标号)在水平方向、竖直方向、倾斜 45°方向各一个，采用 SAEU2S 声发射检测系统监测声发射。先前该矿山采用某设计单位设计的人工矿柱的宽度为 8m，由于该矿属于高品位、贵金属矿，为了尽可能多地回收矿产资源，对目前现有的人工矿柱结构参数进行优化。同时，为了对比研究同尺寸原生矿柱的支护效果和覆岩移动规律，研究方案分 3 种，在同一模型试验台同时进行对比试验(图 7-13、图 7-14)，分别为：①6m 宽原生矿柱，10m 宽矿房；②6m 宽人工矿柱，10m 宽矿房；③8m 宽人工矿柱，10m 宽矿房。在每个研究方案中布设声发射探头一个。每个方案位移测点布设 36 个，分为 6 行和 6

图 7-10 岩体平面相似模拟试验系统　　图 7-11 SAEU2S 数字声发射监测系统

图 7-12　BZ2205C 电阻应变仪

图 7-13　模型试验测试系统

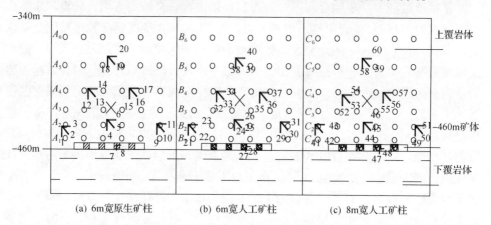

(a) 6m宽原生矿柱　　　　(b) 6m宽人工矿柱　　　　(c) 8m宽人工矿柱

◤ 应变片　　○ 大头针　　✕ 声发射探头

图 7-14　应变、位移、声发射测点布置示意图

列，每行和每列均布置 6 个测点，每列等间距布置，每 2 个测点间距约 9.5cm，每行的间距根据研究覆岩的需要进行布置，最下面一行距矿体 2cm，视为覆岩顶板，从下往上依次编号为 $A_1 \sim A_6$（另外两种方案分别为 $B_1 \sim B_6$、$C_1 \sim C_6$），行距分别为 2cm、5cm、5cm、8cm、12cm、12cm。在每种试验方案中，布设 20 个应变片，其中有 2 个应变片监测矿柱应变。

7.3.3　人工矿柱与原生矿柱防治覆岩移动机理及效果

对 3 个不同的试验方案模型进行对应矿房同时开挖，图 7-15、图 7-16 为矿房开挖过程中覆岩的移动情况对比，下面就人工矿柱和原生矿柱支护作用下覆岩在应变、位移、声发射方面的变化情况分别进行详细探讨。

图 7-15　开挖完第二个矿房覆岩移动　　　　图 7-16　开挖完第五个矿房覆岩移动

1. 原生矿柱与人工矿柱支护下覆岩应变规律与机理

图 7-17 是 3 种不同试验方案中，在矿房开挖的过程中，矿柱(每个方案左起第三个矿柱)的应变情况。从图中可知，7#测点应变片是在原生矿柱竖直方向布置，其受压应变(压应变为负，拉应变为正)作用，其应变随着矿房开挖距该矿柱越近，变化率增加越快，当开挖矿房距该矿柱距离越远，变化率又逐渐减小；在开挖该矿柱左右两侧的矿房时，其变化率达最大。8#测点应变片是在原生矿柱水平方向布置，其受拉应变作用，易导致矿柱受拉而发生脱落现象，其应变规律与 7#测点相同。27#测点和 28#测点分别是同尺寸人工矿柱在竖直方向和水平方向上的两个测点，其应变变化规律与原生矿柱的规律基本一致，唯一不同的是：由于人工矿柱是由混凝土材料制成，其强度不如原生矿柱，在开挖矿房受覆岩重力作用下，其应变的变化要比原生矿柱大得多。

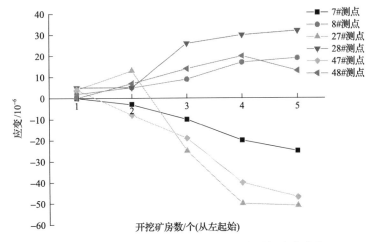

图 7-17　矿房开挖过程中 3 种试验方案矿柱应变曲线

图 7-18 为矿房开挖过程中周边围岩应变情况。从图中可知，在原生矿柱和人

工矿柱支护作用下，竖直方向应变规律基本一致，均是压应变，只是人工矿柱支护条件下，竖直方向应变较大，同时，由于该组应变片位于矿房左侧围岩，随着矿房从左向右开采，其应变变化逐渐变小。在 45°方向，原生矿柱支护下由拉应变转化为压应变，而在人工矿柱支护下，应变为拉应变，且其应变变化较大。说明在人工矿柱作用下，周边围岩在 45°方向受拉应变严重，根据岩体材料抗压不抗拉的特点，易导致周边围岩产生破坏。在水平方向上，原生矿柱和人工矿柱支护下均为拉应变，且其拉应变变化规律基本一致(3#测点在开挖第二个矿房时，应变有突变，作者认为可能是开挖扰动导致此结果)，均为逐渐增大。人工矿柱支护下，水平应变值较原生矿柱支护下大。

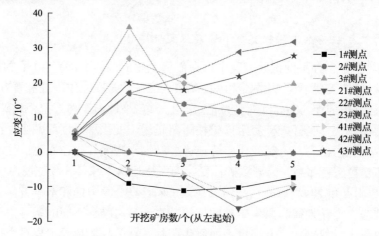

图 7-18　矿房开挖过程中周边围岩应变曲线

由图 7-19 可知，在原生矿柱和同尺寸的人工矿柱支护条件下，人工矿柱顶板覆岩在竖直方向拉应变较大(24#测点)，其变化率一直增大；而原生矿柱支护下，

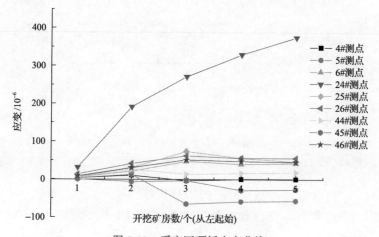

图 7-19　采空区顶板应变曲线

顶板覆岩在竖直方向拉应变较小(4#测点)，其应变先为拉应变，然后转换为压应变，最后应变变为 0，说明在原生矿柱支护下，覆岩在竖直方向较稳定。而在 45°方向的应变(5#、25#、45#)，原生矿柱支护下由拉应变转化为压应变，而人工矿柱支护下一直为拉应变，只是应变率增加的速度以 3 号矿房(因该组应变片在 3 号矿房的正上方)的开挖为界，由快逐渐变慢。水平方向的应变变化情况，无论是在原生矿柱还是人工矿柱支护条件下，其变化率和变化大小基本一致。这表明无论是原生矿柱还是人工矿柱支护，对采空区顶板水平方向的应变变化影响不大。

总体来看，原生矿柱支护下覆岩受压应变比较严重。由于岩土材料的抗压强度较大，原生矿柱支护条件下覆岩较稳定。

为了进一步深入研究采空区覆岩的应变变化情况，选取距采空区顶板较远的一组应变数据进行分析。从图 7-20 可知，在竖直方向，原生矿柱支护下，其应变变化规律延续了在矿房顶板中的应变规律，只是该应变大小比距空区顶板较近的岩层压应变有少许增大；而在人工矿柱支护下，竖直方向的应变先为拉应变，然后转换为压应变(以 3 号矿房的开挖为转折点)，这与距采空区顶板距离较近的 24#测点有明显的差异。作者分析认为，这主要是由于人工矿柱支护条件下，其支护强度较差，形成了明显的"压力拱"，24#测点距采空区顶板距离较近，处于"压力拱"之内，竖直方向形成了明显的拉变形，而 38#测点处于"压力拱"之外，所以受此影响较小。在 45°方向，原生矿柱和人工矿柱支护条件下，均为拉应变，只是人工矿柱支护下应变变化较大，其变化规律和趋势基本一致。在水平方向的应变，二者趋势也基本一致，均表现为拉应变，只是原生矿柱支护作用下水平拉应变大于人工矿柱支护作用。作者认为，这主要是人工矿柱支护强度不够，形成了"压力拱"，导致其覆岩内部在竖直方向受拉而形成微裂隙离层，这样就阻碍了

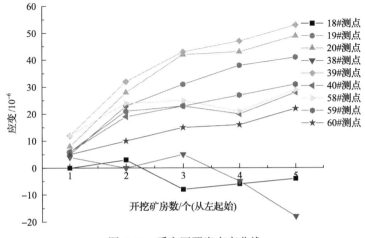

图 7-20 采空区覆岩应变曲线

水平方向的拉应变向距采空区顶板较远的 40#测点组的传递,因此导致 40#测点水平方向的应变变小。

　　综上研究分析发现:①对于矿柱本身的应变,因为人工矿柱材料强度远不如原生矿柱,所以在矿柱竖直方向,原生矿柱所受压应变远小于人工矿柱,且其应变变化率也远小于人工矿柱;而水平方向上,原生矿柱所受拉应变也远小于人工矿柱。这些特征都易导致人工矿柱本身较原生矿柱易发生失稳破坏,失去支护效果。②人工矿柱支护下覆岩的应变变化较原生矿柱支护下要大(尤其是竖直方向应变),且其变化率也大;原生矿柱与人工矿柱支护下,其应变形式不同,原生矿柱支护下覆岩受压应变较多,人工矿柱支护下覆岩受拉应变较多。由于岩土材料的性质,决定了人工矿柱支护下覆岩稳定性总体上不如同尺寸原生矿柱的支护效果。

　　2. 原生矿柱与人工矿柱支护下覆岩位移变化规律

　　由于位移测点较多,所以在研究原生矿柱和人工矿柱支护条件下覆岩移动规律的过程中仅选取有代表性的一些测点的沉降作为本次研究的对象。结合前面对关键点应变的研究,选取距采空区顶板最近的第一排测点$(A_1$、B_1、$C_1)$作为顶板沉降研究对象,左边第一个位移监测点距每种试验方案左边界为 9.5cm;同时选取距矿体20cm 处的一行$(A_4$、B_4、$C_4)$监测点作为覆岩移动的研究对象。图 7-21和图 7-22 分别是原生矿柱和 6m 宽人工矿柱支护下,随着矿房的开采,采空区顶板的沉降情况,从图中可以看出,二者沉降规律基本一致,只是 6m 宽人工矿柱由于自身强度不足,采空区顶板沉降量明显比原生矿柱支护条件下要大。

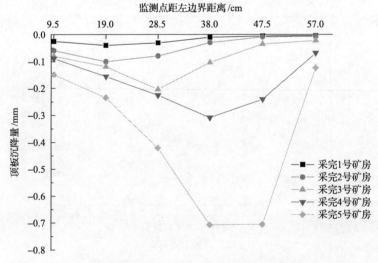

图 7-21　6m 宽原生矿柱支护下采空区顶板位移与矿房开挖进度关系

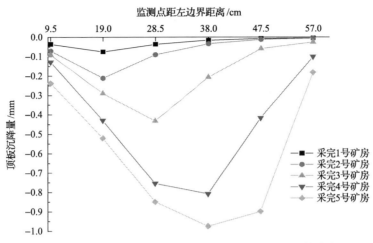

图 7-22　6m 宽人工矿柱支护下采空区顶板位移与矿房开挖进度关系

图 7-23 和图 7-24 是距矿体 20cm 处的 A_4 和 B_4 监测点在矿房开采过程中的位移曲线，从图中可知，二者的沉降规律除个别点有突变外，其他测点的沉降规律变化基本一致。

3. 原生矿柱与人工矿柱支护下覆岩破坏声发射特征

在开挖完 5 个矿房后，在原生矿柱支护条件下，声发射偶有发生(没有持续发生声发射)，能量和振幅也很小，最大才达到 15.3J(图 7-25)；在同尺寸人工矿柱支护条件下，其声发射频率和能量相对于原生矿柱支护时都较高，声发射能量最大达到 163J(图 7-26)，且大能量的声发射出现次数也较多。但这些覆岩破坏产生

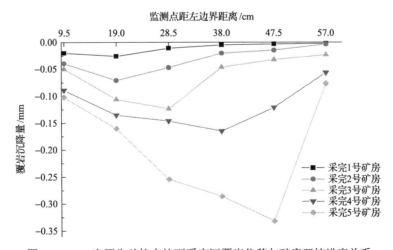

图 7-23　6m 宽原生矿柱支护下采空区覆岩位移与矿房开挖进度关系

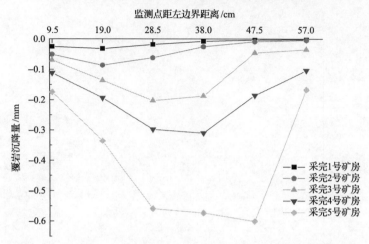

图 7-24　6m 宽人工矿柱支护下采空区覆岩位移与矿房开挖进度关系

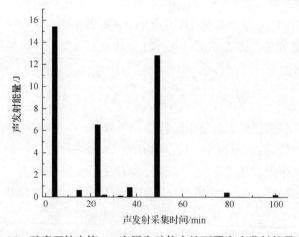

图 7-25　矿房开挖完毕 6m 宽原生矿柱支护下覆岩声发射能量变化

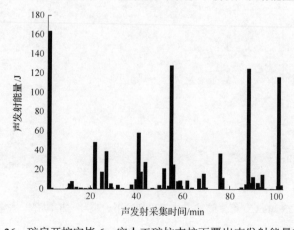

图 7-26　矿房开挖完毕 6m 宽人工矿柱支护下覆岩声发射能量变化

的声发射能量，还不足以导致覆岩产生宏观破坏，从图 7-16 中可看出无论原生矿柱支护，还是人工矿柱支护条件下，其覆岩都是稳固的。从声发射能量变化图可知，原生矿柱控制覆岩移动破坏的效果要明显优于同尺寸的人工矿柱。

7.3.4 不同尺寸人工矿柱防治覆岩移动机理及效果

1. 不同尺寸人工矿柱支护下覆岩应变规律与机理

由不同尺寸人工矿柱应变曲线图 7-17 可知，在竖直方向，6m 宽人工矿柱与 8m 宽人工矿柱均受压应变，变化规律基本一致，6m 宽人工矿柱受压应变值大于 8m 宽人工矿柱；在水平方向上，6m 宽人工矿柱与 8m 宽人工矿柱均受拉应变，其应变规律也基本一致，只是 6m 宽人工矿柱受压应变值要大于 8m 宽人工矿柱，这样就导致 6m 宽人工矿柱较 8m 宽人工矿柱更易发生剥落失稳现象。

从矿房开挖过程中周边围岩应变曲线图 7-18 中可发现，在 6m 宽人工矿柱与 8m 宽人工矿柱支护下，无论是竖直方向的应变、水平方向的应变、还是 45°方向的应变，采空区周边围岩变化规律基本一致，只是 6m 宽人工矿柱支护作用下，相应的应变值较 8m 宽人工矿柱支护下稍大。

从图 7-18 中可发现采空区覆岩变化规律，6m 宽人工矿柱防治覆岩竖直方向应变的效果远远不如 8m 宽人工矿柱，虽然二者都是受拉应变，但是 8m 宽人工矿柱防治下覆岩在竖直方向的应变值和应变率均较小；在 45°方向上，6m 宽人工矿柱防治覆岩的应变是拉应变，而 8m 宽人工矿柱防治覆岩的应变是压应变，由岩土材料性质可知，8m 宽人工矿柱支护下更利于覆岩稳定；而在水平方向上，6m 宽人工矿柱和 8m 宽人工矿柱的支护效果基本一样。

在采空区覆岩应变曲线图 7-20 中，由前面的分析可知，因为 8m 宽人工矿柱强度要大于 6m 宽人工矿柱，防治覆岩应变的效果要好于 6m 宽人工矿柱，其所形成的"压力拱"要小，所以 58#测点受"压力拱"影响小，所以其竖直方向应变仍然是受压应变，另外水平方向和 45°方向所受压应变变化规律与 6m 宽人工矿柱基本一致。

综上研究分析发现：8m 宽人工矿较 6m 宽人工矿柱在防治覆岩变形方面效果要好。

2. 不同尺寸人工矿柱支护下覆岩位移变化规律

图 7-27 是 8m 宽人工矿柱支护下采空区顶板位移与矿房开挖进度关系图。从图中可知，其防治顶板沉降规律与 6m 宽人工矿柱的规律基本一样(图 7-22)。8m 宽人工矿柱防治顶板沉降的效果要明显好于 6m 宽人工矿柱的支护效果，当矿房开采完毕时，8m 宽人工矿柱支护下覆岩最大沉降量为 0.83mm，而 6m 宽人

工矿柱支护下的顶板沉降量为 0.97mm。图 7-28 是 8m 宽人工矿柱支护下覆岩位移与矿房开挖进度关系,其防治覆岩移动的效果明显比 6m 宽人工矿柱的支护效果要好,但其覆岩移动规律基本一致。

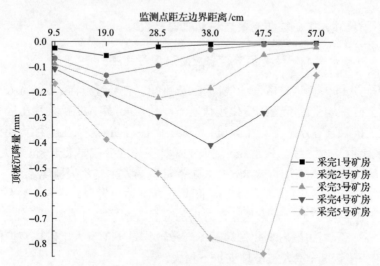

图 7-27　8m 宽人工矿柱支护下采空区顶板位移与矿房开挖进度关系

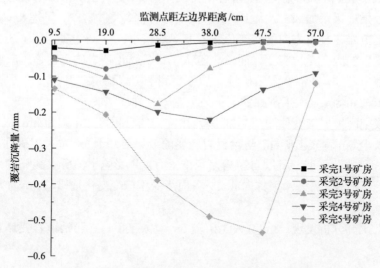

图 7-28　8m 宽人工矿柱支护下采空区覆岩位移与矿房开挖进度关系

3. 不同尺寸人工矿柱支护下覆岩破坏声发射特征

在不同尺寸人工矿柱支护时,在开挖完 5 个矿房时,8m 宽人工矿柱支护下,覆岩破坏而产生的声发射能量最大达 143J(图 7-29),且其大能量的声发射也不多,频率也不高，因此，在 8m 宽人工矿柱防治覆岩移动破坏的能力要强于 6m 宽人工矿柱。

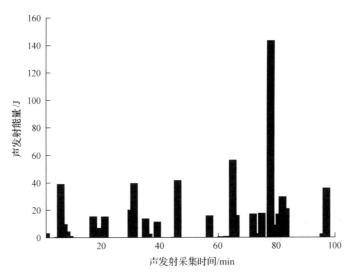

图 7-29　矿房开挖完毕 8m 宽人工矿柱支护下覆岩声发射能量变化

7.3.5　逐级加载条件下不同支护方式覆岩移动特征

根据前面的研究成果可知，本书为该矿山设计的人工矿柱支护优化方案是可行的，能够满足安全生产及防治覆岩移动的效果。为了更进一步研究同尺寸原生矿柱和人工矿柱、不同尺寸人工矿柱在承受覆岩重力情况下的失稳破坏情况及覆岩破坏规律，下面运用模型机在垂直方向逐级加载的方式进行研究分析。

1. 逐级加载条件下不同支护方式覆岩应变规律与机理

垂直方向载荷由初始的 20kN 逐级加载，每步增加量为 1kN。图 7-30 是不同试验方案中矿柱应变与垂直方向施加载荷关系曲线。从图中可知，当载荷增加大到 28kN 之后，6m 宽人工矿柱试验方案中，左边起第二个人工矿柱四周脱落（图 7-31、图 7-32），矿房空区顶板下落泥沙较多，覆岩也有微裂纹出现。此时，8m 宽人工矿柱应变随着载荷的增加，应变率和应变值也逐步增大。当载荷达到 31kN 时，6m 宽人工矿柱发生严重大面积剥落；当载荷达到 32kN 时，8m 宽人工矿柱应变率和应变值突增，人工矿柱有脱落现象，预示着人工矿柱支护能力下降。从图 7-30 可以看出，在载荷增加的过程中，原生矿柱的应变无论是在水平方向还是在竖直方向，基本上没有突变，变化平缓。直到载荷达到 31kN 时其应变才有所增加。

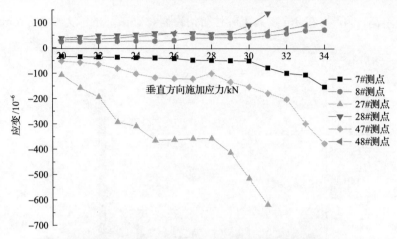

图 7-30　矿柱应变与垂直方向施加载荷关系曲线

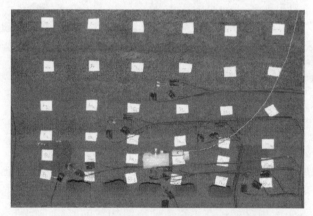

图 7-31　矿房开采完毕 6m 宽人工矿柱稳定情况

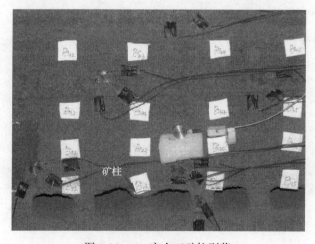

图 7-32　6m 宽人工矿柱剥落

图 7-33 是在逐级加载情况下，采空区顶板覆岩应变情况。从图中可知，随着载荷的增加，6m 宽人工矿柱支护下的采空区顶板覆岩在竖直方向上无论是应变率和应变值都快速增加(24#测点)，当达到 28kN 之后，随着人工矿柱发生脱落，采空区顶板所受拉应变也迅速增大，直到达到 31kN 时，人工矿柱失稳破坏，随之采空区顶板也发生了垮落，导致应变片脱落(图 7-34)；而此时原生矿柱支护下采空区顶板在竖直方向的应变(4#测点)仍然是在 0 附近徘徊，表明此种支护条件下采空区顶板是稳固的。8m 宽人工矿柱支护下，竖直方向(44#测点)采空区顶板开始受拉应变，随着载荷的增加，逐渐变为压应变(当载荷达到 28kN 时)，表明此时采空区顶板由拉应变逐渐向压应变转化，采空区形成的"压力拱"随着垂直方

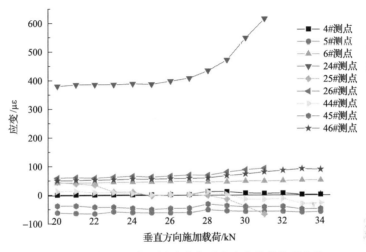

图 7-33　采空区顶板覆岩应变与垂直方向载荷关系曲线

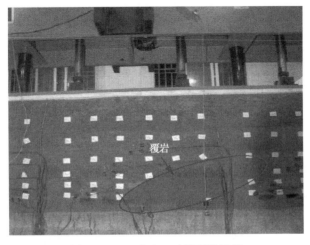

图 7-34　6m 宽人工矿柱覆岩垮落

向载荷的增加，半径逐渐增大，说明 8m 宽人工矿柱在载荷增加的过程中，其本身的支护强度逐渐无法满足覆岩给予的压力。在 45°方向的应变，3 种方案基本都表现为压应变，变化幅度都不大。而在水平方向上，3 种实验方案中应变均表现为压应变，且三者的应变值和应变率均基本一致，表明无论用哪种支护方案，对采空区覆岩水平方向应变的影响均不大。

图 7-35 是采空区覆岩应变与垂直方向载荷关系曲线。在原生矿柱支护下，垂直方向应变与采空区顶板处应变相比，受压应变增大。而在 6m 宽人工矿柱支护下，垂直方向为压应变(38#测点)，这与距采空区顶板距离较近的 24#测点(图 7-33)受明显的拉应变有很大差异，主要是由"压力拱"造成的。另外，在载荷增加到28kN 之后，随着人工矿柱发生脱落，采空区顶板应变突变，给覆岩的应变造成了一定的突变波动现象，之后又延续先前的应变规律，压应变一直增大。8m 宽人工矿柱支护下，由于其支护效果好于 6m 宽人工矿柱，其竖直方向压应变值小于 6m 宽人工矿柱。45°方向的应变和水平方向应变在 3 种试验方案中，都是承受拉应变，且其变化规律基本一致，只是 6m 宽人工矿柱支护条件下其应变值大于 8m 宽人工矿柱支护，而 8m 宽人工矿柱支护条件下应变值大于原生矿柱的支护效果。

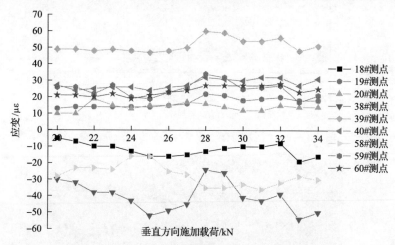

图 7-35　采空区覆岩应变与垂直方向载荷关系曲线

2. 逐级加载条件下不同支护方式覆岩位移变化规律

图 7-36 是矿房开采完毕后 3 种试验方案顶板位移对比情况，从图中可看出，3 种试验都是随着开采矿房数的增加，顶板位移沉降逐渐变大的，尤其是在矿体正上方的位移监测点位移变化较大，矿房周边围岩位移沉降相对要小很多。根据矿柱的材料性质和尺寸的不同，6m 宽人工矿柱支护下顶板位移沉降值最大，达到1.01mm，其次是 8m 宽人工矿柱，沉降值最小的是 6m 宽原生矿柱支护，其沉降

值最大为 0.706mm。从覆岩位移变化情况看（图 7-37），三者的位移变化曲线规律基本一致，其沉降值之间差别并不大，说明在 3 种支护方案情况下，防治覆岩产生位移变化的效果基本差别不大。

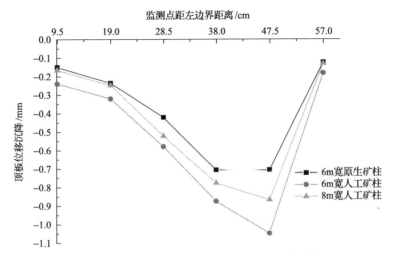

图 7-36　矿房开采完毕后 3 种方案顶板位移对比

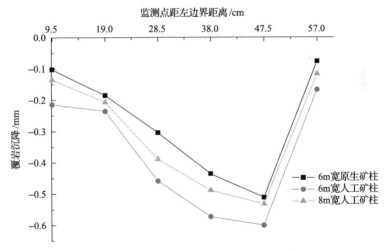

图 7-37　矿房开采完毕后 3 种方案覆岩位移对比

　　随着载荷的增加，3 种试验方案中采空区顶板位移逐渐变大，当载荷增加到 28kN 时，6m 宽人工矿柱试验方案中左边第 2 个人工矿柱发生剥落，矿柱本身发生了压缩变形，导致此时对应的顶板处位移发生突变，沉降值达到历史最大，约为 1.44mm（图 7-38）。从整个位移变化曲线图可知，6m 宽人工矿柱防治下采空区顶板位移发生突变较大，沉降值也较大，而另外 2 种试验方案中，沉降监测点变化基本一致，没有大的位移突变，说明在外载荷达 28kN 时，6m 宽人工矿柱支护下顶板局部即将发生垮落，而另外 2 种方案支护效果较好。从距采空区顶板 20cm（相当于现场 40m）处的覆岩位移变化情况可知（图 7-39）：3 种方案中覆岩位移变化规律基本一致，其沉降最大值之间差值约为 0.1mm。说明在距采空区较远的位置，3 种方案对覆岩移动防治效果差别不大。

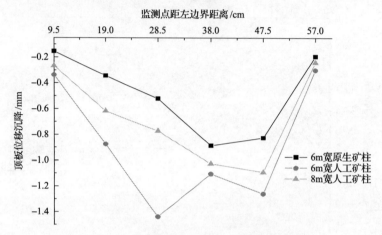

图 7-38　载荷为 28kN 时 3 种方案顶板位移对比

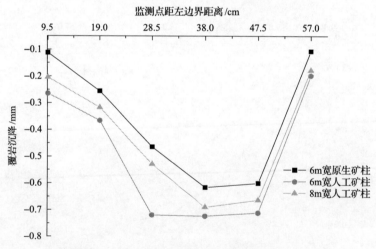

图 7-39　载荷为 28kN 时 3 种方案覆岩位移对比

3. 逐级加载条件下不同支护方式覆岩破坏声发射特征

为了充分研究岩石材料内部破裂情况，从声发射的角度进一步研究分析覆岩失稳规律。图 7-40～图 7-42 分别是原生矿柱、6m 宽人工矿柱和 8m 宽人工矿柱支护下覆岩在承受外载荷逐渐增加过程中的声发射分布情况。在外载荷逐渐增加过程中均有声发射发生，只是能量上均较小，当载荷增加到 24kN 时，6m 宽人工矿柱支护下，覆岩最先发生了较大能量的声发射，能量达到 $1.5×10^4$J，随后声发射的出现频率也逐渐增多，表明该支护方案中由于充填材料强度等性质决定了人工矿柱最先发生了微裂纹，而此时另外 2 种支护方案声发射无论从能量上还是频率上均较小。随着载荷的增加，6m 宽人工矿柱支护方案声发射的能量逐渐增大，高频率大能量声发射时有发生，表明随着外力的增加，人工矿柱最先发生微裂纹的扩展，当外载荷增加到 28kN 时，声发射能量突跃到 $2.0×10^5$J，此时的人工矿柱发生了脱落，采空区顶板有沙石落下(图 7-32)，有微裂纹出现。而 8m 宽人工矿柱在载荷达到约 27kN 时也产生了大能量的声发射现象，表明此时的人工矿柱内部由于外载荷的增加，内部混凝土材料产生了微裂纹；原生矿柱在外载荷达到 32kN 之前声发射均没有大的突跃，仍然保持在一个低能量、低频率的水准，说明原生矿柱此时支护强度能够支撑外界的载荷，其材料内部没有出现大的微裂纹。当外载荷达到 31kN 时，6m 宽人工矿柱整体发生压缩失稳，采空区顶板垮塌，此时声发射能量达 $2.4×10^5$J，是声发射历史最大值，随着载荷继续增加，采空区顶板在一定范围内垮塌，导致声发射探头脱落。8m 宽人工矿柱在外载荷达到 30kN 之后，大能量的声发射出现频率增多，表明人工矿柱自身产生了大量微裂纹，随着载荷的增大，大约在载荷达到 32kN 时，出现声发射史上最大的一次能量声发射，能量达到 $2.2×10^5$J，表明此时 8m 宽人工矿柱出现微裂纹的贯通，形成了内部破坏，但是并没有形成整体矿柱的失稳破坏。原生矿柱在外载荷达到约 32kN 时也出现了大能量声发射，只是能量较另外 2 种方案在此种外载荷条件下要小很多，表明随着外载荷的增加，原生矿柱内部局部区域也出现了微裂纹，直到外载荷达到 33kN 时，才产生能量达最大的一次声发射，约 $8.4×10^4$J，较其他 2 种支护方案产生的最大能量声发射小很多，表明此时的原生矿柱是稳固的，其支护覆岩效果较好。

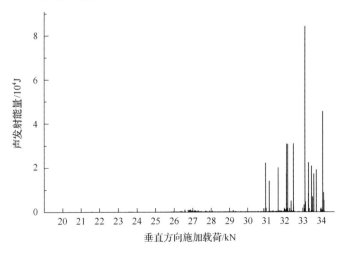

图 7-40　原生矿柱支护下声发射与载荷之间关系

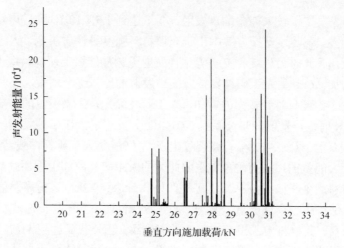

图 7-41　6m 宽人工矿柱支护下声发射与载荷之间关系

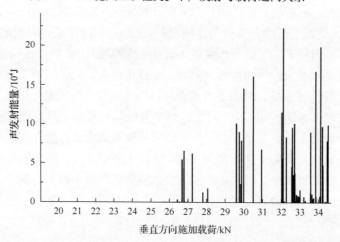

图 7-42　8m 宽人工矿柱支护下声发射与载荷之间关系

7.4　人工矿柱防治覆岩移动及破坏规律

7.4.1　人工矿柱支护条件下覆岩移动规律

　　针对前面对优化后的人工矿柱在矿山现场实际支护效果的监测研究及人工矿柱模型试验中防治覆岩移动机理研究，本节进一步就其支护覆岩移动规律进行系统探讨。

　　1. 模型建立

　　模型尺寸为 600m×600m×400m，模型物理力学参数见表 6-1，节点个数为

124614，单元个数为117096。地表标高为+160m，主要分析-430m中段、-460m中段在人工矿柱支护下的覆岩移动规律，其矿房矿柱尺寸参数见表 7-2，模型底部埋深790m，在求解初始地应力时模型密度用围岩的密度(矿体和人工矿柱所占比例较少，可不考虑)。网格划分采用渐变模式，核心部位的网格划分最密，在重点研究区域，采用均匀划分网格的方式。模型采用位移边界条件：四周采用滚动支撑($u_x=0$、$u_y=0$)，底部固定($u_x=0$、$u_y=0$、$u_z=0$)，上部边界为覆岩的自重应力 $\sigma_{zz}=-10.92$MPa，考虑构造应力的影响，矿体倾向的水平应力取垂直应力的 1.25 倍($\sigma_x=1.25\sigma_z$)，沿矿体走向的水平应力取垂直应力的 0.75 倍($\sigma_x=0.75\sigma_z$)。计算时采用 Mohr-Coulomb 应变软化准则。人工矿柱支护覆岩模型如图 7-43 所示。

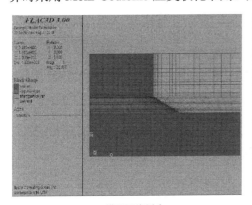 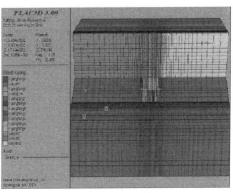

(a) 模型网格划分   (b) 模型剖面图

图 7-43   人工矿柱支护覆岩模型图

2. 应力分布及变化过程

由最大主应力云图 7-44 可知，应力主要在开采范围的边界上发生集中，其中在-460m 中段人工矿柱外侧围岩下部集中应力达到 61.03MPa，小于围岩抗压强度，在此处应加强监测和采取有效加固措施。人工矿柱所受应力小于其抗压强度，相对处于稳定状态。由最小主应力云图 7-45 可知，拉应力主要发生在-430m 中段矿房顶部与各中段矿房底板中部，最大拉应力达到 3.54MPa，小于围岩的抗拉强度，围岩不会发生拉破坏。另外，人工矿柱中不存在拉应力，处于稳定状态。从矿房采空区顶板塑性区分布情况可知(图 7-46)，在-430m 中段与-460m 中段开采完之后，只是在采场范围内有零星的塑性区存在。人工矿柱中没有出现塑性破坏区，只是在开采过程中，人工矿柱中会出现少许的塑性区，但随着开采的进行逐渐进入稳定受力状态，说明所设计的人工矿柱结构参数能够较好地防治采空区覆岩塑性区的产生与破坏。

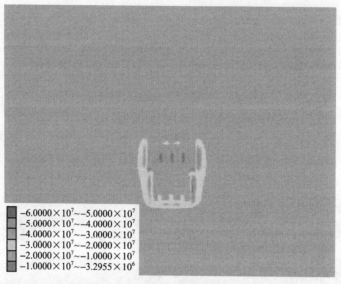

图 7-44　最大主应力云图(单位：MPa)

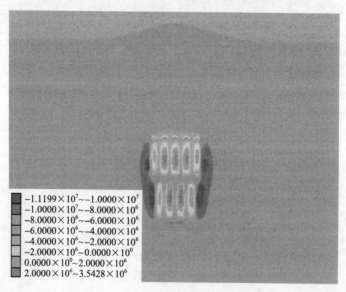

图 7-45　最小主应力云图(单位：MPa)

3. 位移分布及变化过程

为了进一步研究在人工矿柱支护作用下，矿房空区顶板位移变化情况，分别在–430m 中段的矿房空区顶板中部布设 1～5 号监测点，在–460m 中段的矿房顶板中部布设 6～9 号监测点(图 7-47)[30]。

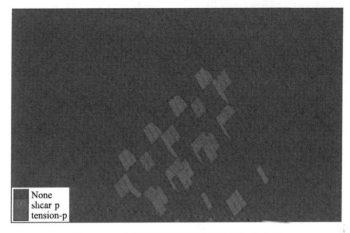

图 7-46 矿房采空区顶板塑性区分布云图

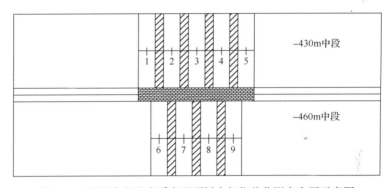

图 7-47 不同中段矿房采空区顶板中部位移监测点布置示意图

　　–430m 中段开采完毕后，该中段矿房采空区顶板中部监测点最终位移如图 7-48 所示。从图中可知，监测点 3 是矿房顶板沉降量最大的测点，其矿房顶板中部最大下沉 6.36mm。当–460m 中段开采完毕后，3 号监测矿房顶板沉降的最大位移量达 8.02mm（图 7-49）。说明–460m 中段的开采对–430m 中段矿房顶板的位移有影响。在开采完毕–460m 中段后，–460m 中段的矿房顶板沉降量最大达 7.76mm（图 7-50），这比–430m 中段矿房顶板最大沉降量要小（图 7-51），说明开采中段跨度越大，采空区顶板的沉降量就越大，覆岩就越不稳定。

　　从图 7-51 可知，开采完–460m 中段对–430m 中段的顶板沉降的影响较大，位移增加了 15.6%～18.7%，最大位移达 8.02mm。

7.4.2 人工矿柱支护条件下覆岩微观破坏机理

　　本小节利用 RFPA 软件可以从微观的角度研究岩体微破裂萌生、扩展、贯通等发展过程，这样可以从微观角度对力学环境再造条件下人工矿柱支护金属矿山覆岩的破裂失稳机理和规律进行研究。同时结合该软件可以通过声发射的产生区域、声发射能量大小及颜色的不同(岩石拉破坏用红色圈表示、压破坏用白色圈表示、曾经发生的所有破坏区域用黑色圈表示)研究覆岩破坏的特征及区域。

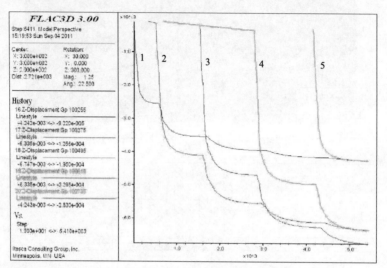

图 7-48　采完–430m 中段后–430m 中段空区顶板 1～5 号点位移变化(单位：m)

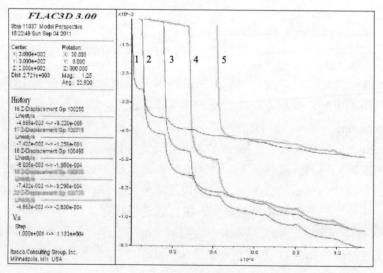

图 7-49　采完–460m 中段后–430m 中段空区顶板 1～5 号点位移变化(单位：m)

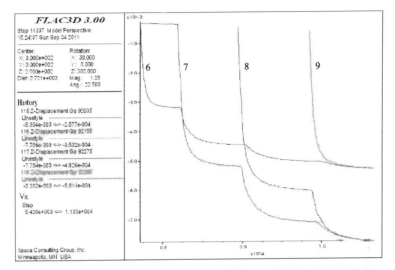

图 7-50 采完–460m 中段后–460m 中段空区顶板 6～9 号点位移变化（单位：m）

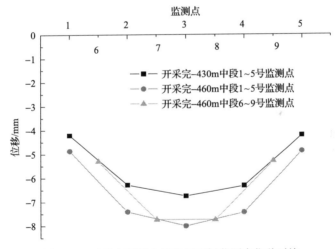

图 7-51 开采完不同中段空区顶板监测点位移对比

1. 模型建立与参数设置

按前面的研究计算结果，对–460m 中段进行人工矿柱支护下覆岩控制效果研究。为了更有利于安全施工，本次研究矿房宽度为 10m，人工矿柱为 6m，依次布设。由于模型尺寸有限，长为 120m，高为 100m，–460m 中段距模型上边界为 75m，距左边界为 30m（图 7-52），根据自重应力场可知垂直方向需施加约 16MPa 应力，该矿山由于没有进行地应力测量，且参考附近矿山水平构造应力情况，该矿山水平构造应力按公式 $\sigma_{h,min} = 0.8 + 0.0329H$ 计算得到，约为 22MPa。其主要岩体的物理力学参数见表 7-4。严格按照矿山采矿施工工艺进行矿房回采，在模型设计时

先将人工矿柱进行矿石回采然后用混凝土材料进行充填。第一步先对模型进行自
重应力和水平构造应力作用，第二步对模型左边第一个矿房进行回采，第三步对
模型左边第二个矿房进行回采，依次进行，直到第五步矿房回采完毕。

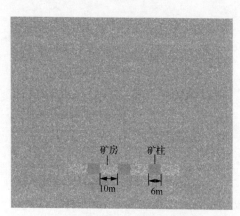

(a) 人工矿柱支护下覆岩破坏模型

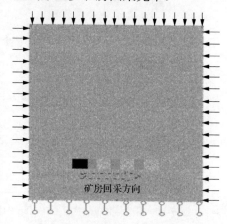

(b) 力学模型及矿房回采示意图

图 7-52　人工矿柱支护下覆岩破坏模型及力学模型示意图

表 7-4　模型岩石物理力学参数

岩石名称	弹性模量 /MPa	抗压强度 /MPa	密度 /(kg/m^3)	泊松比	内摩擦角/(°)
围岩	60000	103	2800	0.2	45
矿体	65000	90	2710	0.19	42
人工矿柱	230	2.11	2100	0.25	35

2. 模拟结果分析

图 7-53 是在人工矿柱支护作用下，矿房回采期间覆岩破裂发育、发展过程。
在矿房没有开采之前，对模型进行了自重应力场和构造应力作用，此时人工矿柱受
材料性质的影响，已经有少量声发射发生。第一个矿房回采完成后，声发射主要集
中在矿房四周，尤其是矿房的拐角处是应力相对较大的区域，声发射弥散分布。随
着第二个矿房的回采，声发射在围岩中的分布区域更广，特别是在两矿房之间的正
上方区域呈"圆拱形"，此时的声发射随机、弥散出现，人工矿柱承受拉应力较大，
声发射也相对密集。两矿房底板声发射呈倒"三角形"。从破坏图中可发现矿柱上
偶有微破裂单元出现。当第三个矿房回采完毕后，声发射在覆岩内更加密集，仍然
呈弥散、随机分布，其"拱形"区域范围也更广；矿房底板区域声发射同样增多，
"倒三角形"的区域也逐渐增大；声发射的总体分布呈现"水母"形。人工矿柱自
身声发射的密集程度更大，且有聚集的趋势。从破裂可以看出，覆岩和底板均没有
出现大量明显的破裂单元，仅从人工矿柱上可以看出有破裂单元出现。随着第四个
矿房回采完毕，覆岩声发射更加密集、分布也更广泛，"圆拱形"区域更高更大，

但并没有出现顶板声发射聚集成核的趋势，表明人工矿柱支护下效果较好，仅有少量的微裂纹出现，整体不影响覆岩的稳定性。同理，矿房底板区域的倒"三角形"声发射区域也同样增大，从破裂图中并未发现有微破裂纹出现的情况。由于人工矿柱支撑了覆岩一定区域的质量及构造应力作用，其承受的压力更大，同时又由于其材料力学性质，声发射在人工矿柱上的发生较密集，且有聚集成核的趋势。从破裂图（图 7-53（h））可以看出局部区域破裂单元较多，说明人工矿柱的力学性能受到一定影响，但总体矿柱不会垮塌，仍能起支撑覆岩的作用，但当外界受力或开采扰动影响较大时，很可能导致人工矿柱发生失稳。图 7-54 是采空区覆岩、人工矿柱和采空区底板 3 个区域在矿房回采完毕后产生的声发射总能量对比图（声发射能量的大小与岩石破裂程度呈正比关系），从此图也可以判别出采空区覆岩岩石单元破裂较少；从声发射能量与声发射发生的区域单位面积角度进行计算可得，覆岩单位面积发生声发射的能量为 $0.113J/m^2$，人工矿柱单位面积发生声发射的能量为 $1.108J/m^2$，底板区域单位面积发生声发射能量为 $0.576J/m^2$。因此，可以判断采空区覆岩在人工矿柱的支护下是相对稳定的。

(a) 第一个矿房回采覆岩声发射分布

(b) 第一个矿房回采覆岩破裂过程

(c) 第二个矿房回采覆岩声发射分布

(d) 第二个矿房回采覆岩破裂过程

(e) 第三个矿房回采覆岩声发射分布

(f) 第三个矿房回采覆岩破裂过程

(g) 第四个矿房回采覆岩声发射分布

(h) 第四个矿房回采覆岩破裂过程

图 7-53　人工矿柱支护下覆岩破裂与声发射分布

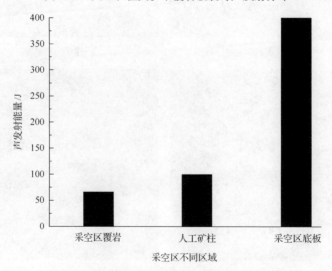

图 7-54　采空区不同区域声发射能量对比

从矿房回采过程围岩位移等值线图 7-55 可以看出，回采到第一个矿房时，位移变化比较大的区域在矿房的正上方，四周矿柱及底板位移变化较小。回采到第二个矿房时，位移最大的区域已经转移到第二个矿房和第一个矿柱上，位移区域具有逐渐形成"拱形"的趋势，矿房底板的位移相对较小。当回采到第三个矿房时，位移最大值在中间矿房和周边两个矿柱上，位移等值线光斑以中间矿房的中线为轴左右对称分布，光斑以规则的图案向四周扩展，此时人工矿柱上部的位移量也较大。当矿房完全开采完毕后，位移量达最大，最大位移区以中间的人工矿柱为圆心，形成标准的"圆拱形"。从图中位移等值线可推测出相邻的矿柱形成的压力拱，随着开采空区的增大逐渐由小拱合并成大拱，该结果验证了压力拱的合并理论。

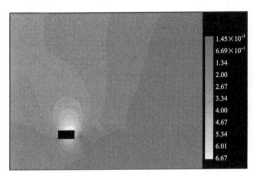

(a) 回采第一个矿房围岩位移等值线

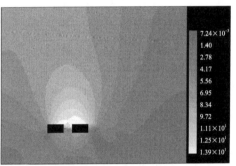

(b) 回采第二个矿房围岩位移等值线

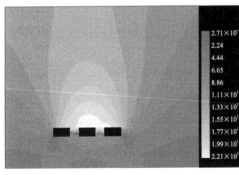

(c) 回采第三个矿房围岩位移等值线

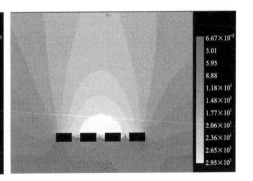

(d) 回采第四个矿房围岩位移等值线

图 7-55 矿房回采过程围岩位移等值线（单位：m）

从第四个矿房回采过程围岩位移矢量图 7-56 可以看出，在矿房开挖完毕后，在采空区正上方，中间两矿房之间出现了"圆拱形"，表明此时覆岩在整个采空区跨度中间区域拉应力较大，此时中间的人工矿柱上部也同样出现了移位现象，说明中间的人工矿柱受压应力和剪应力较大，尤其是矿柱的顶部更易发生破坏。随着时间的推移，"圆拱"的范围和高度越来越大，位移变化波及周边的人工矿柱，中间的人工矿柱的位移量增大，其对矿柱的影响也由顶部逐渐发展到矿柱中部，这样更易使矿柱产生局部塑性区，从而降低了人工矿柱的强度和稳定性。

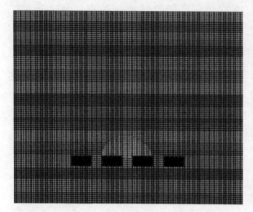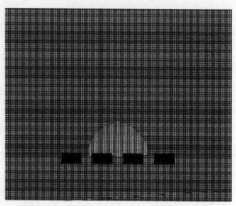

（a）第四个矿房回采初期位移矢量　　　　　　（b）第四个矿房回采后期位移矢量

图 7-56　第四个矿房回采过程围岩位移矢量（单位：m）

从总体的矿房回采过程来看，人工矿柱支护作用效果比较明显，对维护采空区覆岩的稳定性具有重要意义。从声发射分布情况来看，矿房顶板区域呈现"圆拱形"、底板区域呈现"倒三角形"、总体呈现"水母形"。矿房（采空区）上部区域在人工矿柱的支护作用下呈现塑性区域，其区域主要是受拉应力和压应力共同作用的结果，同时还承受自重应力场和水平构造应力作用，相当于给覆岩增加了围压，所以覆岩单元破裂较少，此塑性区域覆岩的破坏程度较小，基本不影响其稳定性。矿房下部底板区域主要是承受拉应力区域，且此时覆岩自重应力由于采空区的出现无法作用到矿房下部底板区域，此时受拉应力较明显。另外，由于岩石材料的抗压不抗拉特性，在下部区域声发射比矿房覆岩声发射更加密集。"倒三角形"出现的原因是：在矿房底板的正下方，主要是拉应力集中区域，且随着远离底板位置拉应力影响越小，在人工矿柱支护作用下，在矿柱底板周边产生压应力、剪应力和矿柱支撑应力，在这些力的共同作用下出现"倒三角形"区域。在矿房的不断回采过程中，人工矿柱承受的力发生了转移和重新分布，从位移矢量图和位移等值线图中可以看出覆岩的压应力免压拱由采空区的大小和人工矿柱的多少从小到大逐渐合并。根据声发射分布情况可知，人工矿柱的单元微破裂先由上部开始发育扩展，由于其上部受剪应力和压应力更集中，随着采空区的增大，其单元破裂由矿柱顶部逐渐向中部扩展。人工矿柱自身有微裂纹产生并在局部发展，这样降低了矿柱的强度和支撑力，但仍能支护覆岩的稳定性。

参 考 文 献

[1] 王晓军, 冯萧, 杨涛波, 等. 深部回采人工矿柱合理宽度计算及关键影响因素分析[J]. 采矿与安全工程学报, 2012, 29(1): 54-59.

[2] Cihangir F, Ercikdi B, Kesimal A, et al. Utilisation of alkali-activated blast furnace slag in paste backfill of high-sulphide mill tailings: Effect of binder type and dosage[J]. Minerals Engineering, 2012, 30: 33-43.

[3] 杨磊, 邱景平, 孙晓刚, 等. 阶段嗣后胶结充填体矿柱强度模型研究与应用[J]. 中南大学学报(自然科学版), 2018, 49(9): 2316-2322.

[4] 王俊, 乔登攀, 韩润生, 等. 阶段空场嗣后充填胶结体强度模型及应用[J]. 岩土力学, 2019, 40(3): 1105-1112.

[5] 曹帅, 杜翠凤, 谭玉叶, 等. 金属矿山阶段嗣后充填胶结充填体矿柱力学模型分析[J]. 岩土力学, 2015, 36(8): 2370-2376.

[6] 赵康, 鄢化彪, 冯萧, 等. 基于能量法的矿柱稳定性分析[J]. 力学学报, 2016, 48(4): 976-983.

[7] 陈庆发, 古德生, 周科平, 等. 对称协同开采人工矿柱失稳的突变理论分析[J]. 中南大学学报(自然科学版), 2012, 43(6): 2338-2342.

[8] 吴立新, 王金庄, 郭增长. 煤柱设计与监测基础[M]. 北京: 煤炭工业出版社, 2000.

[9] 杨明春. 矿柱尺寸设计方法研究[J]. 采矿技术, 2005, 5(3): 10-12.

[10] Li L, Aubertin M, Belem T. Erratum: Formulation of a three dimensional analytical solution to evaluate stresses in backfilled vertical narrow openings[J]. Canadian Geotechnical Journal, 2006, 43(3): 338-339.

[11] Li L. Generalized solution for mining backfill design[J]. International Journal of Geomechanics, 2013, 14(3): 1-11.

[12] 由希, 任凤玉, 何荣兴, 等. 阶段空场嗣后充填胶结充填体抗压强度研究[J]. 采矿与安全工程学报, 2017, 34(1): 163-169.

[13] 马念杰, 侯朝炯. 采准巷道矿压理论及应用[M]. 北京: 煤炭工业出版社, 1995.

[14] Wilson A H. An hypothesis concerning pillar stability[J]. Mining Engineer, 1972, 131(6): 409-417.

[15] 白茅, 刘天泉. 条带法开采中条带尺寸的研究[J]. 煤炭学报, 1983, (4): 19-26.

[16] 钱鸣高, 石平五, 许家林. 矿山压力与岩层控制[M]. 徐州: 中国矿业大学出版社, 2010.

[17] Khairil A. A study onstress rock arch development around dual caverns [D]. Singapore: Nanyang Technological University, 2003.

[18] 董蕾. 采动结构参数优化设计及可靠度分析[D]. 长沙: 中南大学, 2010.

[19] 黄庆享. 厚沙土层在顶板关键层上的载荷传递因子研究[J]. 岩土工程学报, 2005, 27(6): 672-676.

[20] 马立强, 张东升, 陈涛, 等. 综放巷内充填原位沿空留巷充填体支护阻力研究[J]. 岩石力学与工程学报, 2007, 26(3): 544-550.

[21] Biswas K, Peng S S. A unique approach to determine the time-dependent in-situ strength of coal pillars[C]// Christopher M, Keith A H, Anthony T I, et al. Proceedings of Second International Workshop on Coal Pillar Mechanics and Design. Colombia: DHHS(NIOSH) Publication, 1999: 5-14.

[22] 蔡美峰. 金属矿山采矿设计优化与地压控制-理论与实践[M]. 北京: 科学出版社, 2001.

[23] 张国吉, 周麟, 陈清运, 等. 人工矿柱在缓倾斜地下矿开采中的应用研究[J]. 金属矿山, 2009, (S1): 223-226.

[24] 季卫东. 矿山岩石力学[M]. 北京: 冶金工业出版社, 1991.

[25] 陶龙光, 巴肇伦. 城市地下工程[M]. 北京: 科学出版社, 1996.

[26] 陈陆望. 物理模型试验技术研究及其在岩土工程中的应用[D]. 武汉: 中国科学院武汉岩土力学研究所, 2006.

[27] 林韵梅. 实验岩石力学-模拟研究[M]. 北京: 煤炭工业出版社, 1984.

[28] 孙朋. 突出煤相似材料配比模型实验研究[D]. 北京: 煤炭科学研究总院, 2016.

[29] 赵康, 罗嗣海, 石亮. 强夯模型试验及其研究进展[J]. 人民黄河, 2012, 34(2): 131-134.

[30] Zhao K, Guo Z Q, Zhao X D, et al. Study on stability of metal mine overlying strata for artificial pillar support[J]. International Journal of Computer Science Issues, 2013, 10(1): 713-718.

8 基于能量法的金属矿山人工矿柱稳定性

采场结构的稳定性受多种因素影响，其稳定性的判据目前还没有统一的认识[1,2]。从单一的应力、位移角度很难综合评价采场结构的稳定性。冯夏庭等[3]提出地下工程稳定性的综合集成智能分析与动态设计优化的新思路，并获得了成功应用。能量法由于可以避免研究工程结构失稳破坏的中间复杂受力、应变过程，受到国内外学者的青睐，他们通过能量原理研究和探索了地下工程结构失稳破坏的相关问题，并取得了一定的成果[4-9]。

人工矿柱作为地下矿山开采中一种重要的采场结构，一方面可充分回收矿产资源，另一方面可人为改变采空区围岩应力环境[10,11]，支撑上覆岩体和控制围岩变形[12,13]。针对原生矿柱(残留矿柱)稳定性方面的研究，已经取得了一定的成果。例如，唐春安等[14]运用自主研发的岩石破裂过程分析程序，对矿柱的变形与破坏过程及其声发射模式进行了研究；潘岳等[15]研究了非对称开采时矿柱受偏压时的失稳破坏特征；赵奎[16]分析了矿柱纵波速度与所受压力之间的定量关系，以及矿柱破裂区分布特点，建立了基于声波测试的矿柱稳定性模糊推理系统，能够更加全面地反映矿柱的稳定状态和损伤情况；周科平等[17]对采场矿柱进行强度折减，采用矿柱塑性破坏区贯通作为相邻采场整体失稳的判据，利用矿柱强度折减的ANN-GA 模型在某铜矿取得了满意效果；杨永杰等[18]从蠕变试验的角度研究了石膏矿柱的长期稳定性问题；杨宇江和李元辉[19]将加卸载响应比(LURR)理论引入矿柱动力稳定性研究中，对非均质矿柱模型在动力载荷循环作用下的破坏过程进行全时程动力分析；Zhao 等[20]利用不同灰砂比对矿山不同尺寸的人工矿柱进行优化；刘洪强等[21]、Zhou 等[22]、徐文彬等[23]学者在原生矿柱稳定性方面也取得了非常有益的研究成果。

目前针对人工矿柱在金属矿山地下开采支护的研究成果相对较少[24-27]，且大多为人工矿柱的施工工艺、现场应用及定性分析方面的研究。近来，曹帅等[28]基于弹性力学平面应变基本假设，建立了阶段嗣后胶结充填体矿柱力学模型并进行了理论求解；陈庆发等[29]基于突变理论建立了金属矿山人工矿柱突发失稳的尖点突变模型，得出了满意的结果。因此，本书根据金属矿山人工矿柱尺寸和自身材料特性，从力学和能量守恒的角度研究其稳定性问题。

8.1 人工矿柱破坏模式

由于金属矿山人工矿柱受多种因素的影响，其强度往往很难达到设计要求，易发生失稳破坏。在覆岩的载荷作用下，人工矿柱破坏模式与压杆失稳破坏模式相似，但由于覆岩、人工矿柱及载荷作用，其失稳机理比压杆更复杂。在很多试验中，人工矿柱破坏中纵向劈裂破坏模式较多[30]。

因为人工矿柱与上覆岩体之间有较大的摩擦力[图 8-1(a)]，所以在垂直压力作用下人工矿柱顶面发生的相对水平位移较小，很少产生较大的膨胀变形，而人工矿柱中部则因周围无约束力而发生"鼓形"（泊松）劈裂膨胀破坏。继续加载时，人工矿柱中部对称位置上将产生竖向裂纹，并随载荷增大而发生贯通，使矿柱胀裂分开，并单独承受上覆岩体重力。但此时，由于之前人工矿柱已产生横向变形而不再单纯是轴心受力，产生了若干初始偏心距的偏心受压的小矿柱体。本节将人工矿柱视为压杆失稳破坏的模式，以"鼓形"（泊松）形式研究其稳定性。

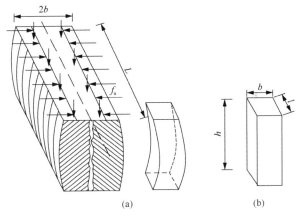

图 8-1 人工矿柱破坏模式示意图

L-整个矿柱长度；$2b$-整个矿柱宽度；f_u-矿柱承受的水平摩擦力

8.2 力 学 模 型

取破坏后的某个小矿柱进行能量突变分析，为便于分析，假设人工矿柱长度为l，宽度为b，高度为h，如图 8-1(b)所示。由图可知，该单元体主要发生弯曲变形，其顶端可简化为仅在轴向有变形，在其他方向不发生变形的定向支座。在人工矿柱底端，由于底板围岩的刚度远大于人工矿柱的刚度，可视为此处无角位移和线位移，可将其简化为固支约束。因此，人工矿柱受外载荷的力学模型可简化为如图 8-2所示。

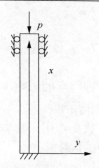

图 8-2　人工矿柱简化力学模型

p-垂直载荷

8.3　人工矿柱能量极限状态方程

根据前述破坏模式及力学模型分析，人工矿柱的边界条件为

$$x(0) = 0 \qquad x(h) = 0 \tag{8-1}$$

$$x'(0) = 0 \qquad x'(h) = 0 \tag{8-2}$$

由以上二式满足位移边界条件[28]，可设矿柱的挠度曲线方程为

$$y = a_1\left(1 - \cos\frac{2\pi x}{h}\right) + b_1\left(1 - \cos\frac{6\pi x}{h}\right) \tag{8-3}$$

式中，a_1 为 x 方向挠度系数；b_1 为 y 方向挠度系数(为提高计算准确程度，上式取前两项[31]，a_1、b_1 为自由变量，在岩土工程方面其取值范围 $0.001\sim0.004$[32])；h 为人工矿柱单元的高度，m。

由能量原理可知[33]，人工矿柱总能量为

$$\Pi = -W_P - W_G + U \tag{8-4}$$

式中，W_P 为外力 P 所做的功，J；W_G 为矿柱自重势能，J；U 为矿柱的弯曲应变能，J。

作为小变形体的人工矿柱，由于在尺寸上，矿柱高度大于矿柱宽度，在承受单轴压缩时，常规的破坏是"鼓形"(泊松)破坏，这里仅考虑其弯曲应变能 U 为

$$U = \frac{1}{2}\int_0^{\varphi_{max}} M(x)\mathrm{d}\varphi = \frac{1}{2}\int_0^h M(x) \cdot \frac{M(x)}{EI}\mathrm{d}s$$

$$= \frac{EI}{2}\int_0^h (y'')^2 \mathrm{d}s \tag{8-5}$$

式中，I 为单个人工矿柱的惯性矩，$I=bh^3/12$，m^4；E 为人工矿柱材料的弹性模量，MPa；$M(x)$ 为 x 高度处的截面弯矩，N·m；ds 为微弧段长，$ds=\sqrt{1+(y')^2}\,dx$，rad。

将 $ds=\sqrt{1+(y')^2}\,dx$ 按泰勒公式展开：

$$\sqrt{1+(y')^2}\approx 1+\frac{1}{2}(y')^2$$

则

$$ds=\left[1+\frac{1}{2}(y')^2\right]dx \tag{8-6}$$

将式(8-6)代入式(8-5)可得

$$U=\frac{EI}{2}\int_0^h (y'')^2\left[1+\frac{1}{2}(y')^2\right]dx \tag{8-7}$$

由于实际问题中，θ（$\theta=y'=\tan\theta$）较小，且 θ^2（$\theta^2=y'^2$）与 1 相比为高阶微量，可略去不计，简化后：

$$U=\frac{EI}{2}\int_0^h (y'')^2\,dx \tag{8-8}$$

将式(8-3)分别进行一阶求导与二阶求导得

$$\left.\begin{array}{l} y'=\dfrac{2\pi a_1}{h}\sin\dfrac{2\pi x}{h}+\dfrac{6\pi b_1}{h}\sin\dfrac{6\pi x}{h}\\[3mm] y''=\dfrac{4\pi^2 a_1}{h^2}\cos\dfrac{2\pi x}{h}+\dfrac{36\pi^2 b_1}{h^2}\cos\dfrac{6\pi x}{h} \end{array}\right\} \tag{8-9}$$

将式(8-9)代入式(8-8)可得

$$U=\frac{EI}{2}\int_0^h\left(\frac{4\pi^2 a_1}{h^2}\cos\frac{2\pi x}{h}+\frac{36\pi^2 b_1}{h^2}\cos\frac{6\pi x}{h}\right)^2 dx$$

$$=\frac{4EI\pi^4}{h^3}(a_1^2+81b_1^2) \tag{8-10}$$

令 $\lambda=\dfrac{1}{2}\int_0^h (y')^2\,dx$，并将式(8-9)代入得

$$\lambda = \frac{1}{2}\int_0^h \left(\frac{2\pi a_1}{h}\sin\frac{2\pi x}{h} + \frac{6\pi b_1}{h}\sin\frac{6\pi x}{h} \right)^2 \mathrm{d}x$$

$$= \frac{\pi^2}{h}(a_1^2 + 9b_1^2)$$

式中，λ 为与 P 相对应的广义位移。

则外载荷 P 所做的功：

$$W_P = P\lambda = \frac{P\pi^2}{h}(a_1^2 + 9b_1^2) \tag{8-11}$$

矿柱自重势能为

$$W_G = \frac{1}{2}mgh = 0.5\rho gsh^2 \tag{8-12}$$

式中，ρ 为人工矿柱的密度，kg/m³；s 为人工矿柱的水平截面积，m²；g 为重力加速度，m/s²。

将式(8-10)~式(8-12)代入式(8-4)得

$$\Pi = -W_P - W_G + U$$

$$= \frac{4EI\pi^4}{h^3}(a_1^2 + 81b_1^2) - \frac{P\pi^2}{h}(a_1^2 + 9b_1^2) - 0.5\rho gsh^2 \tag{8-13}$$

式(8-13)即为结构功能(势能)函数的数学表达式。由突变理论的相关知识可知[34,35]，用势函数 $\Pi(x)$ 的空间曲面图形来表示，如图 8-3 所示。

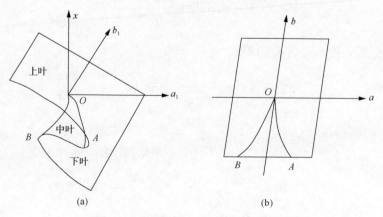

图 8-3　势函数 $\Pi(x)$ 的空间曲面图形

图 8-3(a)是一个具有光滑折痕的曲面，其上一点代表所研究系统的一种平衡状态。在该曲面上叶和下叶上，满足 $\Pi''(x) > 0$，即系统势能取极小值，则平衡状态是稳定的；在曲面的中叶上 $\Pi''(x) < 0$，即系统势能取极大值，则平衡状态是非稳定的。

在曲面上叶和下叶与中叶的交界，即图 8-3(b)所示的光滑折痕 OA、OB 上，$\Pi''(x) = 0$，即为临界状态。

如前所述，当 $\Pi''(x) > 0$ 时，平衡状态是稳定的；当 $\Pi''(x) < 0$ 时，系统状态是非稳定的；当 $\Pi''(x) = 0$ 时，系统处于临界状态，此时的外力 P 为临界载荷，记为 P_{cr}。

令 $\Pi = -P\lambda - W_G + U = 0$，得

$$P = \frac{4EI\pi^2}{h^2} \times \frac{a_1^2 + 81b_1^2}{a_1^2 + 9b_1^2} - \frac{\rho g s h^3}{2\pi^2} \times \frac{1}{(a_1^2 + 9b_1^2)} \tag{8-14}$$

从上式中可看出，$\dfrac{a_1^2 + 81b_1^2}{a_1^2 + 9b_1^2} \geqslant 1$，当且仅当 $b_1 = 0$ 时，取最小值 1。

外载荷 P 的极大值，即临界载荷为

$$P_{cr} = \frac{4EI\pi^2}{h^2} - \frac{\rho g s h^3}{2\pi^2 a_1^2} \tag{8-15}$$

相应的，临界应力[36]为

$$\sigma_{cr} = \frac{p_{cr}}{A} = \frac{4EI\pi^2}{h^2 bl} - \frac{\rho g h^3}{2\pi^2 a_1^2} \tag{8-16}$$

8.4 人工矿柱设计稳定性分析

根据非线性科学的理论[37]，该系统的定态方程为

$$\begin{cases} \dfrac{\partial \Pi}{\partial a_1} = 0 \\[2mm] \dfrac{\partial \Pi}{\partial b_1} = 0 \end{cases} \tag{8-17}$$

将式(8-13)代入式(8-17)得

$$\begin{cases} a_1\left(\dfrac{8EI\pi^4}{h^3}-\dfrac{2\pi^2}{h}P\right)=0 \\[3mm] b_1\left(\dfrac{36EI\pi^4}{h^3}-\dfrac{\pi^2}{h}P\right)=0 \end{cases} \tag{8-18}$$

解此方程组可得

$$①\begin{cases} a_1=0 \\ b_1=0 \end{cases} \qquad ②\begin{cases} a_1=0 \\ P=\dfrac{36EI\pi^2}{h^2} \end{cases} \qquad ③\begin{cases} P=\dfrac{4EI\pi^2}{h^2} \\ b_1=0 \end{cases}$$

将第①组解代入式(8-3)有 $y=0$，这与人工矿柱在力 P 的作用下实际发生了数值不为零的位移相矛盾；通过比较②、③组解，可知第③组解中的 P 值小于第②组解中的 P 值，根据载荷由小到大逐次增大可知，临界载荷 $P_{cr}=\dfrac{4EI\pi^2}{h^2}-\dfrac{\rho gsh^3}{2\pi^2a_1^2}$，此时系统处于临界状态。

再由式(8-14)讨论外载荷 P 的变化过程对结构系统稳定性的影响，即 $P=\dfrac{4EI\pi^2}{h^2}\times\dfrac{a_1^2+81b_1^2}{a_1^2+9b_1^2}-\dfrac{\rho gsh^3}{2\pi^2}\times\dfrac{1}{a_1^2+9b_1^2}$，可知外载荷 P 是关于 a_1、b_1 的函数，因此可用其偏导数来研究外载荷 P 的增减趋势：

$$\begin{cases} \dfrac{\partial P}{\partial a_1}=-\dfrac{a_1\times(576\pi^4EIb_1^2-\rho gsh^5)}{\pi^2h^2(a_1^2+9b_1^2)^2} \\[4mm] \dfrac{\partial P}{\partial b_1}=\dfrac{9b_1(64EI\pi^4a_1^2+\rho gsh^5)}{h^2\pi^2(a_1^2+9b_1^2)^2} \end{cases} \tag{8-19}$$

根据式(8-19)可得载荷力(压力) P 的变化规律：

当 $a_1>0$ 时，$\dfrac{\partial P}{\partial a_1}<0$，即压力 P 随 a_1 的增大而减小；当 $a_1<0$ 时，$\dfrac{\partial P}{\partial a_1}>0$，即压力 P 随 a_1 的增大而增大。

同理，当 $b_1>0$ 时，压力 P 随 b_1 的增大而增加；当 $b_1<0$ 时，压力 P 随 b_1 的增大而减小。

由材料力学可知，矿柱产生突变时必须满足 $P>P_{cr}$。

考虑式$(8\text{-}13)=\dfrac{4EI\pi^4}{h^3}(a_1^2+81b_1^2)-\dfrac{P\pi^2}{h}(a_1^2+9b_1^2)-0.5\rho gsh^2$

及式(8-18)
$$\begin{cases} a_1\left(\dfrac{8EI\pi^4}{h^3}-\dfrac{2\pi^2}{h}P\right)=0 \\ b_1\left(\dfrac{36EI\pi^4}{h^3}-\dfrac{\pi^2}{h}P\right)=0 \end{cases}$$
可知:

当 $P<P_{cr}=\dfrac{4EI\pi^2}{h^2}-\dfrac{\rho gsh^3}{2\pi^2 a_1^2}$ 时,Π 随 $|a_1|$ 的增大而增大,即系统处于稳定平衡状态,势函数 Π 取极小值;当 $P>P_{cr}$ 时,势函数 Π 随 $|a_1|$ 的增大而减小,即 Π 取极大值,系统此时处于非稳定平衡状态[38]。

当外载荷(压力)P 从 0 增大至 P_{cr}(极小值)的过程中,系统 Π 取极小值,始终处于稳定平衡状态;$P>P_{cr}$ 时系统势函数 Π 开始取极大值,这之间发生了稳定状态的跳跃,即平衡状态的突变。

综上可知,欲使人工矿柱系统处于稳定平衡状态,则作用在人工矿柱上的外载荷小于临界载荷,即 $P<P_{cr}=\dfrac{4EI\pi^2}{h^2}-\dfrac{\rho gsh^3}{2\pi^2 a_1^2}$,即要确保人工矿柱承受的应力值小于其临界应力 $\sigma_{cr}=\dfrac{4EI\pi^2}{h^2 bl}-\dfrac{\rho gh^3}{2\pi^2 a_1^2}$。在外载荷不变的情况下要使人工矿柱应力减小,可采取增大人工矿柱尺寸面积或增大人工矿柱强度,如采取高强度等级水泥、加筋等措施。

8.5 工 程 实 例

为了将上述针对人工矿柱承受外载荷的稳定性分析的理论研究应用到矿山工程实践中,作者所在课题组对焦冲金矿[22]采用人工混凝土矿柱代替原生矿柱的尺寸参数进行了优化设计,并对支护效果进行了研究。

该矿-430m 中段矿体走向长度为 85m,经某设计单位设计人工矿柱 4 个,每个矿柱宽 8m,矿房为 5 个,矿房宽度为 10.6m。为了降低充填成本,同时确保采场结构的稳定,课题组根据前述构建的人工矿柱稳定性能量极限状态方程,结合人工矿柱弹性模量及高宽比等因素的临界应力函数关系式对该矿山的人工矿柱进行了优化设计。经理论研究和室内相关实验,最终确定充填体弹性模量为 8.5GPa,容重为 22kN/m³,设计该中段矿柱为 4 个,每个矿柱宽 6.5m,矿房个数为 5 个,矿房宽度为 11.8m。根据课题组所设计的开采方案,为了监测矿山覆岩对人工矿柱的压力,以便实时观测人工矿柱是否能有效支撑覆岩载荷,在充填人工矿柱之前在分条上山底部布设混凝土压力计(图 8-4),经过数月的监测,其最大垂直应力值为 $P_{测应力}=0.78$MPa(图 7-8a)。从压力计监测曲线图来看,所设计的人工矿柱在矿房回采初期的两个月内，人工矿柱承受上覆岩层的压力持续增大，且上升速度较快；当矿房回采完毕后，压力值变化曲线逐渐趋于平缓，表明人工矿柱在开采扰动结束后，上覆岩层的载荷分布也趋于稳定，人工矿柱承受的应力也逐渐平稳。

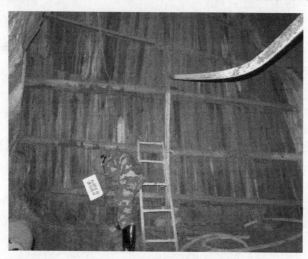

图 8-4　－430m 中段压力计布设

根据矿柱和矿房的布置，每个矿柱承载左右相邻每个矿房一半面积的上覆岩层载荷，一个矿柱应该承载的顶板面积为

$$s_1 = (b+w) \times \frac{b}{2} \tag{8-20}$$

式中，w 为矿房宽度，m；即每个矿柱实际承载载荷为：$P = P_{测应力} \times s_1 = 4.64 \times 10^4 \text{kN}$。

将上述参数代入式(8-15)，可得人工矿柱的临界载荷：

$$P_{cr} = \frac{\rho g s h^3}{2\pi^2 a_1^2} 3.90 \times 10^5 \text{kN}$$

式中，h 为人工矿柱高度，m；b 为人工矿柱宽度，m；g 为重力加速度，N/kg；a_1 为 x 方向挠度系数，查阅《建筑结构静力计算手册》中有关的内力系数和挠度系数，其中挠度系数为 0.0015275。

从上述现场实测数据可知，课题组优化设计的人工矿柱所承受覆岩载荷为 $4.64 \times 10^4 \text{kN}$，根据前述所建立的人工矿柱临界应力函数关系式所计算出的人工矿柱临界载荷为 $3.90 \times 10^5 \text{kN}$，实测人工矿柱承受载荷约为理论设计临界载荷的 1/10，远小于其临界载荷的支撑力，因此课题组所设计的人工矿柱是稳定的，符合工程安全规范要求，能够满足矿山安全生产的需要。为了进一步优化人工矿柱尺寸,减少充填成本,将该中段其他剩余人工矿柱的宽度适当减小后进行施工。截至 2014 年 12 月底,通过 5 年多的矿山生产实践,–430m 中段人工矿柱较稳定,未发现大的变形和剥落;此中段覆岩也未产生大的沉降及位移。

　　通过现场实验和多年的矿山生产实践,表明上述所建立的能量极限状态方程可以作为金属矿山人工矿柱设计的力学依据。

参 考 文 献

[1] 王金安, 李大钟, 尚新春. 采空区坚硬顶板流变破断力学分析[J]. 北京科技大学学报, 2011, 33(2): 142-148.

[2] 周维垣. 岩体工程结构的稳定性[J]. 岩石力学与工程学报, 2010, 29(9): 1729-1753.

[3] 冯夏庭, 江权, 苏国韶. 高应力下硬岩地下工程的稳定性智能分析与动态优化[J]. 岩石力学与工程学报, 2008, 27(7): 1341-1352.

[4] Deshpande V S, Evans A G. Inelastic deformation and energy dissipation in ceramics: a mechanism based constitutive model[J]. Journal of the Mechanics and Physics of Solids, 2008, 56(10): 3077-3100.

[5] 谢和平, 鞠杨, 黎立云. 基于能量耗散与释放原理的岩石强度与整体破坏准则[J]. 岩石力学与工程学报, 2005, 24(17): 3003-3010.

[6] 左建平, 黄亚明, 熊国军, 等. 脆性岩石破坏的能量跌落系数研究[J]. 岩土力学, 2014, 35(2): 321-327.

[7] 陈昀, 金衍, 陈勉. 基于能量耗散的岩石脆性评价方法[J]. 力学学报, 2015, 47(6): 984-993.

[8] 杨官涛, 李夕兵, 王其胜, 等. 地下采场失稳的能量突变判断准则及其应用[J]. 采矿与安全工程学报, 2008, 25(3): 268-271.

[9] 潘岳, 王志强. 岩体动力失稳的功、能增量-突变理论研究方法[J]. 岩石力学与工程学报, 2004, 23(9): 1433-1438.

[10] 古德生, 李夕兵. 现代金属矿床开采科学技术[M]. 北京: 冶金工业出版社, 2006.

[11] Xu S, Liu J P, Xu S D, et al. Experimental studies on pillar failure characteristics based on acoustic emission location technique[J]. Transactions of Nonferrous Metals Society of China, 2012, 22(11): 2792-2798.

[12] Zhao K, Wang Q, Gu S J, et al. Mining scheme optimization and stope structural mechanic characteristics for the deep and large ore body[J]. Journal of the Minerals Metals & Materials Society, 2019, 71(11): 4180-4190.

[13] Zhao K, Wang Q, Li Q, et al. Optimization calculation of stope structure parameters based on mathews stabilization graph method[J]. Journal of Vibro Engineering, 2019, 21(4): 1227-1239.

[14] 唐春安, 乔河, 徐小荷, 等. 矿柱破坏过程及其声发射规律的数值模拟[J]. 煤炭学报, 1999, 24(3): 266-269.

[15] 潘岳, 张勇, 吴敏应, 等. 非对称开采矿柱失稳的突变理论分析[J]. 岩石力学与工程学报, 2006, 25(增2): 3694-3702.

[16] 赵奎. 岩金矿山采空区及残留矿柱回采稳定性研究[J]. 岩石力学与工程学报, 2003, 22(8): 1404.

[17] 周科平, 王星星, 高峰. 基于强度折减与 ANN-GA 模型的采场结构参数优化[J]. 中南大学学报(自然科学版), 2013, 44(7): 2848-2854.

[18] 杨永杰, 邢鲁义, 张仰强, 等. 基于蠕变试验的石膏矿柱长期稳定性研究[J]. 岩石力学与工程学报, 2015, 34(10): 2106-2113.

[19] 杨宇江, 李元辉. 基于加卸载响应比理论的矿柱动力稳定性分析[J]. 岩土力学, 2013, 34(增1): 324-330.

[20] Zhao K, Li Q, Yan Y J, et al. Numerical calculation analysis of structural stability of cemented fill in different lime-sand ratio and concentration conditions[J]. Advances in Civil Engineering, 2018: 1-9.

[21] 刘洪强, 张钦礼, 潘常甲, 等. 空场法矿柱破坏规律及稳定性分析[J]. 采矿与安全工程学报, 2011, 28(1): 138-143.

[22] Zhou J, Li X B, Shi X Z, et al. Predicting pillar stability for underground mine using Fisher discriminant analysis and SVM methods[J]. Transactions of Nonferrous Metals Society of China, 2011, 21(12): 2734-2743.

[23] 徐文彬, 宋卫东, 曹帅, 等. 地下矿山采场群稳定性分析及其控制技术[J]. 采矿与安全工程学报, 2015, 32(4): 658-664.

[24] 赵康. 焦冲金矿覆岩移动机理及防治研究[D]. 北京: 北京科技大学, 2012.

[25] 王晓军, 冯萧, 杨涛波, 等. 深部回采人工矿柱合理宽度计算及关键影响因素分析[J]. 采矿与安全工程学报, 2012, 29(1): 54-59.

[26] 陈庆发, 周科平. 低标号充填体对采矿环境结构稳定性作用机制研究[J]. 岩土力学, 2010, 31(9): 2811-2816.

[27] 张雯, 郭进平, 张卫斌, 等. 大型残留矿柱回采时采空区处理方案研究[J]. 金属矿山, 2012, 1: 10-13.

[28] 曹帅, 杜翠凤, 谭玉叶, 等. 金属矿山阶段嗣后充填胶结充填体矿柱力学模型分析[J]. 岩土力学, 2015, 36(8): 2370-2376.

[29] 陈庆发, 古德生, 周科平, 等. 对称协同开采人工矿柱失稳的突变理论分析[J]. 中南大学学报(自然科学版), 2012, 43(6): 2338-2342.

[30] Li C, Richard P, Erling N. The stress strain behaviour of rock material related to fracture under compression[J]. Engineering Geology, 1998, 49(2): 293-302.

[31] 李廉锟. 结构力学(下册)[M]. 5版. 北京: 高等教育出版社, 2010.

[32] 孙训方, 方孝淑, 关来泰. 材料力学(上册)[M]. 2版. 北京: 人民教育出版社, 1979.

[33] 梁炳文, 胡世光. 弹塑性稳定理论[M]. 北京: 国防工业出版社, 1983.

[34] 唐春安, 徐小荷. 岩石破裂过程失稳的尖点灾变模型[J]. 岩石力学与工程学报, 1990, 9(2): 100-107.

[35] 殷有泉. 岩石力学与岩石工程的稳定性[M]. 北京: 北京大学出版社, 2011.

[36] 赵康, 鄢化彪, 冯萧, 等. 基于能量法的矿柱稳定性分析[J]. 力学学报, 2016, 48(4): 976-983.

[37] Qin S, Jiao J J, Wang S. A cusp catastrophe model of instability of slip buckling slope[J]. Rock Mechanics and Rock Engineering, 2001, 34(2): 119-134.

[38] 赵康, 赵红宇, 严雅静. 一种金属矿山人工矿柱稳定性判别方法: 中国, 201610394574.0[P]. 2016-06-03.

9 充填条件下覆岩移动特征及防治效果

根据前面章节的研究成果，采取人工力学环境再造的方法，对焦冲金矿人工矿柱结构参数进行优化，目前该矿山在-460m 中段主要利用人工混凝土矿柱代替原生矿柱的房柱法对矿体实施回采，整体上能满足安全生产的需要。人工矿柱支护下对覆岩控制效果较好，但是随着开采深度的增加，开采的中段越来越多，仅依靠人工矿柱支护空区覆岩顶板的稳定性，极有可能会导致多中段采空区贯通垮落，造成安全生产事故。采空区的整体垮落必将严重影响主井的安全，因为在矿山设计时，主井井口已经位于地表移动圈范围之内，距地下采空区边界水平距离仅 136m，若不采取必要的有效措施，下部中段的回采极有可能威胁主井安全和覆岩的整体稳定。根据该矿山矿石储量、利用价值及赋存条件，为了更多、更安全地进行金矿的开采回收，研究小组从力学环境再造的角度，拟采取对某中段进行整体充填来改变其围岩的受力环境，防止发生覆岩移动，确保生产的安全进行。

9.1 矿山岩体结构面及采空区调查

岩体结构面对围岩稳定性分级和采空区稳定性评价都有较大的影响，针对以上问题，作者进行了矿区岩体结构面调查，本次井下岩体结构面调查主要采用测线法对-460m 中段以上坑道具有代表性的沿脉和穿脉进行结构面调查，调查巷道的总长度为 300m 左右，列入调查和统计的节理条数为 565 条，统计结果利用玫瑰图、直方图及裂隙等密度图表示(图 9-1～图 9-3)，结构面调查见表 9-1。

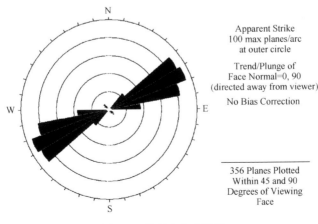

图 9-1 节理走向玫瑰图

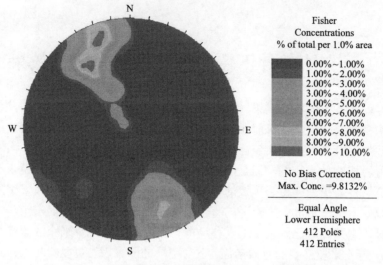

图 9-2　裂隙等密度图

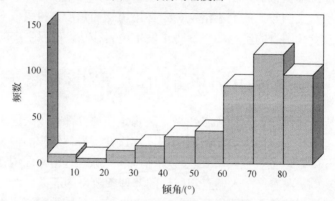

图 9-3　节理倾角直方图

表 9-1　岩体结构面调查统计表

	基本参数	产状	间距/cm	粗糙度（JRC）	开度/mm	充填物	渗透性
调查位置	24 线～25 线	150°∠85°	15.4	4	1	无	潮湿
	25 线～26 线	140°∠75°	24.3	6	1	无	潮湿
	26 线～27 线	150°∠70°	15.3	6	1	无	潮湿
	27 线～28 线	135°∠75°	26.7	5	1	无	潮湿
	25 穿脉	40°∠65°	16.7	4	1	无	潮湿
	26 穿脉	30°∠65°	20.4	5	1	无	潮湿
	27 穿脉	120°∠65°	28.6	6	1	无	潮湿

从调查结果分析来看，围岩结构面表现出以下特征。

倾角为 50°～90°的结构面达 80%以上，大体呈急倾斜状态，局部比较缓，结构面走向大致分布在 53°～84°、230°～260°，围岩稳定性总体较好，–430m 中段运输巷道 24 线～25 线段相对较破碎，节理比较发育，大多数节理走向与矿体走向基本一致。从整个情况分析来看，区域内围岩结构面分布较均匀，结构面较粗糙，偶见张开溶蚀和溶洞。

采空区体积是影响矿山井下地压活动的一个重要因素，也是研究井下地压活动规律不可或缺的判据。由于缺乏矿区采出脉石的准确资料，为了更准确地计算出矿山采空区体积的大小，通过利用《矿山开采中段平面图》等资料，结合激光测距仪进行实地测量，对–460m 以上各个主要生产中段的空区和巷道进行现场测量和统计，对–460m 以下各个中段的空区和巷道进行各中段平面计算，计算结果见表 9-2。

表 9-2　各中段采空区体积计算

中段/m	–390	–410	–430	–460	–500	–540	–580
采空区体积/m³	72000	54000	18000	13500	18000	22500	13500

9.2　计算模型与参数

9.2.1　计算模型

为了全面、系统地反映焦冲金矿的实际情况，建立 FLAC³ᴰ 三维计算模型进行数值模拟。模型沿走向长 1300m，沿倾向宽 1174m，模型高度为 1100m，根据现场地质调查和相关研究提供的岩石力学参数，考虑到岩石的尺度效应，本次模拟计算采用的岩石物理力学参数见表 9-3。取平均矿体倾角为 30°，矿体厚度为 5～8m，平均厚度为 6m，如图 9-4 和图 9-5 所示。三维模型共划分为 204896 个三维单元，共 213290 个结点，图 9-4 是三维模型网格图，模型侧面限制水平移动，模型底面限制垂直移动。

表 9-3　覆岩和充填体物理力学参数

岩石名称	抗拉强度/MPa	弹性模量/MPa	黏聚力/MPa	内摩擦角/(°)	泊松比	密度/(kg/m³)
覆岩	7.5	60000	15	45	0.2	2800
充填体	0.01	230	0.17	35	0.25	2100

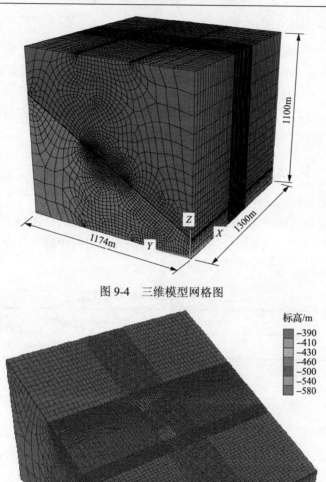

图 9-4　三维模型网格图

图 9-5　矿体剖面图

9.2.2　计算参数

根据在该矿山现场取样和室内岩石力学试验结果,当载荷达到岩体极限强度后发生破坏,在达到峰值强度之后的塑性流动过程中,岩体残余强度随着变形发展逐步减小。因此,采用 Mohr-Coulomb 屈服准则作为判断岩体的破坏准则[式(9-1)];利用应变软化模型来反映覆岩破坏后随变形发展残余强度逐步降低的性质[1-3]:

$$f_s = \sigma_1 - \sigma_3 \frac{1+\sin\varphi}{1-\sin\varphi} - 2c\sqrt{\frac{1+\sin\varphi}{1-\sin\varphi}} \tag{9-1}$$

式中，σ_1、σ_3 分别为最大和最小主应力，单位均为 MPa；c、φ 分别为黏聚力和内摩擦角，单位分别为 MPa、(°)。

当 $f_s > 0$ 时，材料发生剪切破坏。一般情况下，岩体的抗拉强度很低，因此可根据抗拉强度准则 $(\sigma_3 \geqslant \sigma_T)$ 判断岩体是否产生拉破坏。

矿山采空区垮落材料具有宏观连续和不可逆压缩变形的特点，垮落岩石在各向同性压力作用下造成永久性体积缩小和应变硬化现象。这种体积硬化力学行为用体积硬化模型描述(图 9-6)。

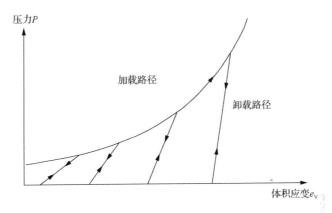

图 9-6 垮落矸石材料力学特性

研究区内的垂直应力随深度呈线性变化，根据焦冲金矿矿体埋藏深度和平均岩体容重($\gamma = 2800\text{kg/m}^3$)计算。考虑构造应力的影响，矿体倾向的水平应力取垂直应力的 1.25 倍($\sigma_x = 1.25\sigma_z$)，沿矿体走向的水平应力取垂直应力的 0.75 倍($\sigma_x = 0.75\sigma_z$)。

9.2.3 计算过程设计

采矿工程的力学特点是岩体力学行为与开采历史和开采过程有关。为了正确模拟焦冲金矿矿体开采引起的采场围岩应力分布和覆岩变形破坏情况，本计算分以下步骤进行。

(1)计算在给定边界力学与位移条件下模型的初始状态。

(2)开挖矿体未充填方案。

(3)开挖矿体充填方案。

(4)建立 7 种充填不同中段的方案，对中段进行整体充填，以便形成关键应力隔离层，每一种方案分 4 步来完成：第一步开挖充填隔离层上部中段的矿体；第

二步开挖充填隔离层中段的矿体;第三步对该中段实施充填;第四步回采隔离层
下部各中段的矿体。将 7 种模拟防治覆岩移动、破坏的效果进行对比,判断充填
隔离层防治覆岩移动及地表沉陷范围的效果及充填的最佳部位。

9.3　不充填时覆岩移动特征

图 9-7~图 9-10 为不充填时围岩垂直应力场、垂直位移场、地表垂直位移场
和围岩垂直破坏场的分布[4]。

从图 9-7 中可以看出,在–390m 中段、–410m 中段和–540m 中段位置,由于
矿体开采范围较大,矿体顶板和底板中应力释放,处于低应力区。在矿体开采范
围较小的中段,矿体顶底板的应力释放程度较小。在–390m 中段上部围岩和–580m
中段下部围岩中,应力集中程度较大,最大垂直应力为 41.6MPa,应注意加强对
该处围岩的支护与防治。

从图 9-8 中可以看出,在–390m 中段、–410m 中段和–540m 中段位置,由于
矿体开采范围较大,矿体顶板的下沉量和底板的底鼓量加大,最大下沉量为
38mm,最大底鼓量为 39mm。在矿体开采范围较小的中段,矿体顶底板的位移量
较小。由图 9-9 可知,由于开采的影响,地表产生的垂直位移近似呈同心圆状,
中心的位移最大,最大值约为 2.1mm。产生该现象的原因:一是围岩体的自由临
空面较大,周围没有任何约束,覆岩可自由变形;二是局部围岩应力更易集中,

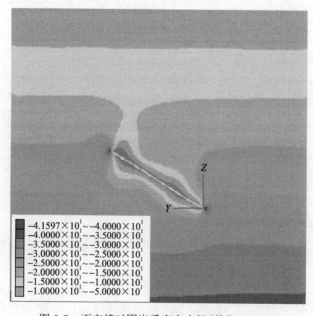

图 9-7　不充填时围岩垂直应力场(单位:MPa)

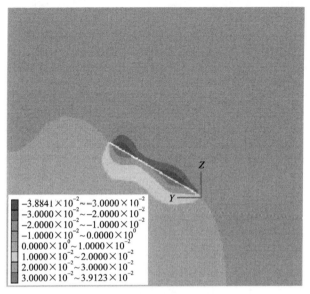

$-3.8841 \times 10^{-2} \sim -3.0000 \times 10^{-2}$
$-3.0000 \times 10^{-2} \sim -2.0000 \times 10^{-2}$
$-2.0000 \times 10^{-2} \sim -1.0000 \times 10^{-2}$
$-1.0000 \times 10^{-2} \sim 0.0000 \times 10^{0}$
$0.0000 \times 10^{0} \sim 1.0000 \times 10^{-2}$
$1.0000 \times 10^{-2} \sim 2.0000 \times 10^{-2}$
$2.0000 \times 10^{-2} \sim 3.0000 \times 10^{-2}$
$3.0000 \times 10^{-2} \sim 3.9123 \times 10^{-2}$

图 9-8   不充填时顶板围岩垂直位移场(单位：m)

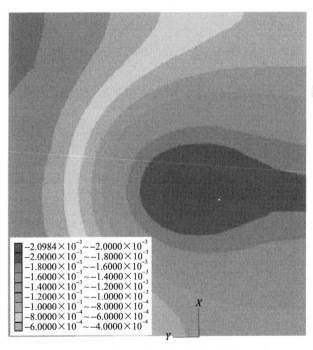

$-2.0984 \times 10^{-3} \sim -2.0000 \times 10^{-3}$
$-2.0000 \times 10^{-3} \sim -1.8000 \times 10^{-3}$
$-1.8000 \times 10^{-3} \sim -1.6000 \times 10^{-3}$
$-1.6000 \times 10^{-3} \sim -1.4000 \times 10^{-3}$
$-1.4000 \times 10^{-3} \sim -1.2000 \times 10^{-3}$
$-1.2000 \times 10^{-3} \sim -1.0000 \times 10^{-3}$
$-1.0000 \times 10^{-3} \sim -8.0000 \times 10^{-4}$
$-8.0000 \times 10^{-4} \sim -6.0000 \times 10^{-4}$
$-6.0000 \times 10^{-4} \sim -4.0000 \times 10^{-4}$

图 9-9   不充填时地表垂直位移场(单位：m)

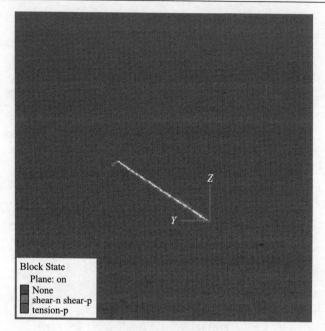

图 9-10　不充填时围岩垂直破坏场

使围岩破裂，增加了位移变形量。因本次试验为简化模型，将松软的地表也看作覆岩，其实际沉陷值将比模拟结果稍大。沿矿体倾向作剖面，地表位移先逐渐增大，再逐渐减小。

从图 9-10 中可以看出，由于开采的影响，在矿体的顶底板中产生了较大范围的拉破坏，底板的破坏程度大于顶板的破坏程度；顶板的破坏主要集中在–500～–580m 中段。所以在不采取充填措施时，一定要加强这 2 个中段的围岩监测和其他支护措施。

9.4　全充填时覆岩移动特征

图 9-11～图 9-14 为对所有中段进行全充填时围岩垂直应力场、垂直位移场、地表垂直位移场和围岩破坏场的分布图。从图 9-11 中可知，当对所有中段进行充填时，–390m 中段上部围岩和–580m 中段下部围岩的应力集中程度明显降低，最大垂直应力由 41.6MPa 减小为 36.7MPa；应力集中范围也明显减小。表明采取充填措施对围岩应力转移和吸收效果较明显，大大降低了围岩应力集中程度，有利于围岩的稳定。

从图 9-12 中可以看出，当对所有中段进行充填时，矿体顶底板的位移量明显减小，最大下沉量由 38mm 减小为 34mm，最大底鼓量由 39mm 减小为 34mm。

图 9-13 显示，由于开采的影响，地表产生的垂直位移近似呈同心圆状，中心的位移最大，最大值约为 1.95mm。沿矿体倾向作剖面，地表位移先逐渐增大，再逐渐减小。

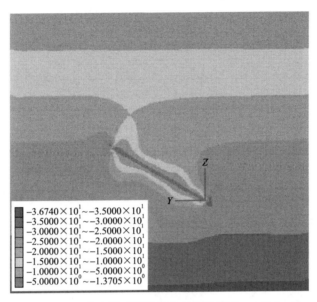

图 9-11　全充填时围岩垂直应力场(单位：MPa)

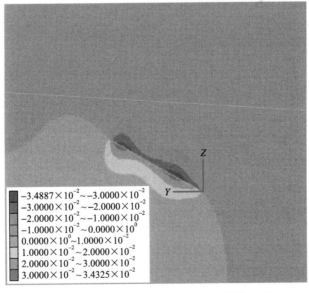

图 9-12　全充填时围岩垂直位移场(单位：m)

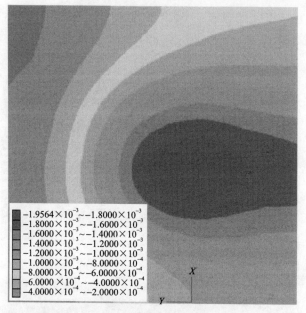

$-1.9564 \times 10^{-3} \sim -1.8000 \times 10^{-3}$
$-1.8000 \times 10^{-3} \sim -1.6000 \times 10^{-3}$
$-1.6000 \times 10^{-3} \sim -1.4000 \times 10^{-3}$
$-1.4000 \times 10^{-3} \sim -1.2000 \times 10^{-3}$
$-1.2000 \times 10^{-3} \sim -1.0000 \times 10^{-3}$
$-1.0000 \times 10^{-3} \sim -8.0000 \times 10^{-4}$
$-8.0000 \times 10^{-4} \sim -6.0000 \times 10^{-4}$
$-6.0000 \times 10^{-4} \sim -4.0000 \times 10^{-4}$
$-4.0000 \times 10^{-4} \sim -2.0000 \times 10^{-4}$

图 9-13　全充填时地表垂直位移场（单位：m）

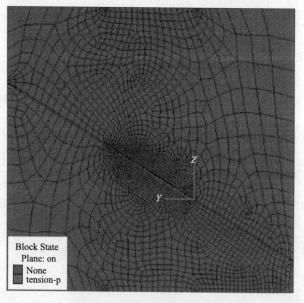

Block State
Plane: on
None
tension-p

图 9-14　全充填时围岩破坏场

从图 9-14 中可以看出，当对所有中段进行充填后，矿体顶板的破坏范围明显减小，破坏主要集中在埋深大的–540m 中段和–580m 中段。–390m 中段上部围岩的破坏范围比未充填时明显减小。

图 9-15 为不充填和全充填两种情况下地表垂直位移对比结果。从图中可发现，

充填情况下，地表的位移明显小于不充填情况下的地表位移。图 9-16 为不充填和全充填两种情况地表水平位移的对比结果。从图中可知，充填情况下，地表的位移也明显小于不充填情况下的地表位移。

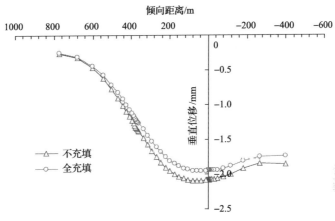

图 9-15　地表垂直位移对比结果

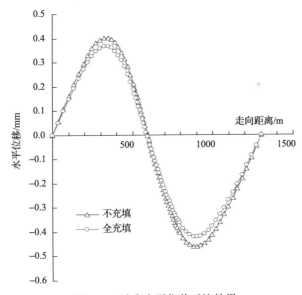

图 9-16　地表水平位移对比结果

9.5　充填不同中段时覆岩移动特征

为了研究最佳充填中段并达到防治覆岩移动及地表沉降的理想效果，对采空区某中段进行整体充填，以便形成关键应力隔离层，并通过该方法确定充填应力隔离层的具体位置。对矿山目前设计的 7 个不同开采中段分别进行充填，作为 7

种方案分别进行研究。每种方案均分为 4 个步骤，分别为：①开挖充填隔离层上部各中段的矿体；②开挖充填隔离层各中段的矿体；③对该中段进行充填；④开挖隔离层下部各中段的矿体。对 7 种计算结果进行对比分析，判断充填隔离层防治覆岩移动与地表沉陷范围的效果及充填的最佳位置。

　　通过对这 7 种方案进行对比分析得出，采取中段整体充填后垂直位移由小到大变化的中段依次为：−410m 中段、−390m 中段、−500m 中段、−540m 中段、−430m 中段、−460m 中段、−580m 中段(图 9-17)；水平位移由小到大变化依次为：−410m 中段、−390m 中段、−430m 中段、−540m 中段、−500m 中段、−460m 中段、−580m 中段(图 9-18)。结合这两种判别标准位移量的大小，得出对−410m 中段、−390m

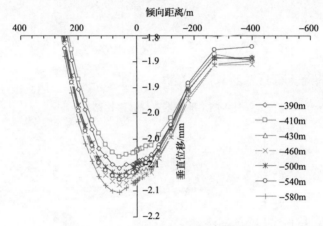

图 9-17　不同充填方案地表垂直位移对比

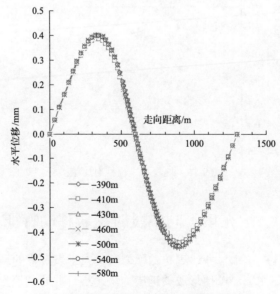

图 9-18　不同充填方案地表水平位移对比

中段进行充填防治覆岩及地表移动的效果最好；充填–500m 中段、–540m 中段、–430m 中段对地表移动防治效果次之；对–460m 中段、–580m 中段充填效果最不理想。为了进一步分析不同充填效果情况下的围岩应力、位移及破坏规律，选取对–410m 中段、–430m 中段、–580m 中段 3 个有代表性的中段进行研究。

图 9-19～图 9-22 为充填–410m 中段时围岩垂直应力场、位移场、地表位移场和围岩破坏场。从图 9-19 中可以看出，在–390m 中段位置，矿体顶板位置应力释

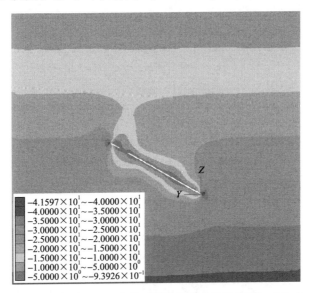

图 9-19　充填–410m 中段时围岩垂直应力场（单位：MPa）

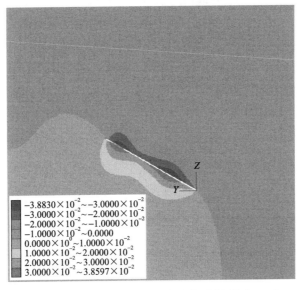

图 9-20　充填–410m 中段时围岩位移场（单位：m）

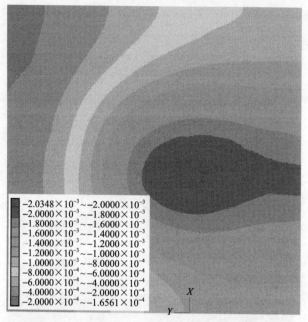

图 9-21　充填–410m 中段时地表位移场（单位：m）

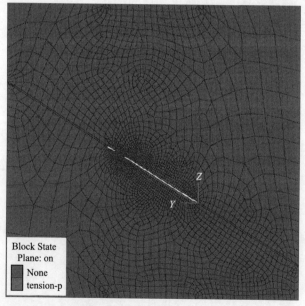

图 9-22　充填–410m 中段时围岩破坏场

放，处于低应力区；在–410m 充填中段，矿体顶板的应力大于未充填中段矿体顶
板的应力。图 9-20 表明，由于–410m 中段的充填，–390m 中段、–410m 中段和–430m
中段顶底板的位移量较未充填时都有所减小。由图 9-21 可以看出，地表产生的垂

直位移近似呈同心圆状，中心的位移最大。从围岩破坏场(图 9-22)可知，在矿体的顶底板中产生较大范围的拉破坏，底板的破坏程度大于顶板的破坏程度；顶板的破坏主要集中在−580～−540m 中段。

　　图 9-23～图 9-26 为充填−430m 中段时围岩垂直应力场、围岩位移场、地表位移场和破坏场。由图 9-23 可知，充填−430m 中段时，围岩垂直应力降低区较充填

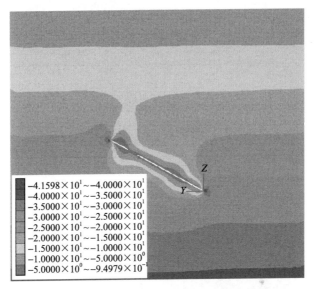

图 9-23　充填−430m 中段时围岩垂直应力场(单位：MPa)

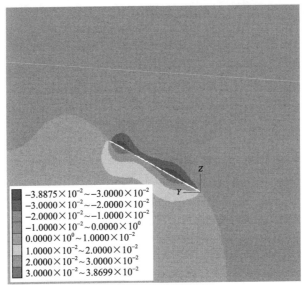

图 9-24　充填−430m 中段时围岩位移场(单位：m)

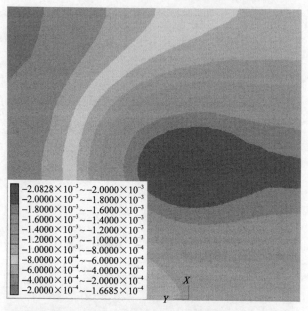

图 9-25　充填–430m 中段时地表位移场（单位：m）

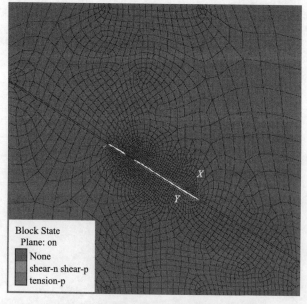

图 9-26　充填–430m 中段时围岩破坏场

–410m 中段时有所减小。从图 9-26 中可以看出，在矿体的顶底板中产生较大范围的拉破坏，底板的破坏程度大于顶板的破坏程度；顶板的破坏主要集中在–540m 中段至–580m 中段。在–390m 中段上部围岩中发生剪切破坏。

　　图 9-27～图 9-30 为充填–580m 中段时围岩垂直应力场、围岩位移场、地表位

移场和围岩破坏场。从图 9-27 中可以看出，充填–580m 中段时，在–390m 中段上部围岩应力集中范围有所增大。由于–580m 中段的充填，–580m 中段顶底板中应力释放程度较小。从图 9-28 中可以看出，–580m 中段顶底板的位移量明显减小。在矿体的顶底板中产生较大范围的拉破坏，底板的破坏程度大于顶板的破坏程度（图 9-30），顶板的破坏主要集中在–540m 中段。在–390m 中段上部围岩中发生剪切破坏。

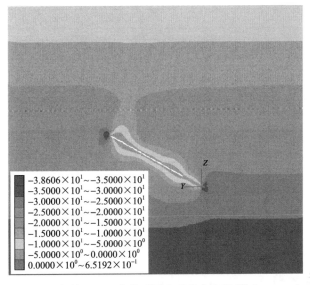

图 9-27　充填–580m 中段时围岩垂直应力场（单位：MPa）

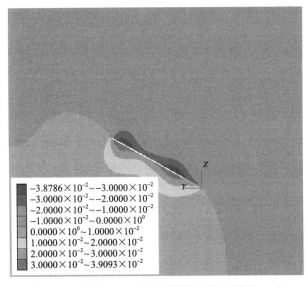

图 9-28　充填–580m 中段时围岩位移场（单位：m）

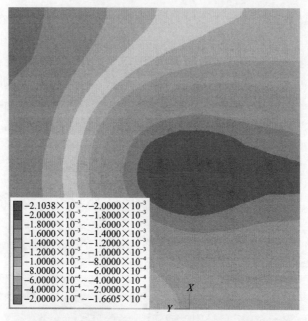

图 9-29　充填–580m 中段时地表位移场（单位：m）

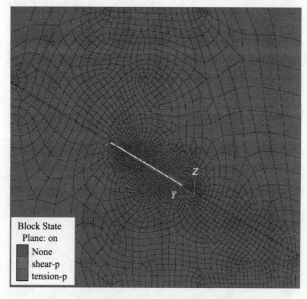

图 9-30　充填–580m 中段时围岩破坏场

9.6　充填不同关键隔离层防治覆岩移动效果

判断充填效果是否达到预期目的主要通过对覆岩移动范围及地表沉陷位移量

进行分析。通过对不同中段采空区充填布设隔离层后，由其地表垂直位移对比曲线(图9-17)和水平位移对比曲线(图9-18)可知，通过对关键隔离层进行充填，能在一定程度上减小地表沉陷的范围，降低地表沉陷值。

通过对充填隔离层的研究发现主要有两个因素影响地表沉陷，分别为隔离层的位置和充填采空区的体积。由图9-17垂直位移对比可知，−460m、−580m中段充填最大沉降值明显比其他方案大，其导致的沉降范围也较大。根据主井所在的位置距最大沉降区约为136m，这样极有可能会导致主井受地表位移的影响而无法确保安全。因此−460m、−580m中段不是充填的理想中段。

从图9-17可看出对−500m、−460m、−580m中段进行充填对地表沉陷值的防治效果明显不如对−390m、−410m中段进行充填，经研究分析发现采空区的体积也是影响地表沉陷的因素。结合前面采空区体积的实地测量(表9-2)，分析发现−390m、−410m回采后形成的采空区体积远大于−430m、−540m、−500m中段。这充分表明充填隔离层的体积是影响地表沉陷的主要因素。

通过研究发现−390m中段采空区体积大于−410m中段采空区体积，但模拟结果表明，充填−410m中段形成的隔离层对控制地表沉陷范围和最大沉降值的效果明显优于充填−390m中段，这表明充填隔离层控制地表沉陷的主要影响因素与充填位置也有关，不仅仅只取决于充填采空区体积。

通过对各隔离层中段采空区体积、隔离层以上各中段采空区体积之和、隔离层以下各中段采空区体积之和三者的关系进行分析可知(图9-31)，−410m中段上部空区体积(72000m³)与下部空区体积(85500m³)相对其他几组较为接近，即−410m中段隔离层正好位于将来可能形成的整个矿山采空区的中间隔断部位，相当于将上下采

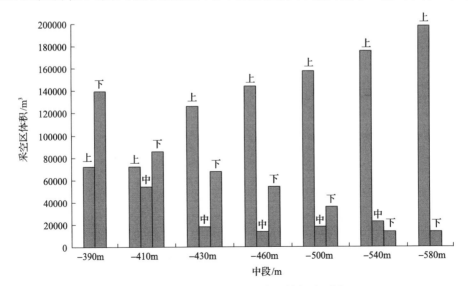

图9-31　各中段分割上下空区体积对照图

空区体积均分,而其他中段隔开上下采空区的体积都相差较大。由此说明,选择比较合理的充填隔离层位置也是控制地表沉陷的一个主要因素。

充填–410m 中段防治地表沉陷效果较好,但是由于采空区体积较大,对–410m 中段采空区进行整体充填所需充填料较多,增大了投资成本,所以该中段也不适合作为关键充填隔离层。从充填量的角度考虑,–460m 中段体积最小,仅为 13500m³,但是由前面的分析可知,充填该中段防治地表移动的效果很不理想,所以–460m 中段也不适合作为关键充填隔离层。–430m、–500m 中段采空区体积均为 18000m³,充填体积相对其他中段采空区是比较小的,从充填量的体积上来说,充填这 2 个中段均可,但是从图 9-17 地表垂直位移可知,充填–500m 中段效果要好于充填–430m 中段,可是从图 9-18 地表水平位移大小来看,充填–430m 中段水平位移要好于充填–500m 中段,根据地表建筑物受破坏影响程度来看,水平位移对地表建筑物的破坏程度远远大于垂直位移,因此,充填–430m 中段更有利于保护地表建筑物不受地下采矿的影响。因此,选择–430m 中段进行充填,不但能达到防治地表大范围沉降,保证地表主井安全的目的,更重要的是–430m 中段采空区体积仅是–410m 中段采空区体积的 1/3,大大降低了充填成本。因此,井下充填关键隔离层宜选择在–430m 中段。

参 考 文 献

[1] Hoek E, Brown E T. Practical estimates of rock mass strength[J]. International Journal of Rock Mechanics and Mining Sciences, 1997, 34(8): 1165-1186.

[2] 张春会, 赵鸾菲, 王来贵, 等. 采动煤岩渗透率演化模型及数值模拟[J]. 岩土力学, 2015, 36(8): 2409-2418.

[3] 王伟, 陈国庆, 朱静, 等. 考虑张拉 – 剪切渐进破坏的边坡强度折减法研究[J]. 岩石力学与工程学报, 2018, 37(9): 2064-2074.

[4] 赵康. 焦冲金矿覆岩移动机理及防治研究[D]. 北京: 北京科技大学, 2012.